POZA CYWILIZACJĄ

MORZE
BISMARCKA

MORZ
SALOMON

MORZE
KORALOWE

AUSTRALIA

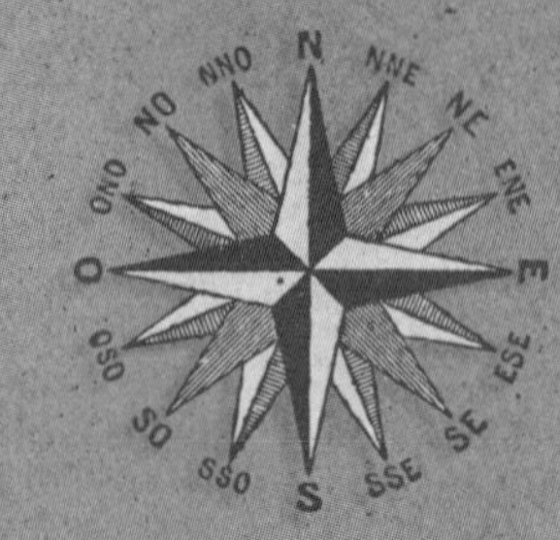

NOWA ZELANDIA
FIJI
OLORUA
OCEAN SPOKOJNY

ED STAFFORD

POZA CYWILIZACJĄ

Tłumaczenie: Marek Król

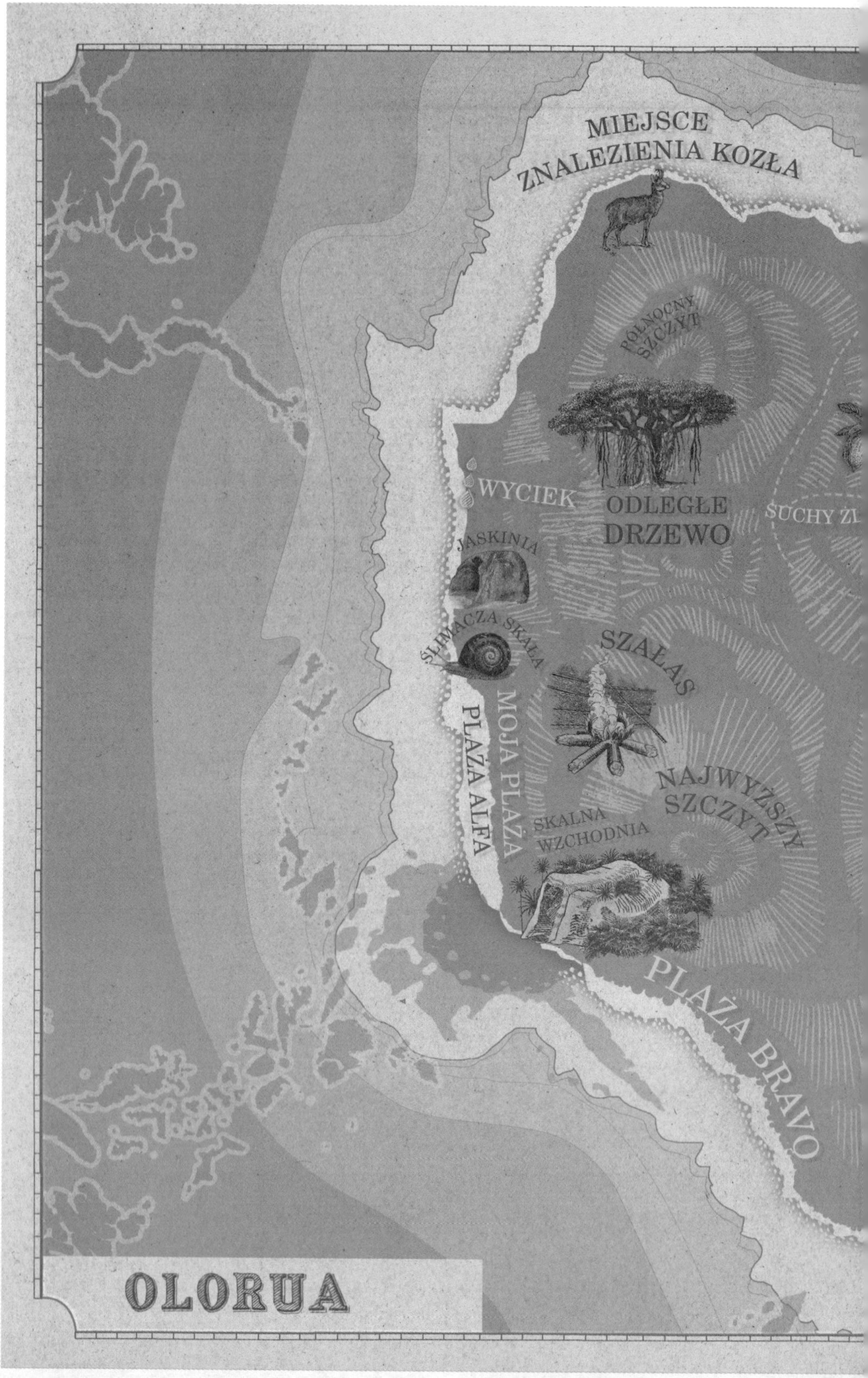

MIEJSCE
ZNALEZIENIA KOZŁA

PÓŁNOCNY
SZCZYT

WYCIEK

ODLEGŁE
DRZEWO

SUCHY ZL

JASKINIA

ŚLIMACZA SKAŁA

SZAŁAS

MOJA PLAŻA

PLAŻA ALFA

NAJWYŻSZY
SZCZYT

SKALNA
WZCHODNIA

PLAŻA BRAVO

OLORUA

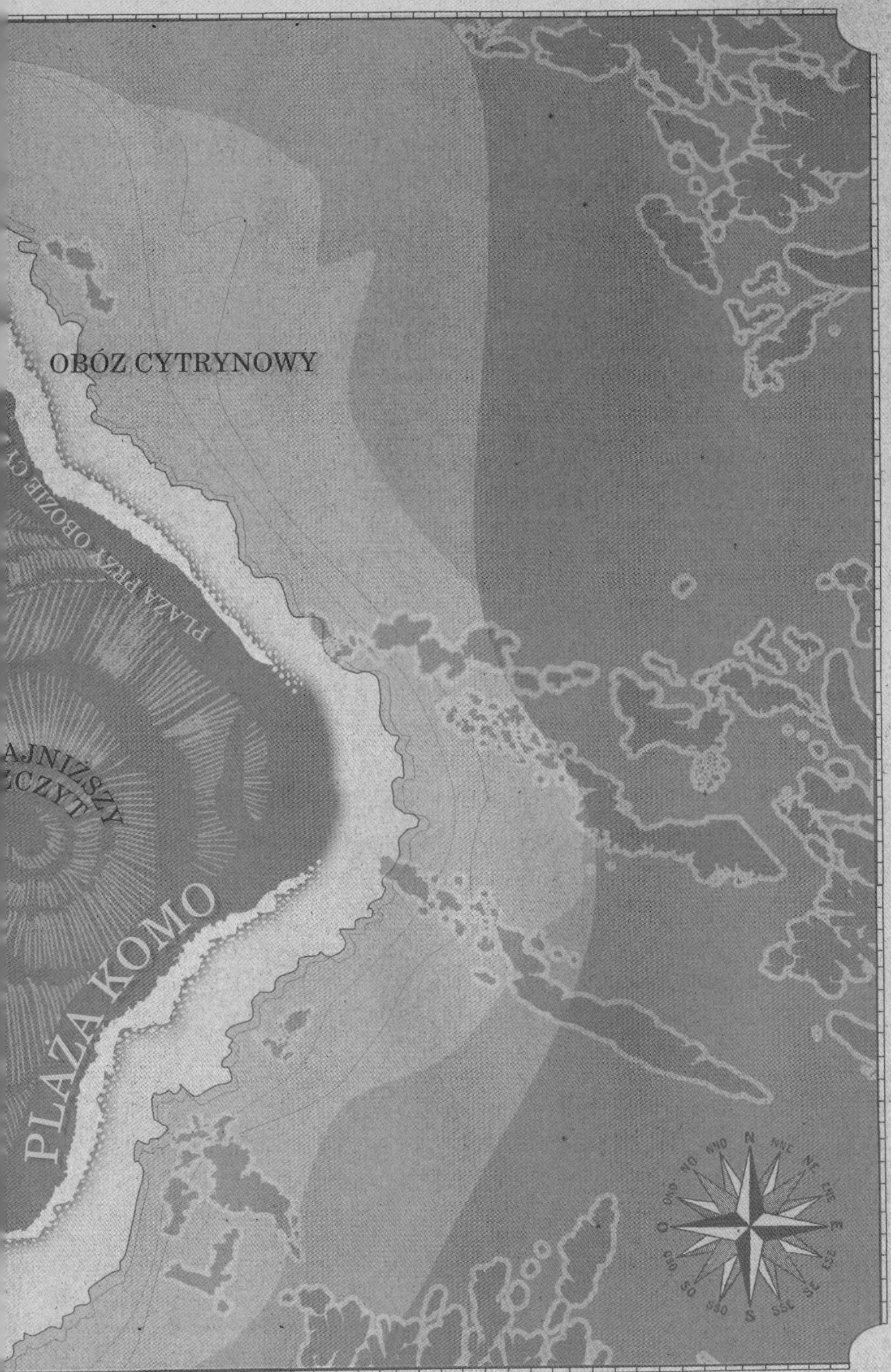

OBÓZ CYTRYNOWY

PLAŻA PRZY OBOZIE CY

AJNIŻSZY
CZYT

PLAŻA KOMO

N NNE NE ENE E ESE SE SSE S SSO SO OSO O ONO NO NNO

Tytuł oryginału: Naked and Marooned

Published in 2014 by Virgin Books, an imprint of Ebury Publishing
A Random House Group Company

Tłumaczenie: Marek Król
Redakcja: Stanisław Powała-Niedźwiecki (stiksza.pl)
Korekta: Urszula Przasnek

Dystrybucja: In Rock
ul. Gdyńska 30 A
62-004 Czerwonak
tel./faks 61 868 67 95
e-mail: handlowy@inrock.pl
www.inrock.pl

Vesper
www.vesper.pl

Wydanie I
Czerwonak, luty 2016
ISBN 978-83-7731-224-7

Druk i oprawa: Białostockie Zakłady Graficzne SA

Frederickowi, bez którego nie spotkałbym waszej mamy.
Kocham cię, stary.

PROLOG

„Ed, ściągaj gatki i skacz".

Bąbel lęku, który pęczniał we mnie od wielu tygodni, opuścił żołądek i podszedł do gardła. To było jak otwarcie drzwi do sali, w której mam zdawać egzamin, jak początek testu na prawo jazdy, jak pierwsza randka albo pierwszy skok ze spadochronem – i to wszystko w jednym.

Rozbierając się do naga przy producencie i dwóch wyspiarzach o wyglądzie wojowników, czułem się jak bezbronny idiota. To jeszcze zwiększało mój niepokój. Wyspiarze o szerokich twarzach przypatrywali mi się badawczo. Nie odezwali się ani słowem, ale ich spojrzenie nie zostawiało żadnych złudzeń: byli święcie przekonani, że wszyscy ludzie z Zachodu muszą być zdrowo jebnięci.

Nagość. Nikt nie lubi facetów, którzy obnoszą się ze swoim wackiem. Są tacy – dotyczy to zwłaszcza wojskowych i rugbistów (a tak się składa, że zaliczam się do obu grup) – dla których szczytem przyjemności jest się urżnąć i wyskoczyć z ciuchów dla samego dreszczyku chodzenia na golasa. Ze mną jest inaczej. W najwcześniejszych sennych koszmarach zjawiałem się w szkole bez spodni albo bez majtek i kiedy wracam do tego myślą, nadal prześladuje mnie tamto poczucie własnej śmieszności.

Nagi wlazłem do tropikalnego morza, które w tym miejscu sięgało mi do pasa. Czułem, jak palce stóp zagłębiają się w piaszczyste dno, a jajka kurczą się gwałtownie w zetknięciu z tym nowym, wilgotnym, odsłaniającym się nagle przede mną światem. Kamera w wyciągniętej ręce – miałem rejestrować własne emocje. Musiałem obnażyć każdą fałdkę w moim mózgu, żeby jakoś wciągnąć tamtych wbitych w fotele niedowiarków przed telewizorami. To się działo naprawdę, a ja chciałem to wszystko udokumentować.

Nie byłem w stanie określić, co czuję. Patrząc w czarny błyszczący obiektyw, wyznałem, jak bardzo mnie to wszystko przytłacza. Powoli sunąłem w stronę ciepłej płycizny i plaży. Przez cały czas byłem w szoku.

Spojrzałem na niewielką metalową łódź, która przez minutę lub dwie kręciła się bez sensu w miejscu, aż wreszcie silnik Yamahy odkaszlnął do turkusowej wody jakąś brunatną flegmę i łajba zaczęła się oddalać. W miarę jak stawała się coraz mniejsza, malał jej wpływ na moje życie. Kiedy zniknęła z pola widzenia, warkot silnika, który dla mnie był niczym afirmacja życia, zdusiła ogromna puchowa poducha totalnej izolacji.

Kompletna cisza.

Stałem na plaży – po raz pierwszy naprawdę sam. Złocisty otok okalający pokrytą tropikalnym lasem wyspę był progiem nowego, przerażającego świata. Przez sześćdziesiąt dni nie miałem spotkać żywej duszy. Byłem na bezludnej tropikalnej wyspie i nie miałem ze sobą nic, co mogłoby mi pomóc przetrwać. Nie miałem jedzenia, sprzętu, noża, a nawet ubrania. Miałem tylko kamerę, dzięki której mogłem dokładnie i z bliska rejestrować, jak odbywam wyrok, który sam na siebie wydałem.

Nagły przypływ emocji przypominał atak helikoptera: zaczął się wznosić od żołądka, potem wirnik przeorał mi pierś, by na koniec wedrzeć się gwałtownie do nieprzygotowanego na to mózgu. Jego ofiarą padła zdolność logicznego myślenia: stałem ogłuszony niczym bezsilny świadek jakiejś brutalnej, krwawej zbrodni.

WPROWADZENIE

Byłem w drodze już od ponad dwudziestu godzin: Londyn, Hongkong, Sydney, a teraz Nadi – stolica Fidżi. Ubranie było lepkie od potu, a skórę pokrywała gruba warstwa brudu. Czułem się z tym parszywie i tęskniłem za gorącą wodą, mydłem i porządnym szorowaniem. Żadna z tych rzeczy nie czekała na mnie u kresu podróży. Zważyli nas razem z bagażem, żeby się upewnić, czy ciężar nie przekracza możliwości jednosilnikowej maszyny, którą mieliśmy lecieć. Waga pokazała 89 kilo – specjalnie trochę przytyłem, żeby mieć z czego chudnąć. Cessna miała nas przenieść ponad wulkanicznymi szczytami Fidżi na odległą tropikalną wyspę o nazwie Lakeba.

Po wylądowaniu na trawiastym lotnisku przez kilka godzin kręciliśmy się bez celu, podjadając tanie, białe kokosowe herbatniki, które popijaliśmy słodką, letnią kawą. Wreszcie przygotowali metalową łódź, którą mieli nas przerzucić na odległą o cztery godziny żeglugi, zamieszkaną przez wyspiarzy samotną wysepkę Komo. Z posiniaczonymi tyłkami i obolałymi jajami poobijanymi przez miotające łodzią pacyficzne fale, nadal walcząc z nudnościami, chwiejnie wygramoliliśmy się z łodzi, żeby spotkać się z klanem Komo.

Komo leży na wschodnim krańcu archipelagu Fidżi i bliżej z niej do Tonga niż do centrum kraju. Zamieszkuje ją klan łagodnych olbrzymów. Kobiety są wyższe i tęższe od przeciętnego europejskiego mężczyzny, a ich głowy wieńczy kuliste afro, które wszędzie akcentuje ich obecność. Mężczyźni, którzy pewnie nigdy nie słyszeli o czymś takim jak hantle, mają nogi wielkości baryłek z prochem, a ich szerokie i życzliwe twarze przypominają twarze ludzi z dziecięcych rysunków. Kiedy przebyliśmy labirynt niewielkich chatynek będących połączeniem drewna i blachy, powitały nas szerokie uśmiechy, przyjazne gesty i autentyczne zaciekawienie: czego my – bladzi mężczyźni o chorobliwym wyglądzie – szukamy w tym pełnym kolorów zakątku świata.

Towarzyszyło mi dwóch ludzi: Steve Rankin – łagodny, niewysoki, lekko łysiejący producent telewizyjny z Anglii – oraz Steven (z „n" na końcu) Ballantyne, nasz miejscowy „organizator" – wysoki, elokwentny i czarujący Brytyjczyk mieszkający na stałe w Hongkongu ze swą partnerką, Chinką. Ci dwaj tak odmienni fizycznie mężczyźni najwyraźniej podobnie pojmowali rozpaczliwą walkę o przetrwanie na peryferiach telewizyjnego świata i zdążyła ich już połączyć bliska przyjaźń, którą podsycali nocnymi posiadówkami i mocnymi trunkami.

Mieliśmy ze sobą koło trzydziestu pięciu skrzyń, w których kryły się kamery, laptopy, twarde dyski i mnóstwo butelek środka dezynfekującego do rąk. Upchnęliśmy je wszystkie w chacie naczelnika wioski, który na czas realizacji programu musiał zmienić lokum. Przez następne dwa i pół miesiąca jej jedynym lokatorem miał być Steven, który miał na miejscu nadzorować zdjęcia, a w razie potrzeby zorganizować ewakuację. Steve zaraz po rozpoczęciu zdjęć miał wrócić do Anglii i stamtąd koordynować całe przedsięwzięcie, a za dwa miesiące wrócić, żeby nakręcić podjęcie mnie z wyspy.

Proste domostwo składało się z dwóch niewielkich izb. W jednej stały trzy pojedyncze łóżka ozdobione barwnymi nylonowymi moskitierami, a w drugiej drewniany stół i cztery solidne stołki. Położyłem się na żółtym materacu piankowym rozłożonym między czarnymi skrzyniami. Nie musiałem niczego rozpakowywać – tym mieli się zająć inni. Miałem ze sobą tylko mały, piętnastolitrowy plecaczek z jedną parą spodenek, T-shirtem i przyborami toaletowymi. Tam, gdzie miałem się znaleźć, nie mogłem zabrać nawet tego.

Patrzyłem w sufit. Wiedziałem, że w ciągu dwóch najbliższych dni mam jak najwięcej dowiedzieć się od wyspiarzy i przygotować się mentalnie do tego, co miało nastąpić. „Niczym innym się nie przejmuj, Ed" – usłyszałem głos mego wewnętrznego instruktora.

Mniej więcej po godzinie kobieta z monstrualną koafiurą zaczęła zastawiać prosty drewniany stół talerzami pełnymi parującego ryżu, kurczaków i świeżo złowionych w oceanie ryb. Towarzyszyły im kolorowe, grubo lukrowane ciastka i słodkie białe herbatniki. Najwyraźniej to wszystko było dla mnie. Kiedy próbowałem strawić tę masę cukru i mąki, poczułem, że ściany żołądka są na granicy rozciągliwości. Z wysiłkiem oderwałem się od nerwowego obżarstwa i poszedłem zwiedzać wyspę.

Zakurzona, wznosząca się droga biegła przez wieś, obok komunalnego generatora prądu i na tyłach niewielkiej drewnianej szkoły. Powędrowałem nią aż do najwyższego punktu, na jaki udało mi się natrafić. Kiedy wspinałem się na górujące nad wioską zbocze, na zachodzie zaczęło czerwienieć zachodzące słońce. Ujrzałem znajomy kształt, który dotąd znałem jedynie z fotografii. Olorua: mój dom na następne 60 dni. Bezludna wyspa, której topografię wyznaczały trzy szczyty, między którymi z tej perspektywy widać było dwa siodła. Samotna na bezkresnym oceanie, pokryta gęstym, bujnym tropikalnym lasem nienaznaczonym bliznami po wyrębach. Choć miejsce, w którym stałem, dzieliło od niej zaledwie osiem mil morskich, wydawała się odleglejsza i bardziej odosobniona od wszystkich innych wysp leżących w tym zapomnianym zakątku świata. Robiła wrażenie większej, niż się spodziewałem, a oświetlona od zachodu ciepłym, przedwieczornym światłem wydała mi się spokojna i przyjazna. Jak bardzo mylące może być pierwsze wrażenie.

Jakoś przetrwałem noc – nieprzyjemnie wypchany brzuch przypominał o obżarstwie, które było głównym punktem wypełnionego niepokojem wieczoru.

Nazajutrz przedstawiono mnie Ramie, bratu naczelnika, który miał odpowiedzieć na wszystkie pytania dotyczące miejscowych roślin i praktyk. Wyglądał na olbrzyma, ale kiedy stanąłem obok niego, okazało się, że ma tylko około metra osiemdziesięciu. Byłem wyższy o jakieś dwa centymetry, ale on musiał ważyć ze 25 kilogramów więcej. Był już dobrze w średnim wieku. Muskulaturę świadczącą o dużej sile fizycznej „zaokrąglała” spora warstwa tłuszczu. Roztaczał wokół siebie aurę życzliwości i był absolutnie pozbawiony próżności, dzięki czemu zawsze był sobą. W jego spojrzeniu dostrzegłem zaangażowanie – rola instruktora najwyraźniej bardzo mu pochlebiała. Wiedziałem, że się dogadamy.

Poprosiłem o radę w sprawie rozpalania ognia za pomocą tarcia. U siebie nie miałem z tym problemów – znałem metody i materiały – ale tu? Jak oni to robili? Czego używali? Odparł, że najlepsze jest drzewo o nazwie „tangalito", które ma czarny pień. Jest go pełno w części wybrzeża od strony Komo (to znaczy południowo-wschodniej). Wziął kilka kawałków drewna, usiadł i po prostu zaczął je o siebie pocierać. Wyglądało to tak, jakby wziął się za dłuto po przedawkowaniu amfetaminy.

To była prosta odmiana metody zwanej pługiem ogniowym. Drewno szybko się osmaliło, po czym pojawiło się nieco dymu i drzewnego pyłu. „Nie jestem w formie!" – oznajmił i nie próbował uzyskać żaru, ale mi wystarczyło to, co zobaczyłem. Drewno naprawdę było dobre. Nie sądziłem, żebym miał użyć jego metody – w ten sposób chyba nie zdołałbym uzyskać żaru – ale wiedziałem, że drewno nadaje się do rozniecania ognia i to było najważniejsze.

W myślach odfajkowałem ogień na mojej chaotycznej liście tematów „do przerobienia" przed „dyslokacją" i zająłem się innymi kwestiami. Jak kulka flippera bez namysłu przeskakiwałem z tematu na temat. Gdybym nie był tak zestresowany zbliżającym się zadaniem, pewnie dotarłoby do mnie, że właśnie poznałem dobry sposób na sprawdzenie dowolnego kawałka drewna. Nawet jeśli ta metoda rozniecania ognia nie należała jeszcze do mojego arsenału, powinienem był dostrzec jej użyteczność. Nie trzeba niczego wycinać ani drążyć: wystarczy pocierać kawałek drewna o płaską powierzchnię drugiego kawałka i jeśli drewno jest odpowiednie, szybko się rozgrzeje, osmali i zacznie dymić. Jednak obawa przed tym, co mnie czekało, zadziałała niczym klapki na oczy. Koncentrowałem się wyłącznie na metodach wypróbowanych i **wyuczonych**. Wszystko inne mnie stresowało, więc pozwoliłem, żeby ta pożyteczna nauka przeciekła mi przez spocone palce.

Podczas dwóch dni przeznaczonych na przygotowania, większość czasu poświęciłem na relaks. Miałem przed sobą naprawdę ciężkie zadanie, więc dałem sobie wolne: leżałem na łóżku, pochłaniałem olbrzymie ilości jedzenia, a nawet grałem z wyspiarzami w *touch rugby*[1]. Udało mi się z grubsza załapać, jak się zaplata liście palmy kokosowej, którymi można pokryć dach szałasu. Nie opanowałem tej sztuki do końca, ale próbowałem to robić i widziałem dobrze zrobioną plecionkę, miałem więc wrażenie, że w razie potrzeby dam sobie radę. Powinno mnie martwić to, że **nie poznałem** wielu rosnących na Olorui jadalnych roślin, **nie zapytałem** o to, jak wyspiarze łowią ryby (ani o to, kiedy i gdzie je łowią), a nawet **nie dowiedziałem się**, jak w swojej kuchni wykorzystują orzechy kokosowe. Krótko mówiąc, zmarnowałem cenny czas, który mogłem spędzić na rozmowach z miejscowymi specami. Zamiast tego wybrałem relaks.

Wyzwanie, przed którym stałem, tak bardzo mnie przytłaczało, że irytowało mnie nawet zastanawianie się nad tym, czego jeszcze nie wiem. Zamiast przyłożyć się do przygotowań, wybrałem natychmiastową gratyfikację – jedzenie, odpoczynek i zabawę – przekonany, że skoro czas próby jeszcze nie nadszedł, należy korzystać z życia.

Jednym słowem zachowałem się jak kretyn.

Dodało to jednak całemu przedsięwzięciu autentyczności. Widzowie programów poświęconych surwiwalowi zawsze

[1] Gra wywodząca się z rugby, w której akcję przeciwnika zatrzymuje się poprzez klepnięcie rywala dwiema rękami jednocześnie w okolice bioder i tułowia. W Polsce tego typu gra szkolna znana jest pod nazwą „paryżanka". (Wszystkie przypisy pochodzą od tłumacza.)

zadają sobie to samo pytanie: „Dałbym radę?". Do takiego programu nie bierze się jednak człowieka z brzuchem wypełnionym pizzą i herbatą, którego całe pojęcie o dziczy sprowadza się do zakamarków centrum ogrodniczego, i nie porzuca się go bez żadnego wsparcia na zupełnym odludziu. Bierze się kogoś takiego jak ja, kto – przynajmniej teoretycznie – wie, co robi. Skoro więc nie wyzyskałem do maksimum czasu spędzonego w towarzystwie wyspiarzy, bardziej przypominałem rozbitka, którego morze wyrzuciło na nieznane wybrzeże. Większość ludzi, którzy rzeczywiście w jakimś momencie muszą walczyć o przetrwanie, nie ma żadnego przygotowania. Uczciwiej było więc szukać rozwiązań, będąc już na wyspie – przynajmniej ja w ten sposób usprawiedliwiałem się sam przed sobą.

Prawdę mówiąc, już wtedy byłem w mentalnym dołku. Kiedy trzeba było wziąć odpowiedzialność za własny dobrostan – zawodziłem. Przestałem się kontrolować: sięgałem do wszelkich wymówek i chwytałem się najbardziej błahych rozrywek, byle tylko nie pracować. Oszukiwałem sam siebie i w głębi duszy byłem tego świadomy. Wmawiałem sobie, że wszystko będzie dobrze. „Jeszcze jedno ciasteczko? Ależ naprawdę, nie powinienem... No, może jedno...". Kolejna porcja cukru to kolejne trzydzieści sekund zadowolenia.

Oczywiście prawda była inna: nie miało być dobrze. To miały być dwa miesiące pełne niepokoju, przerażającej dezorientacji i głębokiej refleksji nad samym sobą.

W sobotę 18 sierpnia 2012 roku obudziłem się naładowany adrenaliną. To był dzień meczu i miałem ochotę komuś dołożyć. Teraz jednak nie chodziło o rugby i agresja nie mogła mi w niczym pomóc. Mój sposób myślenia był prosty i byłem skupiony na tym, co najważniejsze: niech to się w końcu zacznie, chcę się już do tego zabrać.

Mieliśmy płynąć łodzią, ale musieliśmy poczekać na helikopter, który miał sfilmować z powietrza, jak „wkraczam w obszar działań". Siedziałem na drewnianym stołku oparty o purpurową łuszczącą się ścianę chaty i pisałem listy do Amandy – mojej narzeczonej. Chciałem, żeby wiedziała, jak bardzo mi na niej zależy; żeby coś jej przypominało, że o niej myślę. Wiedziałem, że przez 60 dni nie będziemy mieli ze sobą kontaktu, a w takiej sytuacji każdemu jest ciężko. Miałem poczucie, że zmuszanie jej, żeby przez to wszystko przeszła, to egoizm, a zarazem wiedziałem, że mnie wspiera, więc po prostu starałem się skupić na konstruktywnym myśleniu.

Mechaniczne dźwięki wirnika helikoptera niczym uderzenia serca pulsowały w powietrzu, atakując miękkie błony bębenkowe moich uszu. Maszyna stawała się coraz większa i coraz głośniejsza, a na znajdującym się pośrodku wioski boisku do rugby zebrał się podekscytowany tłum. Wymieniłem uprzejmości z australijskim pilotem. Starałem się być miły i normalny, ale myślami byłem już na wyspie i wszystko inne wydawało mi się niepotrzebną stratą czasu. Kiedy Steve i Steven byli gotowi, po raz ostatni między domami zszedłem na brzeg, gdzie czekały metalowe łodzie. Pomachałem na pożegnanie tym życzliwym ludziom, na rozmowę z którymi nie znalazłem czasu. Zacząłem przemawiać do kamery, którą trzymałem w ręku, jakby to był mój powiernik: „Dobra, dość tych głupot, zabieramy się stąd".

Wypłynęliśmy poza rafę. Tym razem uderzenia kadłuba o fale w ogóle mi nie przeszkadzały. Byłem tak zrelaksowany, że prawie zasnąłem. Kiedy opłynęliśmy Komo, pojawiła się Olorua. Niewielka wyspa na horyzoncie przykuła całą moją uwagę. Nie mogłem przestać oceniać, spekulować, wyobrażać sobie, zastanawiać się. Jak to będzie? Wyobrażałem sobie magiczny świat dżungli skryty pod baldachimem drzew: gigantyczne pajęczyny wielkości człowieka i zastępy mrówek, obok których przyjdzie mi żyć. Moja wyobraźnia uczepiła się opowieści o Tarzanie – już widziałem ten schludny domek z werandą z widokiem na rafę, zawieszony na szczycie najwyższego drzewa na wyspie. Spojrzenie na tę wyreżyserowaną eskapadę z odrobiną ekscytacji i humoru było miłą odmianą w stosunku do towarzyszących mi przez cały czas obaw, niepokoju i lęku.

Kiedy dopłynęliśmy do otaczającej wyspę rafy koralowej, barwa oceanu zmieniła się z metalicznego granatu na połyskujący turkus. Steve chciał nakręcić moje pierwsze obserwacje. Siedziałem na dziobie, na tle wyspy, a Steve bombardował mnie pytaniami, na które oczekiwał odpowiedzi pełnych dramatyzmu. Kiedy coś mu się nie podobało, instruował mnie, co mam mówić. „To największe wyzwanie w moim życiu!" – deklamowałem, żeby go zadowolić. Sam nie mogłem tak o tym myśleć. W ciągu dwóch i pół roku przeszedłem pieszo wzdłuż Amazonki przez tereny kontrolowane przez handlarzy narkotyków, wrogie indiańskie plemiona i komunistycznych terrorystów. Wielu uznało tę ekspedycję za samobójstwo. Przecież obecne przedsięwzięcie nie mogło być bardziej wymagające! W porównaniu z marszem przez Amazonię ten telewizyjny projekt był jak przechadzka po parku.

To nie był dobry moment, żeby dopuścić do siebie lęk – ryzyko było zbyt duże. Fanfaronada pozwalała mi o nim zapomnieć. Czułem zażenowanie, kiedy podczas otwierającej sekwencji wygłaszałem pod dyktando Steve'a przemówienie pełne przesadnej autoreklamy i przerysowanego poczucia zagrożenia. Paradoksalnie, gdybym był wtedy szczery, z moich słów emanowałby bardziej autentyczny niepokój, niż Steve mógłby sobie wymarzyć. Byłem jednak zbyt przerażony, by móc sobie pozwolić na szczerość.

„Chcę zostać sam. To nic osobistego, ale spadać stąd. Wszyscy”.

ROZDZIAŁ 1

PRZETRWANIE

I

Kiedy już dawno ucichł warkot motoru, poszedłem plażą do miejsca, gdzie w cieniu palmy leżała skrzynia ze sprzętem do filmowania. Ukląkłem na piasku i otworzyłem cztery masywne plastikowe zatrzaski. Uniosłem wieko i ujrzałem ostatnie ślady cywilizacji: dwie kamery wideo, dwie kamery typu point-of-view do montowania na głowie, skromną apteczkę (jedna seria antybiotyku, jeden opatrunek), telefon satelitarny, którego miałem użyć w razie zagrożenia życia, oraz lokalizator GPS. To był bardzo dobry moment, żeby poprawić sobie nastrój przekąską, ale w skrzyni nie było nic do jedzenia. Nie było tam też nic, co mogłoby mi pomóc przetrwać.

W moim umyśle włączył się automat: próbowałem zająć się czymś, nad czym byłem w stanie zapanować, chciałem poczuć, że biorę sprawy w swoje ręce. Kiedy przygotowywałem kamery, uzmysłowiłem sobie pierwszy problem: nie miałem do czego przyczepić mikrofonu bezprzewodowego. Przecież byłem nagi! „To śmieszne. Takie głupstwo, a ja już zaczynam panikować" – próbowałem żartować do obiektywu, ale wcale nie było mi do śmiechu. Chciałem go przypiąć do kamery, co samo w sobie przeczyło podstawowej idei mikrofonu bezprzewodowego. Spanikowałem. Nie mogłem spokojnie i logicznie myśleć.

Piasek już zaczynał się dostawać w każdy zakamarek. Głęboki wydech. Po przygotowaniu drugiej kamery i mikrofonu usiadłem, żeby pomyśleć. „Filmowanie to pestka.

Tylko to nerwowe pulsowanie w piersiach. Przecież wiem, że to nie są żadne wygłupy. Wierzę w to, co robię. Jeśli uda mi się przetrwać samemu przez dwa miesiące – świetnie. Ale nigdy wcześniej tego nie robiłem! Czy nie zwariuję, jak nie będę miał do kogo otworzyć gęby? Chryste!". To był strumień świadomości: zero dystansu, zero racjonalnego porządku, tylko surowe, oderwane emocje i myśli.

„OK, Ed, jak wygląda sytuacja? Jakie są priorytety? Od czego trzeba zacząć?". Jestem byłym kapitanem armii brytyjskiej. Od ponad dziesięciu lat prowadzę ekspedycje i realizuję rozmaite projekty w odległych zakątkach świata. Kiedy jako współpracownik ONZ byłem w Afganistanie, zdarzały się bardzo niebezpieczne sytuacje. W Belize prowadziłem kursy surwiwalowe dla ludzi przygotowujących się do prowadzenia ekspedycji w dżungli. Teraz jednak przemknęła mi przez głowę myśl, która bardzo mnie zaniepokoiła: nigdy nie musiałem walczyć o przetrwanie, **zaczynając od zera**. Wydawałoby się, że musiałem zdawać sobie z tego sprawę, ale kiedy nagle pojąłem, że wszystko będę musiał wymyślić na poczekaniu, ugięły się pode mną nogi.

Tylko pomyślcie. Członkowie ekspedycji – nawet tych najbardziej ekstremalnych – mają ze sobą sprzęt i zapasy: żywność oraz środki do przygotowania posiłków, sprzęt nawigacyjny, jakieś przenośne schronienie, wodę oraz środki do jej magazynowania i oczyszczania. Kiedy coś idzie nie tak, sztab ludzi pomaga im wybrnąć z kłopotów. Mają przemyślany do najdrobniejszych szczegółów plan ewakuacji, dzięki czemu nigdy nie muszą długo walczyć o przetrwanie.

Albo prehistoryczni jaskiniowcy. Oni też prawie nigdy nie zaczynali od zera. Kiedy się rodzili, plemię albo rodzina miała już do swej dyspozycji narzędzia, skóry zwierząt i ogień, a jej członkowie ogrzewali się wzajemnie w pieczołowicie wyselekcjonowanej jaskini. Dorastając, nabywali umiejętności niezbędne do przeżycia w tamtym świecie. I zwykle musieli rozwiązać tylko jeden problem na raz: „Potrzeba więcej drewna / mamuciego mięsa / skóry tygrysa szablozębnego (niepotrzebne skreślić)".

Dotarło do mnie, że na ochotnika zgłosiłem się do udziału w najgorszym z możliwych scenariuszy, wiedząc, że nie będę miał ze sobą absolutnie nic, co mogłoby mi pomóc przetrwać – i tak będzie bardzo długo. Dysponowałem co prawda lokalizatorem GPS, za pomocą którego miałem codziennie wysyłać sygnał „OK", gdybym jednak spadł ze skały i rozbił czaszkę gdzieś w głębi wyspy, pomoc mogłaby nadejść za późno.

Mój umysł, którego skłonność do autoironii zawsze pomagała mi radzić sobie w takich sytuacjach, chciał się z kimś podzielić odrobiną czarnego humoru na temat niedorzeczności mojego położenia. Kiedy jednak uświadomiłem sobie, że z nikim nie mogę się niczym podzielić, przeszedł mnie lodowaty dreszcz. Nikt nie będzie razem ze mną śmiał się ani płakał. Nikt nie doda mi otuchy, niczego nie doradzi ani nie ostrzeże przed niebezpieczeństwem. Nie miałem się do kogo zwrócić, nikt nie mógł mnie wesprzeć. Odpowiadałem za siebie pod każdym względem – pewnie pierwszy raz w życiu.

„Co ja tu, do kurwy nędzy, robię?" – pytałem sam siebie – niestety zbyt późno. Dlaczego ktoś na ochotnika zgłasza się do tego rodzaju samotniczego, a jednocześnie całkowicie publicznego sprawdzianu?

Cofnijmy się o dwa lata, do dnia, gdy w otoczeniu ekip prasowych z całego świata biegłem piaszczystą plażą w stronę Oceanu Atlantyckiego. Działo się to w północnej Brazylii. Skrajnie wyczerpany, lecz jednocześnie wspaniały i majestatyczny[2] jak Mount Everest stałem wśród huczących fal, napawając się chwilą. Doprowadziłem do końca ekspedycję, która zdaniem wszystkich była skazana na niepowodzenie: w ciągu niemal dwóch i pół roku przeszedłem pieszo wzdłuż Amazonki. Łzy dumy cisnęły mi się do oczu – dokonałem czegoś, czego nie dokonał nikt przede mną i już nic nie odbierze mi tego uczucia.

A może jednak?

Od razu, niepostrzeżenie dałem się sprowadzić na manowce. Dobrze się czułem otoczony uwagą mediów. Kiedy wróciłem do kraju, powitano mnie jak bohatera. Traktowano mnie inaczej niż wcześniej. Podobało mi się to. Ludzie chcieli wiedzieć, co mam do powiedzenia – chcieli sobie trochę ze mnie uszczknąć. Powszechna uwaga sprawiała mi taką przyjemność, że nawet nie zauważyłem, jak wewnętrzny blask poczucia własnej wartości, które pielęgnowałem w sobie ponad dwa lata, zaczął niknąć we mgle nieszczerych komplementów.

Wywiady telewizyjne otworzyły mi drogę do radia, a radio – do wykładów motywacyjnych na całym świecie. Moja historia była prawdziwa i najwyraźniej stanowiła dla ludzi inspirację, więc raz po raz sprzedawałem swój ból i euforię.

„Jaka będzie pańska kolejna wyprawa?" – to pytanie słyszałem najczęściej. To fascynujące: robisz coś, czego przed tobą nie zrobił nikt inny, a ludzie nawykli do przeżuwania i wypluwania informacji od razu chcą czegoś nowego.

---

[2] W oryginale „high and magnificent" – nawiązanie do angielskiego przekładu Psalmu 48: „It is high and magnificent; the whole earth rejoices to see it! Mount Zion..."; w przekładzie Biblii Tysiąclecia: „Góra Jego święta, wspaniałe wzgórze, radością jest całej ziemi; góra Syjon...".

Częstuj się piwkiem, Ed.

Wtedy amazońska świeca poczucia własnej wartości niemal całkowicie zgasła – jedynym śladem ulatniającej się wiary w siebie była cieniutka smużka dymu. Nasłuchiwałem, czego chcą inni ludzie, ponieważ najwyraźniej to oni byli dla mnie źródłem szczęścia. Co o tym powie Królewskie Towarzystwo Geograficzne? Czy Sir Ranulph Fiennes to zaaprobuje? Czy eskapada na wyspę spodoba się masom? Czy da się z tego zrobić dobry program telewizyjny?

Jeszcze jedno piwko, Ed.

Miotałem się między tym, jak postrzegałem oczekiwania innych ludzi, a poczuciem zagubienia. Dokąd zmierzam? Na co to wszystko było? Jak odzyskać pewność siebie, której kiedyś miałem w nadmiarze?

Jeszcze piwko, Ed?

Potrzebowałem dalszego ciągu. Chciałem być nadal **obecny**. Chciałem, żeby ludzie widzieli, jak osiągam coś nowego. Chciałem udowodnić, że za pierwszym razem to nie był fuks...

Siedzieliśmy kiedyś z Craigiem – moim lojalnym przyjacielem i pośrednikiem w kontaktach z telewizją – w nowoczesnym i wysmakowanym wnętrzu sutereny w Streatham, w południowym Londynie, nad filiżanką słodkiej Lady Grey[3] z mlekiem i zastanawialiśmy się, co robić. Przewałkowaliśmy wszystkie możliwe ekspedycje i uznaliśmy, że chyba właśnie ukończyłem największą z nich. Chyba że poświęcę cztery lata, żeby opłynąć ziemię siłą własnych mięśni, zaliczając po drodze oba bieguny – czyli zdobyć „Świętego Graala" współczesnej eksploracji. Wszystko inne wydawało się niegodne uwagi.

---

3 Twinings Lady Grey to mieszanka herbaty cejlońskiej i wietnamskiej z dodatkiem bergamotki i skórki pomarańczowej.

Musiałem poćwiczyć myślenie lateralne[4]. Co zrobić, żeby odejść od oczekiwań innych i w sposób bardziej intensywny zmierzyć się z naturą? Chciałem odsiać to, co stanowi nudny eksploracyjny wypełniacz i zostawić same wyzwania. Zamiast konwencjonalnej wyprawy zamarzyło mi się wydarzenie lub sprawdzian. Coś niewyobrażalnie trudnego, w czym nie czułbym się komfortowo i nie miałbym pewności, czy mi się uda.

Zaczęliśmy eliminować to, co daje komfort. Na pierwszy ogień poszła pomoc innych ludzi.

– Następną rzecz muszę zrobić sam – stwierdziłem, bębniąc w kubek poobgryzanymi paznokciami.

W Amazonii dysponowałem wielkim wsparciem, co dawało pole do spekulacji. Czy dałbym sobie radę bez Cho – lojalnego przyjaciela z Peru, który towarzyszył mi przez większą część podróży? Chciałem się przekonać, czy byłbym w stanie przejść taki sprawdzian w pojedynkę.

– A jakbyś musiał przetrwać na bezludnej wyspie, mając ze sobą tylko najbardziej potrzebne rzeczy? – zasugerował Craig.

Kiedy zacząłem sobie wyobrażać taki scenariusz, poczułem przyjemne podniecenie i, wymawiając powoli słowa, zaproponowałem:

– A jakbym nie miał nic? Jedzenia, sprzętu, noża – nawet ubrania?

– Dałbyś radę? – zapytał Craig.

– Nie mam pojęcia – wyszczerzyłem zęby w uśmiechu.

---

[4] Inaczej: myślenie równoległe lub myślenie w bok – umiejętność kreatywnego spojrzenia na problem pozwalającego przeformułować go i rozwiązać nowymi metodami. Termin wprowadzony w 1967 roku przez Edwarda de Bono. Za: http://pl.wikipedia.org/wiki/Myślenie_lateralne.

* * *

„Weź się w garść, Staffs – zajmij się czymś praktycznym". Kamera była moim najlepszym przyjacielem i zwierciadłem. Dzięki nicj od początku wypowiadałem głośno wszystkie myśli. Przeglądając się w ekranie wyświetlacza, dostrzegłem w swoich oczach lęk i zdałem sobie sprawę, że muszę się natychmiast zastosować do tej wywołanej przerażeniem myśli.

Przebiegłem w pamięci podręcznikowe priorytety, których tak wiele razy sam nauczałem. Woda, pożywienie, ogień i schronienie. Wiedziałem, że pierwszego dnia tak naprawdę będę potrzebował tylko wody, lecz mimo to ogarnęła mnie panika. Nie znałem wyspy i nie miałem pojęcia, gdzie mogę znaleźć solidne źródło słodkiej wody. A jak nie znajdę? Choć cały eksperyment był wyreżyserowany, problem był bardzo realny. Jeśli szybko nie znajdę wody – równie szybko przegram.

„Spokój, Staffs. Możesz zyskać trochę czasu. Spróbuj wykorzystać to, co już kiedyś widziałeś". Byłem teraz swoim własnym instruktorem, swoim własnym doradcą. Stawiając pierwsze kroki, sam siebie trzymałem za śliską od potu rękę. Kiedy zauważyłem zielone orzechy kokosowe, wiedziałem, że nawet nie ruszając się z miejsca, zdołam przetrwać jedną lub dwie doby. Zielone kokosy można strząsnąć, rzucając w nie kamieniami, a bogata w elektrolity woda kokosowa dobrze gasi pragnienie. To pozwoli mi się nawodnić – przynajmniej na początku.

Podniosłem się, zesztywniały, przy akompaniamencie trzeszczących kolan, i otrzepałem piasek z gołego tyłka. Rozejrzałem się, szukając jakiejś niewysokiej palmy kokosowej. Mój wzrok padł na najbliższą, która zwieszała się zaledwie kilka metrów nad moją głową. Znalazłem kamień wielkości jabłka i rzuciłem znad głowy w to kuszące źródło naturalnych drinków w jednorazowych opakowaniach.

Podczas tej „złodziejki na golasa" czułem się osobliwie skrępowany – jak w moich dziecięcych snach. Rzuciłem i spudłowałem. I znowu. Kurwa mać! Rzucam od dołu... pudło. Jeszcze raz. Kiedy zaczynało mnie to naprawdę wkurzać – trafiłem. Łup! Tak! Spadający kokos wyżłobił w piasku niewielki krater.

Ponieważ nigdy wcześniej nie otwierałem orzecha kokosowego bez użycia maczety, chwyciłem oburącz kulisty kształt i znowu spróbowałem myślenia lateralnego. Znalazłem masywny, ostro zakończony głaz do połowy zakopany w piasku. Uniosłem kokos w górę i – wykorzystując siłę ramion oraz masę włóknistego owocu – raz po raz uderzałem w ostrą krawędź, żeby przebić się przez łupinę. Po jakichś dwudziestu uderzeniach na kamień trysnęła woda kokosowa, a ja, ciężko dysząc, uniosłem owoc do spieczonych ust, oczekując, że wypełni je obfita porcja płynu. Wysączyła się jakaś żałosna strużka. „Wspaniałe!" – plotłem, ozdabiając to sztucznym uśmiechem. Uświadomiłem sobie natychmiast, że instynktownie ukryłem porażkę. Nie mogłem przyznać przed kamerą, że mimo takiego nakładu pracy zyskałem jedynie kilka kropel napoju.

Gorączkowo powtarzałem całą procedurę, aż poczułem, że mam w sobie dość płynu, by móc zacząć działać. Postanowiłem spenetrować wybrzeże.

Długa złocista plaża ciągnęła się wzdłuż klasycznego szeregu palm wyznaczającego skraj lasu. Nie zdziwiłbym się, gdybym nagle spotkał ekipę kręcącą reklamę Bounty, choć z drugiej strony nie byłbym też zaskoczony, gdybym znalazł kilka szkieletów, które w kurczowo zaciśniętych dłoniach trzymałyby butwiejące mapy wskazujące drogę do miejsca ukrycia skarbów. Od razu pojawiło się skojarzenie, że przecież piraci też porzucali ludzi na bezludnych wyspach. Ja sam stałem się dla siebie Czarnobrodym – nakazałem sobie zejść ze statku, żeby umrzeć w tym bezlitosnym słońcu. Takie myśli nie mogły mi w niczym pomóc.

Idąc brzegiem morza, rejestrowałem istotne szczegóły: w którym miejscu ostatni przypływ pozostawił na piasku pierścień osadu, że słońce jest mniej więcej trzy pięści od horyzontu (przy wyprostowanym ramieniu), a także to, że krew na stopie świadczy, że właśnie skaleczyłem ją na odłamku koralowca. Próbowałem się uśmiechnąć i cieszyć się otaczającym pięknem, jednak poziom zadowolenia wynosił zero, podobnie zresztą jak przyjemności płynącej z całkowicie nieistotnej w tych okolicznościach estetyki otoczenia. To był dopiero pierwszy dzień, a mnie już paliły ramiona, a usta sklejała wyschnięta ślina. Było tak wiele niewiadomych, tak wiele do zrobienia i tak niewiele, na czym można by się było wesprzeć. Mój oddech był płytki i szybki, jakby głębszy wdech miał mi zabrać zbyt wiele czasu.

„Czas poświęcony na rekonesans rzadko jest czasem zmarnowanym” – powtarzałem, chcąc upewnić samego siebie, że to powszechnie uznana wojskowa mądrość, a ja wykorzystuję godziny wypełnione dziennym światłem w najlepszy możliwy sposób. Miałem silne poczucie, że czas ucieka i muszę działać. Tak na zdrowy rozum, miałem masę czasu i mogłem się zrelaksować. To był mój prywatny świat, w którym ja sam ustanawiałem obowiązujące reguły, jednak świadomość zobowiązań wobec Discovery Channel i obawa, że to będzie wyglądać na porażkę, natychmiast spotęgowały presję.

Wtedy po raz pierwszy popisałem się spóźnionym refleksem. „To śmieszne!” – rzuciłem na głos. Stałem przed jaskinią topornie wyciosaną w pionowej skalnej ścianie.

Nie była to jakaś tam szczelina tak ciasna, że trudno byłoby się do niej wcisnąć, ani wilgotna pieczara zalewana przez przypływ. To była przestronna jaskinia leżąca powyżej linii przypływu i – co bardzo ważne – zwrócona tyłem w tę stronę, z której najczęściej wiał wiatr.

Z panującego w mej głowie chaosu ponownie wyłoniła się lista surwiwalowych priorytetów, na której odfajkowałem: „schronienie", ciesząc się przy tym jak dziecko. Miałem świadomość, że to dar losu – i to już w pierwszym dniu! Kiedy wspiąłem się po skale, w nozdrza uderzył mnie przypominający piżmo, zwierzęcy zapach kojarzący się z londyńskim zoo. Jaskinia miała mniej więcej cztery metry szerokości, trzy metry wysokości i cztery metry głębokości. Jej skalny próg znajdował się dobre dwa metry powyżej poziomu plaży. Dobrze osłonięte dno jaskini, które dość znacznie opadało ku przodowi, pokrywała mieszanina brudno-brunatnego proszku pochodzącego z kruszącej się skały i sporej ilości zwierzęcych odchodów.

„Mają tu króliki?" – pytałem sam siebie. Nie, to musiało być coś większego. Owca? Koza? Może nawet jeleń? Aż za dużo do odfajkowania jak na jeden raz. Odwróciłem się do kamery i wydałem z siebie nieco wystudiowany okrzyk, który miał być wyrazem zaskoczenia i radości. Zwierzęta, które można by zjeść, to jedno z moich największych marzeń związanych z tym projektem, a tu już pierwszego dnia okazało się, że zdobycie mięsa to całkiem realna opcja.

Jak wielu mężczyzn, nigdy nie byłem fanem wielozadaniowości. Mój umysł nie przepada za napięciem, jakie się pojawia, gdy jednocześnie dzieje się zbyt wiele. Choć odkrycia były bardzo obiecujące, poczułem, że muszę usiąść i zebrać się w sobie.

Postanowiłem, że jaskinia będzie – przynajmniej na początku – moją bazą, więc poszedłem po dużą skrzynię z kamerą. Kiedy zabierałem ją spod drzew, uświadomiłem sobie, że jeśli chcę nakręcić, jak ją niosę, druga kamera – ta, która będzie mnie filmowała – musi tam zostać, a potem będę po nią musiał wrócić. Niedorzeczne.

Miałem świadomość, że muszę przedstawiać sobą dość osobliwy widok, gdy golusieńki, świecąc białym tyłkiem, kroczę plażą z dużą czarną walizą w ręku. Czułem na plecach wzrok kamery. Kiedy próbowałem wtaszczyć skrzynię do jaskini, przestraszyłem się, że mogę się poślizgnąć, a ciężar pociągnie mnie w dół. Spanikowałem. Uznałem, że ryzyko jest zbyt duże, więc umieściłem skrzynię pod drzewami na skraju plaży. Musiałem podjąć wiele drobnych decyzji naraz. Która z nich będzie słuszna? Kto to potwierdzi? Nikt. Super. „To śmieszne" – wyznałem do kamery. „Muszę ufać instynktowi. Mózg kazał mi to wciągnąć na górę, a bebechy na to: »Stafford, opanuj się«!". Pocieszałem się, że decyzja była słuszna, a zaraz potem zacząłem w to wątpić i zmieniłem zdanie. W końcu uznałem, że najwyższy czas przestać się wygłupiać, wciągnąłem skrzynię do jaskini i usiadłem ciężko na nagrzanym plastiku. Brak zdecydowania przyprawiał mnie o zawrót głowy.

Pomyślałem, że jeśli zwierzęta, które tam przychodzą, są duże, dobrze będzie mieć pod ręką kamienie, żeby mieć je czym odgonić.

„Stafford, zawsze powtarzałeś, że jak nie jesteś pewien, co powinieneś zrobić, siadasz i próbujesz się uspokoić. Pierwszego dnia zawsze jest chaos". Przeszedłem do pozytywów. „Napiłeś się kokosowej wody, a wieczorem będziesz mógł zjeść trochę miąższu – no i znalazłeś schronienie. Z surwiwalowych priorytetów został ci tylko ogień, który pierwszego dnia nie jest niezbędny do życia. Naprawdę dobrze ci idzie".

Nie przestawała mnie jednak niepokoić panika, którą dostrzegałem w swoich szeroko otwartych oczach bielejących na kiepskim ekranie wizjera kamery. Widziałem napięte skronie, a moje czoło wyglądało jak owinięta w krepę bomba wypełniona gwoździami. Próbowałem się uspokoić, przemówić sobie do rozsądku. Miałem niezbędne doświadczenie i możliwości, żeby przetrwać na wyspie. Musiałem w to wierzyć. Nie do końca przekonany zająłem się tym, co najpilniejsze. „No dobrze – westchnąłem – wleję w siebie jeszcze trochę płynów, zanim się ściemni".

Kiedy schodziłem na plażę, chropowata skała zapewniła mi bolesny masaż miękkich podeszew stóp. Zauważyłem kilka ogromnych muszli małży wielkości talerza. Zapisałem sobie w pamięci, że można w nich przechowywać wodę. Kiedy stanąłem na miękkim piasku, stopy już tak nie bolały, ale jeśli nie chciałem mieć pokiereszowanych, musiałem sobie sprawić jakieś sandały.

Przy samej plaży zauważyłem palmę znacznie niższą od pozostałych, z bardzo zielonymi owocami. Niczym otyły szympans na opiatach chwiejnie wspiąłem się po pniu i zerwałem dwa niewielkie kokosy. Otworzyłem je, waląc nimi z całej siły o inną ostrą skałę (musiałem bardzo uważać na palce) i wlałem w siebie dwie porcje chłodnego i słodkiego napoju, który pociekł mi po brodzie i piersi. Chłeptałem, aż się zasapałem, szczerząc zęby w szerokim uśmiechu, jaki wywołała ta prosta przyjemność.

Będąc w Amazonii, za wszelką cenę starałem się podtrzymywać u siebie pozytywne nastawienie, nawet uciekając się do sztuczek NLP (programowania neurolingwistycznego). Kiedy czułem, że zbliża się mentalny dołek, myślałem o ludziach, dzięki którym nie zszedłem na złą drogę. Nauczyłem się, jak w trudnych sytuacjach unikać gniewu czy frustracji, które w niczym nie mogą pomóc. Jednak to doświadczenie od początku wydawało się bardzo odmienne. Przede wszystkim, przez Amazonię nie wędrowałem sam i to właśnie wydawało się mieć kluczowe znaczenie. Technikę izolacji wykorzystują ci, którzy poszukują doświadczenia mistycznego – pustelnicy, mnisi, jogini. W tym zaaranżowanym ustroniu kontakt z najgłębszymi pokładami mojej jaźni był ostatnią rzeczą, jakiej pragnąłem.

Przewidywałem, że to wyzwanie będzie wymagało czegoś więcej niż umysłowe sztuczki. Wiedziałem, że powiedzie mnie w rejony bolesnej szczerości, której muszę stawić czoło, zamiast za pomocą sztucznych zabiegów próbować nad nią zapanować. Od popadnięcia w obłęd miała mnie uchronić strategia, którą zasugerowali mi dwaj australijscy Aborygeni – Harold i Jeremy – których poznałem dzięki Amandzie i z którymi bardzo się zaprzyjaźniłem.

Harold jest wujem Jeremy'ego. Obaj są osobami rasy mieszanej – potomkami Aborygenów i białych Australijczyków i pod wieloma względami należą do obu tych światów. Harold, który ma mniej więcej 60 lat, jest do tego stopnia pozbawiony próżności, tak skromny, że często zupełnie nie zauważa się jego obecności. Warto jednak zwrócić na niego uwagę, ponieważ to jeden z najpotężniejszych żyjących aborygeńskich uzdrowicieli. Od chwili, gdy go poznałem, ten małomówny mężczyzna wywiera na mnie silny, uspokajający wpływ.

Jeremy jest całkiem inny – młodszy ode mnie, z żywiołowością młodego obieżyświata obnosi się z mądrością kogoś znacznie starszego. Ten obdarzony dużą mocą duchowy uzdrowiciel, utalentowany artysta i fenomenalny muzyk pomógł mi stać się osobą silniejszą i bardziej świadomą.

Podczas naszej wspólnej wycieczki do Parku Narodowego Daintree w Queensland obaj przestrzegali, żebym nie bagatelizował 60 dni samotności. To bardzo długo, stwierdzili, wystarczająco długo, żeby oszaleć. „To długi czas, bracie. Może ci odpierdolić jak ta lala".

Aborygeni tradycyjnie praktykują długie, samotne wędrówki. Żyją w bliskim związku z ziemią i naturą. Uważają, że każdy człowiek ma trzy umysły. Największy i najważniejszy to trzewia, instynkt. Drugi to serce, a najmniejszy jest umysł logiczny, który dla większości ludzi Zachodu stanowi jedyny życiowy drogowskaz. Może trudno w to uwierzyć, ale w aborygeńskim języku koko jelandji wyrażenie *ngan duppurru* znaczy „umysł", a zarazem „zagmatwany" lub – mówiąc nieco bardziej dosadnie – „popieprzony". Tym samym wyrażeniem określa się także sieć do połowu ryb tak splątaną, że nie da się jej już rozplątać.

Widząc u mnie – nie tak znowu rzadką – skłonność do przejmowania się i ciągłego analizowania, stwierdzili, że jeśli na wyspie będę się kurczowo trzymał logicznego myślenia, pobyt zmieni się dla mnie w długą i ciężką batalię o to, by pozostać przy zdrowych zmysłach. Czekają mnie napady lęku i niekontrolowanych myśli, które staną się trudnym sprawdzianem dla mojej determinacji.

Zamiast myśleć, radzili, muszę punktem wyjścia uczynić to, co jest głębiej, duszę, poddać się temu, co jest. Wtedy nie będę mógł nadmiernie wszystkiego komplikować.

Dali mi prostsze narzędzie. Poradzili, żebym ułożył krąg z kamieni na tyle duży, żebym mógł w nim usiąść. Czując, że grozi mi napad paniki, ponurych myśli lub obaw, miałem wszystko zostawić i usiąść w kręgu. W nim będę bezpieczny, twierdzili, będzie mnie chronił przed wyspą i wszelkimi czynnikami zewnętrznymi. Miałem nadzieję, że to się okaże skuteczne.

Kiedy więc zaspokoiłem pragnienie, uznałem, że nadszedł czas na kamienny krąg. Na plaży znalazłem osiem kamieni wielkości grejpfruta i jakoś wgramoliłem się z nimi do jaskini. „Ale z ciebie oficer!" – ganiłem się w duchu, że marnuję czas na takie czary mary. Niemniej ułożyłem kamienie na dwunastej, na szóstej, a potem na dziewiątej i trzeciej. Pozostałe cztery wypełniły luki między nimi i w ten sposób w gryzącym pyle pokrywającym dno jaskini powstał symetryczny okrąg o ponad metrowej średnicy.

Postanowiłem go wypróbować niczym nowy samochód: usiąść i wybrać się na przejażdżkę. Kucnąłem, a potem usiadłem i oparłem ręce na kolanach. Wydałem z siebie przeciągłe, katartyczne westchnienie. Uśmiechnąłem się i ku memu wielkiemu zdumieniu natychmiast poczułem odprężenie. Uniosłem wzrok, by po raz pierwszy napawać się widokiem, jaki rozciągał się z jaskini: przestwór niebieskiego oceanu, na dalszym planie fale rozbijające się o rafę i miękkie chmury amortyzujące upadek słońca zbliżającego się ku linii horyzontu. Nie musiałem nic robić. Spokój przyszedł natychmiast. Niezwykła była siła i szybkość tej przemiany. Czułem się bezpieczny, opanowany i spokojny. Mogłem spokojnie myśleć, lecz co ważniejsze – mogłem **odczuwać**. Mogłem napawać się pięknem i wróciło mi poczucie humoru. Chichotałem, myśląc, jaki to wspaniały przyrząd ten kamienny krąg. Nie przyszło mi w ogóle do głowy, żeby analizować, jak to działa. Znowu dobrze się czułem – po raz pierwszy tego dnia – i tylko to się liczyło.

Kiedy słońce było półtorej pięści nad horyzontem, uznałem, że jak na pierwszy dzień zrobiłem wystarczająco dużo i zacząłem myśleć o spaniu. Suchą gałęzią zamiotłem dno jaskini, a miejsce przeznaczone do spania oczyściłem ze zwierzęcych odchodów. Dość dziwnie było robić to wszystko nago, ale przynajmniej nikt mnie nie widział.

Wiedziałem, że muszę mieć jakąś podściółkę, bo inaczej na kamieniu będzie mi bardzo zimno. Zacząłem się za czymś rozglądać. Od jakiegoś czasu nie padało i cały klif porastały kępy suchej, ostrej trawy. W sekundę miałem gotowy plan: do zmroku nazbieram tyle trawy, ile zdołam, i będę mógł na niej spać niczym koń w wypełnionej sianem stajni. Na skale trawa miała płytkie korzenie i dawała się bez trudu wyrywać całymi kępami. Podczas tego ostatniego zajęcia przyświecało mi ciepłe, zachodzące słońce. Wreszcie uznałem, że mam już dość trawy, by się nią okryć, i podczas snu będzie mi ciepło.

Kiedy słońce oparło się o horyzont, usiadłem w gównianym pyle i jadłem niedojrzały, galaretowaty kokosowy miąższ, wydłubując go paznokciami jak małpa. Po raz pierwszy pozwoliłem sobie na myśli o domu. O tych, którzy tam zostali. O Amandzie, mojej nowej, pięknej narzeczonej i jej dwójce dzieci, które tak szybko pokochałem. Natychmiast pojawiła się tęsknota i znowu zadałem sobie pytanie, co też mnie opętało, że zaangażowałem się w tak niedorzeczne przedsięwzięcie. Czemu to robiłem? Dlaczego nie było mnie teraz w domu, nie czytałem dzieciom opowieści Roalda Dahla albo nie sączyłem wina z Amandą? Co chciałem udowodnić? I komu?

Kiedy zapadł zmrok, uświadomiłem sobie, że nie mogę się nigdzie ruszyć. Nie miałem latarki ani ognia, więc musiałem tu siedzieć aż do świtu. Po otwartej jaskini hulał zimny wiatr. Włączyłem kamerę, przełączyłem ją na podczerwień i w tym samym momencie zdałem sobie sprawę, że oto dysponuję czymś w rodzaju latarki. Najpierw użycie kamery w innym celu niż filmowanie wydało mi się niemoralne, ale szybko pozbyłem się skrupułów. Po co dodatkowo utrudniać sobie życie, które i tak jest nieznośnie ciężkie, przyjmując jakieś głupie zasady? Jak zwierzę skulone ze strachu przed niebezpieczeństwem, położyłem się w pyle i próbowałem okryć się trawą, by osłonić gołą skórę przed przenikliwymi podmuchami wiatru.

Po pięciu minutach moszczenia się, leżałem nieruchomo, wpatrując się w mrok. W myślach sprawdziłem listę: miałem sucho, było mi ciepł(aw)o, byłem nawodniony i zabezpieczony przed działaniem żywiołów, gdyby pogoda się pogorszyła. Nie zjadłem za wiele, ale nie byłem głodny. Pożywienie nie wydawało się w tym momencie tak istotne, więc miałem poczucie, że „na razie idzie nieźle". Cała sytuacja zbyt mnie przytłaczała, żebym mógł odczuwać zadowolenie. Zbyt wiele musiałem przemyśleć i zrobić plan na dzień następny. Niemniej nie byłem przygnębiony. Dzisiejszy dzień obszedł się ze mną łaskawie i moja sytuacja była dużo lepsza, niż wcześniej mogłem przypuszczać. Jakoś funkcjonowałem – tylko to się liczyło.

Założenie, że od razu zasnę, jak zwykle okazało się zbyt optymistyczne. Nie szukajcie pościeli z siana w sklepach sieci Marks & Spencer. Nie znajdziecie jej tam, bo strasznie drapie. Ale coś za coś: albo drapie, albo się marznie. Dno jaskini było zapiaszczone, twarde i zbyt pochyłe. Jak już ułożyłem się w miarę wygodnie, poczułem, że po piersi lezie mi jakiś duży pająk. Pod ręką miałem kij do przepędzania ewentualnych intruzów. Może i paranoja, ale poprawia samopoczucie.

Powinienem spać, żeby zregenerować siły, ale bezruch spowodował, że zaczęły się pojawiać kolejne pytania i niepokoje.

Przebiegłem w myślach listę rzeczy do zrobienia następnego dnia, ale kiedy mrok zgęstniał, myśli zaczęły się komplikować i znowu pojawił się lęk. W końcu pogodziłem się z tym, że to będzie długa i ponura noc. Dam radę przetrwać bez pomocy? Gdzie się podziało moje zwykłe opanowanie? Gdzie mam zbudować obozowisko? Jak wyglądają inne części wyspy? Czy udało mi się przejść wzdłuż Amazonki tylko dlatego, że miałem wsparcie? Czy jestem dość silny mentalnie, żeby sprostać tej sytuacji? Może w końcu podjąłem się czegoś, co mnie przerasta? Dlaczego jest tak wiele pytań? Moja reakcja może się wydać nieco przesadzona – byłem tu w końcu dopiero kilka godzin – ale to miało być 60 dni! Dwa miesiące! Muszę wyznać, że chciałem do domu. I to natychmiast.

Leżałem na wznak na zapiaszczonym dnie jaskini i na próżno usiłowałem się wyłączyć i zasnąć. Wcisnąłem się głębiej w kąt, poprawiłem „pościel", ale obawy nie przestawały buszować w mojej głowie.

Musiałem chyba w końcu zasnąć, bo obudziłem się skostniały w środku nocy. „Pościel" znikła, wystawiając moje nagie ciało na podmuchy zimnego wiatru, który hulał w całej jaskini. Nie miałem pojęcia, która może być godzina. Po omacku odnalazłem trawę, nakryłem się i znowu próbowałem zasnąć. Leżałem, wpatrując się w noc, podczas gdy wiatr był coraz silniejszy. Przy gwałtowniejszych podmuchach trawa nie chroniła już tak skutecznie, więc poczucie, że w bezpiecznej jaskini jestem panem własnego losu, ulotniło się wraz z wywiewanym pyłem.

Musiałem znaleźć jakiś sposób, żeby osłonić się przed wiatrem. Po omacku zsunąłem się na plażę i próbowałem zakopać się w piasku. Przypomniały mi się aborygeńskie opowieści o tym, jak niektórzy z nich – gdy noc zastała ich z dala od domu – chronili się przed zimnym wiatrem, zakopując się w wierzchniej warstwie piasku. Jednak tu piasek był wilgotny i już gdy gołymi rękami wygrzebywałem coś w rodzaju okopu, przyszło mi do głowy, że to nie była najwłaściwsza decyzja. Ułożyłem się w „mogile" i przysypałem się piaskiem od stóp aż po piersi. Wiatr przestał co prawda kąsać dolne partie ciała, ale było mi zimno i czułem, jak mokry piasek odbiera mi ciepło.

Leżąc, deliberowałem, zamartwiałem się, wyznaczałem sobie granice czasowe, żeby potem je przesunąć. Po godzinie przyznałem się do porażki i wykopałem się z mokrego piasku. Czułem się znużony, niedoświadczony i niepewny czegokolwiek. Szczękając zębami, wspiąłem się z powrotem do jaskini. Tam pojawiło się zwątpienie: miałem zastrzeżenia nie tylko co do swojej sytuacji, ale i co do swojej osoby. Gdy wątpliwości wkradły się już do głowy, pożerały pewność siebie i poczucie własnej wartości. Przez całą noc zamartwiałem się, przewracałem się z boku na bok i trząsłem się z zimna. Nie mogłem nic poradzić – nie miałem ognia, koca ani ciepłych ubrań. Czułem się porzucony i bezbronny.

Kiedy spoglądam na to z perspektywy czasu, muszę stwierdzić, że tamtej pierwszej nocy przypominałem szamoczące się, zagubione zwierzę. Mogłem tylko leżeć w pyle i czekać, aż wstanie słońce. To było bardziej niż niepokojące – czułem, jakbym się rozpadał, kompletnie straciłem panowanie nad sobą i nie potrafiłem wziąć się w garść. Ale miałem sucho i żyłem. To musiało mi na razie wystarczyć.

ROZDZIAŁ 2

WODA

11

Przez zamknięte powieki zaczęło przenikać dzienne światło. Słyszałem szum fal wdzierających się na plażę, wśród którego byłem w stanie wyłowić huk fal rozbijających się o rafę 400 metrów od brzegu. Nieprzerwany, nieregularny szum tła.

Pozwoliłem unieść się powiekom – jedynym kotarom, jakie oddzielały mnie od mojego świata na wolnym powietrzu. Żadna inna część mojego ciała się nie poruszyła, kiedy powoli chłonąłem roztaczającą się przed moimi oczyma scenerię.

Cóż to był za widok.

Skalny próg mego domostwa opadał ku „trawnikowi" wysypanemu miękkim piaskiem nakrapianym niewielkimi kopczykami usypanymi przez kraby, do których prowadziły drobne ślady. Pomiędzy białymi grzywami fal wdzierających się na plażę a postrzępionymi szańcami zewnętrznej rafy rozciągała się zapierająca dech w piersiach laguna. Na wodzie osłoniętej przez koralowe fortyfikacje połyskiwały delikatne zmarszczki. Widoczna za rafą ciemna głębia nie wyglądała już tak kusząco.

Po raz pierwszy pomyślałem o sztormie. Ale byłaby jazda. Spokojna noc wystarczająco dała mi w kość, a w przypadku solidnego sztormu tropikalnego nie byłoby szans na jakąkolwiek pomoc z zewnątrz. „Nie myślmy o tym, co się może zdarzyć. Skupmy się na tym, co jest tu i teraz" – napomniałem siebie.

Uniosłem się na ramionach. Dwa szpaki wymieniały uprzejmości, śmigając wokół niewielkiego gniazda znajdującego się wprost nad moją głową.

„Zaczęło się" – pomyślałem, kiedy dotarło do mnie, że właśnie udało mi się przetrwać pierwszą noc. Zostało tylko pięćdziesiąt dziewięć.

Z pokrytych gęsią skórką piersi, brzucha i nóg strzepnąłem warstwę kurzu i resztki trawy, wstałem i przeciągnąłem się. Wziąłem kamerę, otworzyłem wizjer i włączyłem ją. Zaczynając swój codzienny monolog, nadal drżałem z zimna.

„Ubierz się!" – to był instynkt. „Przecież nie mam w co". Choć nie było ze mną nikogo, czułem się nagi i wystawiony na ludzkie spojrzenia. Krępowało mnie to i musiałem coś z tym zrobić. Podniosłem kamień, który był jaśniejszy od ściany jaskini, i narysowałem na niej dwie pionowe kreski oznaczające drugi dzień pobytu. Niedojedzony kokos pokrywały malutkie czarne mrówki.

Włączyłem lokalizator GPS i wcisnąłem guzik „All OK"[5]. Wiadomość była zdecydowanie zbyt lakoniczna. Chciałem napisać długi list o tym, jak mi poszło w pierwszą noc. Chciałem usiąść i opowiedzieć całej ekipie, jak zaskoczyły mnie napady paniki, jak duży był mój niepokój, jakie to wszystko wydaje się realne i nieprzyjemne. Ale byłem sam. Pragnienie, by ktoś mnie zrozumiał albo przynajmniej wysłuchał, miało pozostać niezaspokojone przez najbliższe dwa miesiące.

„OK, Ed, koniec przerwy na introspekcję – teraz działamy. Napij się czegoś". Bardzo ostrożnie zsunąłem się po skale. Przez cały czas myślałem o tym, że nie mam antyseptyków ani plastra, więc absolutnie nie powinienem ranić stóp.

---

[5] Ang. „Wszystko w porządku".

Z palmy kokosowej, której zasoby uszczupliłem poprzedniego dnia, bez trudu strąciłem kolejny zielony orzech. Po rutynowych dwudziestu sekundach, podczas których jak goryl uderzałem nim o skałę, realizując jedną z pierwotnych ludzkich czynności, przytknąłem łupinę do ust i wypiłem słodki płyn.

Kiedy musiałem nabrać powietrza, rozejrzałem się i zauważyłem, że na skałach jest mnóstwo małych, czarnych morskich ślimaków. „Mogę je jeść" – pomyślałem. Jeśli się od tego nie rozchoruję, to właśnie znalazłem bogate w białko śniadanie. Super.

Z głazu wielkości krowy, który był do połowy zakopany w piasku, zebrałem garść ślimaków. Wziąłem kamień wielkości piłki tenisowej i z trzaskiem uderzyłem w skorupę pierwszego z nich. Kamień rozpadł się na kawałki, a skorupa pozostała nietknięta. „Zły znak" – pomyślałem, oceniając efekty ataku. Nie mając noża, musiałem sobie zrobić jakieś narzędzie do cięcia, bez którego nie da się realizować najprostszych zadań. Zmartwiłem się, widząc, jak krucha jest ta skała, i zacząłem szukać jakiejś bardziej trwałej alternatywy.

Rozważając dostępne opcje, zauważyłem, że występują tam dwa rodzaje skał: porowate i łamliwe, które wyglądały jak martwy koral, oraz bardziej zwarte skały wulkaniczne, z których najwyraźniej zbudowana była cała wyspa. Znalazłem podobnych rozmiarów odłamek tej drugiej i ponownie spróbowałem oddzielić ślimaka od jego domku. Skorupa się roztrzaskała. Usunąłem kawałki przypominające skorupkę jaja, szybko włożyłem ślimaka do ust i połknąłem. Nie najgorsze, pomyślałem – i wziąłem drugiego.

W tym momencie zdrowy rozsądek chrząknął uprzejmie, żeby zwrócić na siebie moją uwagę i zasugerował, że zanim zjem wszystkich mieszkańców tego osiedla, powinienem może chwilę odczekać i zobaczyć, jaka będzie reakcja organizmu na pierwsze dwa ślimaki. Niechętnie przystałem na tę sugestię.

Uniosłem głowę i zacząłem rozglądać się po plaży. Postanowiłem powtórnie ją spenetrować. Tam, gdzie się znajdowałem, wprost z plaży wyrastały ogromne pionowe klify, które przesłaniały poranne słońce. Zacząłem okrążać wyspę, mając ocean po lewej, a strome klify po prawej ręce. Krzepiące było to, że wszędzie było **mnóstwo** ślimaków. Nawet gdybym nie znalazł innego pożywienia, pewnie zdołałbym przeżyć 60 dni na samych ślimakach i kokosach. To było pocieszające. Moja potencjalna dieta była bardziej zbilansowana niż dieta niejednego studenta.

Idąc dalej, zauważyłem wyraźną szczelinę w skalnej ścianie po prawej. Poniżej skała była ciemniejsza. Kiedy podszedłem bliżej, instynktownie pojąłem, jak ważne jest to odkrycie i na moją twarz powrócił uśmiech. Włączyć kamerę. Zdjąć osłonę z obiektywu. Uruchomić nagrywanie...

„To ekscytujące". Instynkt podpowiadał mi, co właśnie odkryłem. Jestem geografem, więc wiedziałem, że tego rodzaju uskok w skale może oznaczać tylko jedno – słodką wodę. Kiedy dokładniej zbadałem szczelinę, zauważyłem, że odwiedzający to miejsce wyspiarze wyciosali w skale niewielkie wgłębienie, żeby ściekająca woda miała się gdzie zbierać. Wiedziałem oczywiście, że na wyspie jest źródło słodkiej wody i muszę jedynie je znaleźć, ale i tak było to jak dotąd moje najważniejsze odkrycie. Zniknęły obawy, że odwodnienie zmusi mnie do kapitulacji już na samym początku. Zbliżyłem usta do tego niewielkiego skalnego rezerwuaru i krótkim siorbnięciem pociągnąłem łyk wody, która bez wątpienia nie była słona. „Słodka woda!" – oznajmiłem. „Chyba jednak lepiej będzie to najpierw oczyścić" – bełkotałem, wypluwając osad i piasek.

Od razu przyszło mi do głowy, że będzie można zebrać wodę do jakiegoś pojemnika, używając kawałka sznurka jako sączka. Na razie jednak wziąłem największą muszlę, jaką udało mi się znaleźć, nabrałem do niej morskiej wody, ostrożnie zaniosłem ją do wycieku i chlusnąłem, wypłukując wodę stojącą od dawna w skalnej niecce. Potem nieco się odsunąłem i delektowałem się moim wielkim odkryciem. Zgoda – woda tam nie spływała; w niewielkim zagłębieniu w niedostrzegalny dla oka sposób po prostu gromadziła się wilgoć. Niemniej była to słodka woda i – co było do przewidzenia – bardzo podniosło mnie to na duchu.

Ponownie dokonałem przeglądu listy rzeczy do zrobienia i oceniłem aktualną sytuację. Znalazłem źródło słodkiej wody. Napiłem się i wypłukałem rezerwuar. Zjadłem dwa ślimaki i jak dotąd organizm się nie zbuntował. Napiłem się wody kokosowej i zjadłem trochę galaretowatej brei z wnętrza zielonych orzechów kokosowych. Jak na pierwszy poranek na wyspie sprawy nie wyglądały wcale najgorzej.

Pamiętając o konieczności rejestrowania tego, jak mentalnie radzę sobie w sytuacji, w której się znalazłem, wygłosiłem monolog do kamery: „To zabawne, jak działa mój umysł. Przed chwilą przechodziłem obok jaskini i poczułem, że chciałbym sobie w niej posiedzieć. Teraz to jest moja baza, mój dom. Musiałem sobie powiedzieć: nie musisz tam wchodzić, masz dużo do zrobienia. Ale tak naprawdę chciałem się tylko tam wdrapać i usiąść". Po namyśle sądzę, że w człowieku istnieje naturalne pragnienie stworzenia domu, wyznaczenia przestrzeni, która jest jego przestrzenią. Kiedy już ją wyznaczyłem w tym nieznanym i niepokojącym, nowym dla mnie świecie, instynkt nakazywał mi schować się w tej bezpiecznej skorupie, gdzie poziom zagrożenia był niższy, a ilość zmiennych – ograniczona. Muszę z tym walczyć.

Nadszedł czas, żeby zrobić coś ważnego, jakkolwiek zupełnie niepotrzebnego z surwiwalowego punktu widzenia: postanowiłem, że spróbuję zrobić sobie spódniczkę z trawy, żeby wreszcie przestała mi doskwierać moja nagość. Nieco wcześniej odwiedziłem w Australii Harolda i Jeremy'ego, gdzie przekonałem się, że potrafię ją zrobić i potrzebuję do tego jedynie krzewu ketmii lipowatej[6]. Zawróciłem w stronę jaskini, minąłem ją i poszedłem dalej, mając teraz ocean po prawej, a wnętrze wyspy po lewej ręce. Skalną ścianę wkrótce zastąpiła ściana zieleni, w której wyróżniały się palmy kokosowe. Kiedy podszedłem bliżej, bez trudu dostrzegłem duże, okrągłe liście ketmii, której krzewy opanowały teren pod palmami.

Ketmia ma niezwykle elastyczną i wytrzymałą korę, która może zastąpić sznurek i to bez żadnej specjalnej obróbki. Wystarczy odłamać gałąź i obić kijem korę, która w pewnym momencie odchodzi od drewna i można ją zdjąć równie łatwo jak skórkę z banana. Nie trzeba jej zaplatać ani obrabiać w żaden inny sposób. Pasek szerokości dwóch centymetrów jest na tyle mocny, że dałoby się za jego pomocą holować samochód. Po podzieleniu na węższe paski, można nią zastąpić sznurek, jest bowiem na tyle elastyczna, że bez trudu daje się wiązać.

Wykonanie spódniczki z trawy nie jest trudne. Bierzemy pasek kory wystarczająco długi, by można się nim opasać w talii, i rozpinamy go między gałęziami niczym sznur do bielizny. Przywiązujemy do niego kolejne paski węzłem zwykłym – takim samym, od jakiego zaczynamy zawiązywanie sznurówki buta i jaki automatycznie wykonuje każde dziecko. Tę procedurę powtarzamy tyle

---

6 Nazwa angielska: *beach hibiscus* (łac. *Talipariti tiliaceum*).

razy, ile pasków kory potrzeba, by się osłonić. Nic prostszego.

To, co nastąpiło później, dobrze ilustruje, jaki mętlik miałem w głowie na początku mojego pobytu na wyspie. Kiedy przywiązałem ze dwadzieścia pasków kory, uznałem, że cała procedura jest zbyt czasochłonna, a ja powinienem się natychmiast zająć czymś „ważniejszym" z punktu widzenia mojego przetrwania. Na tym etapie produkcji spódniczka niczego nie zasłaniała, więc spanikowany zacząłem przywiązywać do kory pęki trawy, jakbym robił sobie okrycie na noc. Dzięki połączeniu dwóch technik, spódniczka miała być gęstsza z przodu, dzięki czemu nie świeciłbym klejnotami. Wyszedł mi kwadratowy *sporran*[7], który opierał się na moim sprzęcie, drapiąc mnie po nim niemiłosiernie. Wyglądałem jak Ed McFiut.

Mój wytwór był niewygodny, trudno było w nim chodzić, a kiedy siadałem, wszystko i tak miałem na wierzchu. Nie zasłaniał mnie z tyłu, a co najważniejsze, kiedy dla Discovery Channel kręci się film, który mają obejrzeć widzowie w dwustu krajach na całym świecie – wyglądał idiotycznie. To był pierwszy nieprzemyślany i kiepsko zrealizowany projekt tego dnia.

„Nie bądź śmieszny, Ed" – stwierdziłem, kiedy już pokręciłem tyłkiem przed kamerą, udając, że jestem szczęśliwy, a mój głupkowaty wygląd wcale mi nie przeszkadza. Przeszkadzał i to bardzo, ale jak się już pospieszyłem (i spartaczyłem), tym bardziej chciałem zająć się czymś innym. Dopiero po dwóch lub trzech dniach wziąłem się w garść na tyle, żeby otwarcie przyznać, że spódniczka jest okropna i trzeba zrobić inną. Jej wykonanie zajęło mi niewiele wię-

7 Noszona na biodrach futrzana torebka będąca elementem szkockiego stroju narodowego.

cej czasu, jednak w ostatecznym rozrachunku straciłem go dużo, bo musiałem zrobić **dwie** spódniczki zamiast jednej. Taki był wtedy stan mojego umysłu: zamiast spokojnie rozwiązywać problemy – mnożyłem je.

Wraz z brakiem zdecydowania pojawiła się obawa, że sobie nie poradzę. Zacząłem deliberować i obwiniać się, co powiększało moje przygnębienie. Zamiast słuchać jedynego głosu prawdy – instynktu – słyszałem tysiąc różnych głosów. Tak właśnie brzmi mętlik w głowie. W tym stanie, nie mając odpowiedniego dystansu, nie mogłem nawet zidentyfikować, co się ze mną dzieje.

Ostrożnie stawiając kroki, przebrnąłem przez pas pokryty gnijącymi skorupami orzechów kokosowych i dotarłem na skraj dżungli. Natychmiast zauważyłem kilka plastikowych butelek z czerwonymi zakrętkami, które wystawały z kupy liści. Kiedy uważniej rozejrzałem się wokół siebie, zobaczyłem dziesięć do piętnastu butelek wyrzuconych tu przez ostatni przypływ. Ten szpetny widok był odrażającym dowodem zaśmiecania oceanów, jednak dla mnie był to kolejny dar losu.

Wszystkie butelki miały zakrętki, ponieważ tylko butelka z zamkniętym wewnątrz powietrzem może pływać. To oznaczało, że są nienaruszone i można w nich magazynować wodę. Zacząłem je zbierać, rzucając w miejsce, które oczyściłem z poszycia. Jedna butelka, dwie butelki, trzy butelki, zepsuty klapek, cztery butelki, pływak z polistyrenu, pięć butelek, plastikowe pudełko po żelu do włosów. Stos moich skarbów z recyklingu szybko się powiększał. Upajałem się myślą, że siedzę w jaskini i zadowolony z siebie spoglądam na dwadzieścia lub trzydzieści litrów słodkiej wody. Nie potrafię opisać, jak bardzo to pozornie zwyczajne odkrycie podniosło mnie na duchu. Na dodatek w jednej z butelek po coli znalazłem plastikową słomkę do picia. Uśmiechnąłem się szeroko, dziękując za to niebiosom jak dzieciak, który znalazł zabawkę w paczce płatków śniadaniowych. Dzięki słomce mogłem pić wodę ze skalnej niecki znajdującej się poniżej wycieku, do której inaczej nie miałbym dostępu. Ta stara plastikowa rurka była cenna i miałem zamiar ją zachować.

Kiedy znowu znalazłem się na plaży, zmrużyłem oczy w ostrym słońcu, zastanawiając się, gdzie pójść teraz. Nie wiedziałem, co się znajduje na rozległym skalistym cyplu, więc – nadal mając ocean po prawej ręce – ruszyłem śliską niczym szkło, wyszlifowaną przez fale skalną platformą. Kraby zmykały przede mną i kryły się wśród skał. Były wszędzie. Wiedziałem, że jedzenie ich mięsa na surowo grozi poważnym zatruciem, ale jak już będę miał ogień, czeka mnie orgia zupy krabowej.

Delikatny wietrzyk łagodnie zmierzwił włosy na mojej odkrytej piersi, kiedy minąłem klif i znalazłem się na olśniewająco pięknej, nieco mniejszej plaży wysypanej oślepiająco białym piaskiem. Była jak obrazek z pocztówki – jakby to miało jakieś znaczenie. Szybkim spojrzeniem oceniłem wysokość palm, szacując, czy kokosy są w moim zasięgu, i wróciłem do klifu w poszukiwaniu kolejnych wycieków słodkiej wody.

Skalna płaszczyzna tworząca dużą platformę u podstawy skalnej wychodni była niewiarygodnie śliska. Powodowała to pokrywająca ją cienka warstwa ciemnozielonego szlamu. Trudno było tam ustać, nie mówiąc już o poruszaniu się. Na podstawie budowy skał próbowałem ocenić, którędy woda może spływać do kolejnego wycieku. W końcu – co było do przewidzenia – moje stopy wystrzeliły do przodu, a ja wylądowałem na gołym tyłku, obtłukując sobie boleśnie biodra. Najwyraźniej nie miałem nastroju na komedię slapstikową, bo gag mnie nie rozśmieszył. Poużalałem się trochę nad sobą, rozciągnięty żałośnie na oślizłej czarnej skale, po czym uznałem, że na ten dzień mam już dosyć eksploracji. Całe szczęście, że nic mi się nie stało.

Wróciłem do wycieku obok jaskini i wypiłem trochę wody, używając niewielkiej muszli w kształcie łyżki – jakbym jadł zupę z miski. Kiedy spływała mi do gardła pełnego kurzu, jej smak potwierdzał, że jest zdrowa i czysta. Niebo pociemniało. Spojrzałem w stronę morza. Do wyspy zbliżała się szara ściana deszczu, a ja zdałem sobie sprawę, że nie mam do czego zebrać deszczówki.

W Amazonii ulewne deszcze kilka razy nas ocaliły, kiedy skończyła się woda, a w pobliżu nie było żadnej rzeki. Między drzewami rozpinaliśmy plandeki, a w rogach ustawialiśmy wszystko, w czym można było trzymać wodę. Kiedyś w dziesięć minut zebrałem trzydzieści litrów wody do wodoszczelnej torby na kamerę. Tu jednak nie było brezentu ani innego wodoszczelnego materiału.

W trakcie ekspedycji do Belize, podczas których uczyłem, jak przetrwać w dżungli, robiłem prymitywne urządzenia do zbierania wody. Na prostej drewnianej ramie układało się palmowe liście, które tworzyły dużą powierzchnię, a następnie zbierało się spływającą po nich wodę. Postanowiłem wykorzystać ten pomysł, dostosowując go do lokalnej roślinności.

Oczywistym wyborem była palma kokosowa. Kiedy przyjrzałem się wielkim palmowym liściom, zauważyłem, że każdy jest wyposażony w naturalną rynienkę wiodącą do pnia. Gdybym tylko zdołał je tak ustawić, żeby deszczówka spływała do pnia, a następnie w dół, do jego podstawy, gdzie mogłaby skapywać do wielkich muszli, byłbym w domu. Tyle teorii.

Nie miałem noża ani maczety. Rozglądałem się w poszukiwaniu czegoś, czym mógłbym pościnać liście. Już wcześniej sprawdziłem dostępne na wyspie skały – były miękkie i kruche, albo twarde i wulkaniczne – ani jednych, ani drugich nie dało się obrabiać jak krzemienia, więc nie można z nich było zrobić ani siekierki, ani innego narzędzia do cięcia. Równie dobrze mógłbym próbować ociosać płytę chodnikową. Jeden z wyspiarzy, którzy nas tu przywieźli, zdradził mi, że gdy oni znajdą się gdzieś bez maczety, rozbijają jedną z tych wielkich muszli i używają jej kawałków jako prymitywnego ostrza. Nigdy jednak nie widziałem tego na żywo.

Wziąłem muszlę wielkości standardowego naczynia żaroodpornego i trzasnąłem nią o skałę. Stuknęła głucho i pozostała w jednym kawałku.

Ponowić próbę.

Uniosłem ją nad głowę i, wkładając w to tym razem całą siłę, jaką byłem w stanie zmobilizować, cisnąłem nią o skaliste podłoże. Rozpadła się na dwie części – obie tępe jak majzel. Wziąłem jedną z nich i powtórzyłem procedurę. Tym razem otrzymałem coś, co z grubsza przypominało ostrze. Przykładając odpowiednio dużą siłę, można nim było ściąć palmę jak siekierą.

Posługując się tym prymitywnym narzędziem, szybko poobcierałem sobie kłykcie. Tępe ostrze wymagało dużego wysiłku. Bardziej przypominało to rozdzieranie niż ścinanie, ale działało, zwłaszcza gdy odciągnęło się liść w dół, zwiększając napięcie. W ten sposób mogłem ścinać nawet całkiem spore palmowe liście.

Kiedy zrobiłem sobie przerwę, próbując złapać oddech, na korze tuż przed moimi oczami poruszył się niewielki gekon. Szybkim ruchem ręki schwytałem zwierzątko, dociskając je dłonią do pnia. Byłem zaskoczony, jak łatwo mi poszło, więc stałem z gekonem w ręku, nie mając pewności, czy rzeczywiście chcę go zjeść.

Wcześniej położyłem kamerę na piasku kilka metrów ode mnie. Położyłem się obok niej, prezentując małe stworzonko. „To z pewnością jest mięso – pomyślałem – więc mogę to zjeść". Nigdy wcześniej nie jadłem gekona, ale było to źródło białka, więc warto było spróbować. Przez chwilę zastanawiałem się, czy trzeba go wypatroszyć, ale uznałem, że wystarczy go wycisnąć, zaczynając od szyi i posuwając się w dół, tak by przez odbyt usunąć wszystkie ekskrementy. Nie szukajcie tego przepisu w książkach Jamiego Olivera[8].

Wytarłem w liście upaćkane odchodami palce i wepchnąłem jaszczurkę do ust. Zanim ją połknąłem, musiałem ją przynajmniej z grubsza pogryźć. Smakowała tak, jakbym się ugryzł w język. Ogonek zwierzątka ciągle wił się na ziemi, więc oczyściłem go z piasku i też zjadłem.

Instalacja do zbierania deszczówki przypominała domek ze słomy, w którym mieszkała jedna z trzech małych świnek[9]. Projekt numer dwa – równie nieprzemyślany i źle wykonany jak pierwszy – wyglądał żałośnie i miałem wątpliwości, czy wytrzyma do rana. Starałem się nie być dla siebie zbyt surowy, bo jednak coś mi się udało – zjadłem gekona.

Kiedy mocniejszy podmuch wiatru sprawił, że konstrukcja zaczęła się chwiać, zdałem sobie sprawę, że to nie jest milowy krok w kierunku rozwiązania problemu zaopatrzenia w słodką wodę. Tymczasem jednak potrzebowałem długiej i rozwidlonej tyczki do strącania kokosów. Znowu mu-

---

[8] Brytyjski kucharz, autor wielu kulinarnych programów telewizyjnych i książek kucharskich.

[9] Nawiązanie do angielskiej baśni ludowej.

siałem zrobić użytek z muszli. Znalazłem cienkie drzewko, które rozwidlało się na odpowiedniej wysokości, i pierwszy raz w życiu zacząłem ścinać drzewo za pomocą kawałka muszli.

Powtórzmy: to nie przypominało ostrza, jakie można uzyskać, obrabiając krzemień. W wyniku pęknięcia powstał odłamek o krawędzi załamującej się pod kątem mniejszym niż 90 stopni, którym przy użyciu znacznej siły można było „dziabać" różne rzeczy. Był mniej więcej tak ostry jak łyżka i gdybym nie bał się o zęby, szybciej chyba bym przegryzł to drzewko.

Każde udane uderzenie powodowało najwyżej lekkie wgniecenie, natomiast uderzenie chybione pozbawiało kolejnych fragmentów skóry moje i tak już otarte kłykcie. Próbowałem obrabiać pień dookoła. Najpierw powstał pierścień wgnieceń, który pogłębiałem, aż w końcu pojawił się płytki rowek. Po jakimś czasie pień był już na tyle osłabiony, że zdołałem go złamać, napierając na niego ramieniem. Ścięcie pierwszego drzewa zabrało mi piętnaście minut i wszystkie siły. Kiedy już obłamałem gałęzie, wyprostowałem się, trzymając w rękach krótką, nieociosaną, rozwidloną na końcu żerdź.

Stanąłem pod palmą, na której wcześniej nie byłem w stanie dosięgnąć kokosów, i umieściłem rozwidlenie mojej żerdzi w miejscu, gdzie zielona łodyga łączyła się z orzechem. Kiedy oburącz pchnąłem żerdź do góry… mogłem się jedynie przyglądać, jak kokos dynda w górę i w dół jak jakieś sprężyste, zielone zwisające jądro. Pchnąłem znowu, tym razem jeszcze gwałtowniej, żeby silnym szarpnięciem uwolnić owoc. Oczy miałem już zalane potem, a głowę obsypał mi deszcz kawałków kory i uschniętego drewna. Każde kolejne pchnięcie oznaczało znaczną utratę energii.

Pojawiła się frustracja i zniecierpliwienie. W końcu jednak dopisało mi szczęście. Łodyga pękła, a kokos gruchnął na ziemię, aż zadudniło. Zabrałem się do kolejnych kastracji, aż wreszcie leżało przede mną pięć zielonych owoców gotowych do wypicia.

Rozbiłem je o ostrą krawędź głazu sięgającego mi do piersi, dzięki czemu mogłem się do nich dobrać na stojąco. To były najlepsze owoce, jakie udało mi się dotąd zebrać, wypełnione dużą ilością przejrzystego płynu. Po raz pierwszy poczułem, że jestem dostatecznie nawodniony.

Po uzupełnieniu płynów, postanowiłem zjeść dziesięć ślimaków. Pierwsze dwa nie wywołały żadnej negatywnej reakcji, a chciałem mieć jak najwięcej energii. Stojąc obok skały, rozbijałem maleńkie muszle, obierałem je niczym skorupkę z jajka na twardo i połykałem ich zawartość. Ślimaki były nieco zapiaszczone, ale spełniły swoje zadanie. Poczułem, że znowu zaczynam nad wszystkim panować. Ich zebranie i przygotowanie mogło mnie kosztować więcej energii, niż dało mi ich zjedzenie, ale dostarczyłem sobie trochę białka i zwierzęcego tłuszczu, i to podniosło mnie na duchu.

Zaraz potem przeniosłem do jaskini bezcenny zapas plastikowych butelek. W świecie, w którym czułem się tak bardzo wystawiony na kaprysy losu, kiedy to tylko było możliwe, próbowałem brać los we własne ręce.

Obejrzałem japonka. Pasek biegnący wokół dużego palca był zerwany, guma sparciała i stała się krucha. Przyszło mi do głowy, że mogę go wzmocnić nylonową żyłką przyczepioną do któregoś ze znalezionych pływaków. Nie było za wygodnie, ale przynajmniej podeszwa trzymała się stopy. Miałem więc jeden but i zrobiony z trawy *sporran*, w rodzaju tych, jakie każą czasem człowiekowi założyć podczas wieczoru kawalerskiego. O ironio, w tym przypadku ta

„ozdoba" nie odbierała godności, lecz przynajmniej w części ją przywracała.

Zjadłem trochę miąższu dojrzałego kokosa. Z jakiegoś powodu nie odpowiadał mi jego smak i konsystencja. Prócz ślimaków był to pierwszy zastrzyk kalorii od kokosowej galarety, której popróbowałem poprzedniego wieczora, jednak zdołałem zjeść tylko jedną trzecią zawartości, po czym rzuciłem go na piasek.

Czując słoneczne promienie, uświadomiłem sobie, że zanim zacznę eksplorację dalszych części wyspy, muszę się jakoś przed nimi zabezpieczyć. Pomyślałem, że mogę się wysmarować pastą zrobioną z proszku pokrywającego dno. Prawdopodobnie powstał z rozkładających się przez dziesiątki lat ptasich odchodów i odpadających od sufitu fragmentów skały, ale musiał mi wystarczyć. Wypełniłem nim muszlę i zaniosłem nad morze. Najdokładniej, jak umiałem, wymieszałem go z wodą, a powstałą w ten sposób wonną pastę rozprowadziłem po ramionach, szyi, głowie i twarzy, tworząc jedną wielką błotną – można nawet powiedzieć „kupną" – maseczkę. To nie była glina, ale jako tako chroniła przed palącym słońcem. Przekręciłem też do tyłu drapiący *sporran*, żeby osłonić coraz bardziej czerwony tyłek.

Ponieważ musiałem uzupełniać materiały niezbędne do filmowania, opracowano następujący plan dostarczania mi ich bez konieczności kontaktowania się ze mną. We wschodniej części wyspy zorganizowano „skrzynkę kontaktową". Znajdowała się na terenie dawnego pola biwakowego, które później nazwałem „Cytrynowym Obozem"[10] ze względu na rosnące tam dwa średniej wielkości cytrynowe drzewka (niestety, nie był to sezon na cytryny). Skrzynka, którą

10 Ang. „Lemon Camp" – nazwa nawiązująca do wojskowych określeń topograficznych.

przygotowali wyspiarze, miała postać niewielkiej kamiennej cembrowiny nakrytej kawałkiem deski. Miało to z grubsza chronić jej zawartość przed deszczem. Prymitywna pokrywa była obciążona dwoma ciężkimi kawałami wulkanicznej skały. Poza sytuacjami nadzwyczajnymi miała to być jedyna forma mojego kontaktu ze światem zewnętrznym.

Plan zakładał, że raz w tygodniu, w ustalonym dniu, będę tam dostarczał pełne karty pamięci i wyładowane baterie. Miałem to robić przed południem, a potem trzymać się z daleka od tego miejsca. Koło południa miał się zjawiać Steven – jedyny członek ekipy, który przebywał na Komo – i zabierać pozostawione przeze mnie rzeczy. W ich miejsce miał zostawiać naładowane baterie i czyste karty pamięci do kamer, a także – w razie potrzeby – informacje dotyczące produkcji programu, na przykład: „Złe ustawienia dźwięku na kamerze numer dwa. Ustawić na »External mic«”[11]. Żadnego wsparcia, żadnego dodawania otuchy – tylko to, co niezbędne, żeby dostarczane przeze mnie zdjęcia nadawały się do montażu.

Kto wymyślił te reguły? Chyba ja sam – zostały wprowadzone przeze mnie. Upierałem się, żeby to był poważny projekt surwiwalowy, który nie będzie budził podejrzeń. Czy ktoś by się dowiedział, że dostałem „zakazaną” wiadomość? Pewnie nie – ale dzięki jasnym regułom miałem poczucie, że wszystko przebiega tak, jak należy.

Po południu mogłem wrócić do skrzynki i odebrać materiały do filmowania. Dzięki temu systemowi ludzie z ekipy produkcyjnej w Wielkiej Brytanii – a teoretycznie także surwiwalowi eksperci z całego świata – mogli oglądać nakręcone przeze mnie materiały, kiedy ja męczyłem się jesz-

---

[11] Ang. „Mikrofon zewnętrzny”.

cze na wyspie. Mógłbym tam też zostawić zepsutą kamerę w nadziei, że Steven – moja jednoosobowa ekipa – będzie ją mógł naprawić lub wymienić.

Ponieważ nigdy wcześniej tu nie byłem, nie miałem pojęcia, gdzie leży Cytrynowy Obóz. Nie wiedziałem nawet, jaki wyspa ma kształt ani w której części wysadzono mnie z łodzi. Nie wiedziałem, czy znajdę jakiś dogodny szlak i ile czasu zajmie mi przejście. Nie było widać żadnych ścieżek. Uznałem, że za pierwszym razem najlepiej będzie pójść brzegiem morza. Przy okazji będę mógł z grubsza określić wielkość i kształt mojej nowej ojczyzny.

Podczas pierwszej wizyty miałem tylko zostawić karty i wyładowane baterie, bo sam nie potrzebowałem jeszcze niczego. Chodziło tylko o to, żeby bezcenne zdjęcia z pierwszego dnia jak najszybciej znalazły się w Londynie i ludzie od produkcji mogli poprawić to, co schrzaniłem (dotyczyło to oczywiście tylko filmowania). Była niedziela, a pierwszą regularną wymianę zaplanowaliśmy na wtorek.

Poziom morza był dosyć niski i wyruszyłem wokół południowej części wyspy, ląd mając po lewej, a morze po prawej ręce. Od południa moją plażę zamykał ogromny skalisty cypel, za którym ciągnęła się kolejna plaża (ta, którą zdążyłem już wcześniej spenetrować). Miała kształt półksiężyca i była krótsza, przez co robiła wrażenie zgrabniejszej i bardziej zwartej od rozciągniętej łachy piasku, przy której była moja jaskinia. By minąć znajdujący się na jej południowym krańcu urwisty cypel, musiałem wejść do wody. W wypełnionych idealnie niebieską wodą zatoczkach o piaszczystym dnie śmigały duże barwne ryby. W najgłębszym miejscu woda sięgnęła *sporranu*, po czym znowu zaczęła się płycizna, a ja znalazłem się na kolejnej plaży pokrytej jeszcze bardziej złocistym piaskiem.

Stąd było widać leżącą najbliżej Olorui wyspę Komo, na której żył klan Komo i na której teraz mieszkał Steven. Widok Komo nie powinien mnie dziwić, ale zupełnie zapomniałem, że ją stamtąd widać. Kiedy zobaczyłem tę zieloną przyjazną wyspę, izolacja wydała mi się jeszcze bardziej dotkliwa. Pomyślałem, że zaledwie osiem mil morskich stąd żyje sympatyczna społeczność, której członkowie gawędzą ze sobą, wspólnie łowią ryby i gotują... Poczułem się bardzo samotny. Chciałem być wśród nich. Po raz pierwszy miałem wrażenie, że Olorua mnie więzi. Brzeg i otaczające ją morze były jak więzienne kraty i pole minowe. Żeby z kimś porozmawiać, musiałem tylko przepłynąć osiem mil morskich w wodach, w których roiło się od żarłaczy tygrysich. No właśnie.

Dlaczego samotność tak mnie przygnębiała? Przecież nie miałem tu zostać na zawsze!

Kiedy plaża się skończyła, musiałem brnąć przez ostre skały i luźne kamienie. Moja droga skręciła nieco w lewo i otworzył się przede mną znacznie bardziej surowy widok. To wybrzeże, pokryte czarnymi jak smoła skałami, poddane było działaniu dominujących w tym rejonie południowo-wschodnich wiatrów. Podmuchy były tu silniejsze, a wyższe i ciemniejsze fale rozbijały się o naznaczony erozją brzeg. Czułem ziąb na odsłoniętym torsie, kiedy przechylony w prawo – w stronę, z której wiał wiatr – brnąłem dalej, aż moją uwagę przykuła spora przerwa w linii drzew po lewej.

Kiedy tam stanąłem, mając za plecami kamienistą plażę i ocean, wiedziałem, że dotarłem na miejsce. Cytrynowy Obóz mógłby być równie dobrze oznaczony wielkim szyldem zapraszającym mnie do środka. Miałem przed sobą otuloną lasem sympatyczną płaską polanę, którą w części otaczały cierniste drzewa cytrynowe. Dostrzegłem ślady działalności człowieka. Bambusowa belka umocowana między dwoma drzewami w rozwidleniach gałęzi służyła zapewne kiedyś jako poprzeczka podtrzymująca plandekę, którą już dawno zwinięto i zabrano do domu. Były i śmieci: na pół przysypane opakowania po czipsach i zakrętki od butelek z napojami. Z ziemi wystawały kawałki sparciałej gumy. Na środku polany zobaczyłem coś, co wyglądało jak przykryty wiekiem kamienny kopczyk. To była skrzynka kontaktowa.

Polana, choć rozległa i płaska, była wystawiona na wiatr, który najczęściej wiał właśnie z tego kierunku. Dziwiło mnie więc, że wyspiarze podczas wizyt na wyspie zakładali obozowisko w tym właśnie miejscu, ale prawdopodobnie musieli mieć jakieś powody, by tu cumować łodzie. Nie mogłem się tam przenieść (wykluczał to nasz bezkontaktowy system obsługi skrzynki kontaktowej), ale i tak bym tego nie zrobił. Jaskinia była lepiej osłonięta od wiatru. Na drzewach nie było cytryn, ale po roztarciu liścia poczułem orzeźwiający cytrynowy zapach. Wiedziałem, że gdy będę miał ogień, otrzymam z tych liści wspaniały cytrynowy napar.

Leżące na drewnianej pokrywie kamienie jeden po drugim gruchnęły o ziemię. Uniosłem kawałek lichej sklejki i zobaczyłem żółtą, hermetycznie zamykaną gumowaną torbę. Otworzyłem grube plastikowe zatrzaski, rozwinąłem ją i wyjąłem jej zawartość. W środku była pusta lodówka turystyczna firmy Esky. Nic więcej. Właściwie nie powinno mnie to zdziwić – wiedziałem, jak ma działać ten system. Jednak gdzieś w głębi duszy miałem chyba nadzieję, że znajdę tam kartkę z gratulacjami, że tak dobrze mi idzie, albo paczkę czekoladowych herbatników. Ale nie. Lodówka była pusta.

Włożyłem do środka dwie wyczerpane baterie i niebieskie nylonowe etui z kartami pamięci, po czym zatrzasnąłem białe plastikowe wieko. Wtedy pojawił się impuls, żeby poszukać pomocy. Moje źródło słodkiej wody – choć bardzo dobrze, że było – wkurzało mnie. „Tylko tyle?! Czy to naprawdę jedyne źródło słodkiej wody?". Chciałem zapewnienia, że jest jeszcze jakieś – bardziej wydajne – albo przynajmniej prognozy, że jutro będzie padać.

Przez chwilę byłem wściekły na całą ekipę. Co za idioci! Wysadzili mnie tu bez wody! Zacząłem podejrzewać, że kiedy robili rekonesans, musiało być po dłuższym okresie obfitych deszczów. Pewnie myślą, że mam dosyć wody, bo jak tu byli, wyciek, na który się natknąłem, był pewnie prawdziwym wodospadem. A jeśli nie wiedzą, że wpakowali mnie w gorszą sytuację, niż to było zaplanowane?

Kiedy załatwiłem wszystko w Cytrynowym Obozie, ruszyłem dalej brzegiem, chcąc obejść całą wyspę. Wtedy nie miałem jeszcze pojęcia, jak ona wygląda. Na podstawie słońca mogłem w przybliżeniu stwierdzić, gdzie jest wschód, a gdzie zachód (a zatem także to, gdzie jest północ i południe). Wiedziałem więc, że opuszczam wschodnią część wyspy i przez jej północny kraniec wracam na zachodnie wybrzeże. Nie wiedziałem, ile czasu mi to zabierze i czy przypływ nie odetnie mi drogi.

Mając ląd po lewej, huczące fale po prawej, a poszarpane skały pod stopami, jeszcze raz ruszyłem w nieznane. Plaża kończyła się skarpą zbudowaną z tych samych wulkanicznych skał, które wcześniej mnie zatrzymały i zmusiły do wejścia do wody. Uniosłem kamerę na tyle wysoko, by do środka nie dostała się woda i, badając stopami twarde, pokryte koralowcem dno morza, wolno posuwałem się do przodu. Czasem brodziłem w wodzie, czasem napotykałem odcinek piaszczystej plaży, a czasem musiałem się wspinać na wielkie głazy. Starałem się zapamiętać wszystko, co zobaczyłem: wyrzucone na brzeg kawałki bambusa, kolejne butelki i pływaki, czy ogromne drewniane kloce.

Kiedy minąłem cypel i rozległą równię pokrytą koralowcem, znalazłem się na nieco większej plaży. Tam przeżyłem wstrząs: na piasku dostrzegłem ślady stóp. Irytacja, że ktoś mógł zepsuć czystość mojego doświadczenia, walczyła we mnie z infantylną nadzieją, że mogę spotkać jakąś przyjazną twarz. Czy to rybak? Tubylec z innej wyspy? Steven? Coś poszło nie tak? Napięcie opadło, kiedy zdałem sobie sprawę, że to moje własne ślady. Właśnie zamknąłem koło, kończąc pierwszy obchód wyspy. Spojrzałem w lewo i zobaczyłem skalny wyciek. Pięćdziesiąt metrów dalej była moja jaskinia.

Udało mi się obejść wyspę i byłem zadowolony, że zdobyte dzięki temu informacje pozwoliły mi „odfajkować" w myślach kolejny punkt na mojej liście: gromadzenie informacji. Niemniej to, że posuwam się do przodu tak małymi kroczkami, budziło moją frustrację. Chciałem być panem mojego nowego świata. Wiedziałem już, że do morza nie wpada żaden strumień (nie dostrzegłem też innych cieków wodnych). Nie ulegało wątpliwości, że jedyne źródło słodkiej wody nie było wystarczająco wydajne, a nadzieje na znalezienie kolejnego malały. Chętnie bym jeszcze pozwiedzał, ale kątem oka dostrzegłem moje czerwieniejące od słońca ramiona i uznałem, że muszę się schować do cienia. Oparzenie słoneczne to ostatnia rzecz, jakiej mi było trzeba.

Byłem zachwycony, kiedy zobaczyłem, że w ciągu zaledwie kilku godzin skalny rezerwuar ponownie się napełnił. Było tam mniej więcej pół litra wody, którą wypiłem zgrabnie niczym zupę z niewielkiej muszli. Optymistycznie wyliczyłem, że pół litra wody co dwie godziny zaspokoiłoby w pełni moje zapotrzebowanie na płyny. Perspektywa ciągłych „dostaw" słodkiej wody, które nie kosztowałyby mnie wielu starań, bardzo podniosła moje morale.

Na fali pozytywnego myślenia postanowiłem zrobić coś konkretnego, co podniesie mój komfort życia. Nie musiałem się długo zastanawiać, co to ma być – najbardziej potrzebowałem wody. Trochę już miałem, ale potrzebowałem więcej.

Poranna mżawka nie powtórzyła się, jednak zdopingowany uporczywym wspomnieniem nieudolnej instalacji do zbierania deszczówki, wpadłem na pomysł, jak w pięć minut zorganizować system o niebo prostszy. Zebrałem wszystkie duże muszle, jakie udało mi się znaleźć, wypłukałem je w morzu i ułożyłem na piasku powyżej linii zasięgu wód przypływu. To był strzał w dziesiątkę: śmiesznie proste rozwiązanie, które w przypadku deszczu gwarantowało mi pięć do dziesięciu litrów pitnej wody.

Miałem wrażenie, że lista rzeczy do zrobienia nie ma końca. Ponieważ zaczynałem od zera, nie mogłem skoncentrować się na jednej z nich. Chcąc stworzyć sobie przyczółek w tym nowym, niestabilnym świecie, musiałem przeskakiwać od jednej potrzeby do drugiej. Byłem fachurą od wszystkiego i od niczego, ale oprócz mnie nie było tam nikogo i absolutnie wszystko musiałem zrobić sam.

Innym problemem, z którym chciałem się jakoś uporać, był nocny chłód. Musiałem spojrzeć prawdzie w oczy: rozpalenie ognia mogło mi zabrać nawet kilka dni. Uznałem więc, że muszę sobie zrobić jakieś okrycie, rozpoczynając tym samym realizację źle przemyślanego projektu numer trzy. Odarłem z kory kilka gałęzi ketmii, żeby wpleść ją w moje okrycie. Chciałem zastosować dokładnie tę samą metodę, dzięki której powstał mój drapiący *sporran*. Rozwieszę pasek kory między drzewami, przywiążę do niego (węzłem zwykłym) kilka kolejnych pasków, do których z kolei przymocuję pęczki suchej trawy. Natychmiast stało się jasne, że będę potrzebował ogromnych ilości trawy i kory, a sam proces wytwarzania będzie bardzo powolny. W ciągu godziny zdołałbym prawdopodobnie zrobić „kołdrę" o długości dwóch metrów, ale szeroką zaledwie na pięć centymetrów.

Wraz z obawą, że w ten sposób zmarnuję tylko jeszcze więcej czasu, pojawiły się kolejne wątpliwości i histeryczne myśli. Czy celowo próbowałem wszystko spaprać? „Nie możesz iść na skróty, Ed – jak chcesz przetrwać, musisz się postarać" – powtarzałem sobie. Jeśli wykonanie dobrego okrycia wymagało czasu, musiałem po prostu uzbroić się w cierpliwość.

Zaopatrzyłem się w gałęzie ketmii, obiłem je o skały, żeby obluzować korę, którą następnie zdjąłem i porwałem na paski. Potem udałem się z krótką misją na „Ślimaczą Skałę" (skalista ostroga, na której zbierałem i rozłupywałem ślimaki – nie ma sensu nadmiernie komplikować nazw), gdzie zebrałem kolejne kępy suchej trawy, po czym znowu zabrałem się do rękodzieła. Przywiązywałem kolejne paski kory i pęczki trawy, starając się za wszelką cenę zachować cierpliwość i spokój. Po półtorej godziny moje dzieło, które swym wyglądem i dotykiem przypominało wykonaną z szorstkiego włosia wycieraczkę, miało już 50 centymetrów szerokości.

Ponieważ praca nad „kołdrą" zajęła mi już większą część popołudnia, uznałem, że na razie wystarczy. Przerzuciłem ją sobie przez ramię, pozbierałem resztę trawy, żeby uzupełnić luźne siano, które wykorzystałem poprzedniej nocy, i zaniosłem wszystko do jaskini. „Kołdra" była zbyt wąska, żebym mógł się pod nią cały schować, więc jeszcze raz wybrałem się na plażę, żeby naciąć trochę palmowych liści. Planowałem ułożyć je na luźnym sianie, jako dodatkową ochronę przed przenikliwym wiatrem. Wiedziałem, jak ważną rzeczą jest dobry sen. W to wietrzne, szare popołudnie przytargałem do jaskini całe naręcze, zostawiając na piasku długie ślady przypominające pociągnięcia wielkiego pędzla.

Wmusiłem w siebie trochę miąższu z dojrzałego kokosa i wyznałem do kamery, że jedzenia mam dość, a moim jedynym zmartwieniem jest woda. Przełknąłem też dziesięć surowych ślimaków, które zebrałem na skałach. Żeby nie opaść z sił, musiałem dostarczać organizmowi odpowiednio dużo białka.

„Jeśli kiedykolwiek myślałem, że to będzie łatwe, niniejszym oficjalnie to odwołuję" – stwierdziłem do kamery, kiedy ostatni zapiaszczony mięczak wylądował w moim żołądku.

Miałem poczucie, że znalazłem się na poziomie mrówki albo kurczaka: grzebałem w ziemi w poszukiwaniu nędznych ilości pożywienia i pieczołowicie znosiłem budulec, żeby uwić sobie wygodne – na miarę tych prymitywnych warunków – gniazdko. Robiłem to wszystko, starając się jednocześnie nie dopuścić do odwodnienia organizmu. Co najdziwniejsze, choć znalazłem drewno, za pomocą którego – tak się przynajmniej spodziewałem – mogłem rozpalić ogień (ketmię lipowatą), przez cały dzień nie miałem czasu, żeby się tym zająć, więc bez odpowiedniej izolacji miałem noc z głowy. Robienie **i filmowanie** tego wszystkiego kosztowało mnie ogromnie wiele wysiłku.

Filmowanie samego siebie było w tych okolicznościach zajęciem dosyć osobliwym. Chyba lepiej bym sobie radził, gdybym znalazł się tam bez kamery. Bez publiczności popełnione przeze mnie błędy pozostałyby moją prywatną sprawą. Nie musiałbym się rozwodzić nad swoimi lękami i innymi negatywnymi emocjami. To też mi nie pomagało. Jednak program ma swoje prawa: żeby widz mógł się wczuć, musi zrozumieć wewnętrzne napięcia i emocje. Musi zobaczyć to, czego normalnie nie widać, dlatego opowiadałem o wszystkich moich zmartwieniach. Bez tego rodzaju duchowego ekshibicjonizmu program byłby nijaki i powierzchowny – w ogóle by się nie udał.

Z drugiej strony filmowanie nie służyło bezpośrednio przetrwaniu, więc czasami pozwalało mi się oderwać. Przemawianie do kamery było też pewną pociechą – dawało pretekst do mówienia na głos w sytuacji zupełnej izolacji.

Fakt, iż przechodząc ciężką surwiwalową próbę – zmagając się z pragnieniem, głodem i niewygodami – musiałem w dodatku zajmować się produkcją programu, filmować i być jego gospodarzem, rodził ogromną presję. W efekcie ani na chwilę nie mogłem się odprężyć, więc w końcu powiedziałem sobie: „Walić to, po południu nie filmuję". Zdjąłem spódniczkę i zająłem się tym, co niezbędne: zbierałem drewno na opał, szukałem jedzenia, jadłem itp. Odczułem ulgę, choć z drugiej strony pojawiło się poczucie winy, że kradnę czas tylko dla siebie. Dość dziwne uczucie w sytuacji, gdy przez 60 dni człowiek jest zupełnie sam.

Doszedłem do wniosku, że muszę wyrównać dno jaskini, bo tylko wtedy będę się mógł dokładnie owinąć „kołdrą" i zapewnić sobie nocą trochę snu. Leżąc na pochyłości bez przerwy musiałem się zapierać, żeby się nie stoczyć i nie spaść z dwumetrowego skalnego progu, co nie było łatwe. Ruszyłem wzdłuż plaży – i natychmiast zapomniałem po co. Wracając, przypomniałem sobie, że chodziło o kij, i zacząłem przeklinać swój brak koncentracji. Choć nożem byłoby dużo łatwiej, za pomocą muszli też udało mi się wyciąć kij, który miał zastąpić rydel. Powłócząc nogami, wróciłem wyczerpany do jaskini.

Cienie na plaży wydłużyły się, a złociste światło uświadomiło mi, że dzień zbliża się ku końcowi. Zachody słońca były bardzo widowiskowe: niebo powlekały purpury i czerwienie niczym sok z rozgniecionego owocu, a mniej intensywne światło pogłębiało błękit morza, które stawało się ciemniejsze. Już inni przede mną zauważyli, że zachód słońca to bardzo romantyczna pora dnia. Wydaje się, że został wymyślony tylko po to, żebyśmy mogli rozmyślać o tych, których kochamy, o przemijalności ludzkiego życia, o tym, jakimi jesteśmy szczęściarzami, kiedy na chwilę udaje nam się połączyć z inną ludzką istotą. Jakby dzień był w stanie udźwignąć takie piękno tylko przez krótką chwilę, by zaraz potem paść z wyczerpania i zmienić się w noc.

Kwestie praktyczne kazały mi wrócić do rzeczywistości i porzucić rozważania o własnej znikomości na tle ogromu wszechświata oraz o Amandzie – kobiecie, którą kocham i którą bardzo chciałem mieć przy sobie.

Wypłukałem w morskiej wodzie znalezioną wcześniej słomkę do picia i poszedłem do wycieku. Serce we mnie zamarło: od przedpołudnia w rezerwuarze zebrało się bardzo niewiele wody. Nie potrafiłem tego wyjaśnić. Spodziewałem się, że przed snem zaaplikuję sobie kolejne 400 mililitrów, a tu było ze 150. Delikatnie przyłożyłem słomkę do powierzchni wody i pociągnąłem. Natychmiast miałem usta pełne osadu. Po dniu pełnym rozczarowań, to było jak policzek.

Musiałem wrócić do kokosów. Posługując się krótkim rozwidlonym kijem, zerwałem trzy zielonawo-brązowe orzechy. Kiedy w końcu się do nich dobrałem, na co poszła masa energii, okazało się, że są suche. Zagotowałem się. Na szczęście zauważyłem niewysoką palmę pełną małych zielonych owoców, które mogłem zrywać gołymi rękami. W każdym był słodki płyn, który wlewałem sobie w gardło, aż zacząłem bekać jak najgorszy prostak. Były wspaniałe i nie mogły mi się przytrafić w lepszym momencie. Udało mi się nawet zachować jeden na rano.

W ciągu trzydziestu sekund przeskoczyłem od wściekłości do euforii, a potem stałem na plaży w świetle zachodzącego słońca i czułem się tak, jakbym tańczył. To doświadczenie było cholernie niezwykłe.

W jaskini zjadłem standardowy przydział dziesięciu ślimaków. Choć wcześniej miałem nadzieję, że wszystko będzie szło lepiej, kiedy łykałem te oślizłe, tłuste kluchy, dotarło do mnie, że wcale nie jest tak źle. Włączyłem kamerę i zarejestrowałem moje myśli: „Większość ludzi nie zdaje sobie sprawy z tego, że kiedy nie ma się nic – absolutnie nic – cały czas walczy się o zachowanie *status quo*. Będę sobie wyznaczał drobne cele do zrealizowania w danym dniu". Żeby się lepiej poczuć, wyliczyłem moje osiągnięcia z tego dnia. „Zrobiłem sobie spódniczkę z trawy – no, coś w tym rodzaju; obszedłem wyspę dookoła; wymyśliłem dwa sposoby gromadzenia wody – ten drugi może się sprawdzi; zrobiłem sobie prymitywne okrycie; wypiłem zawartość zielonych kokosów, zjadłem trochę kokosowego miąższu i ślimaków".

Po namyśle uznałem, że to nieźle jak na jeden dzień i zacząłem się zastanawiać, dlaczego skupiam się na niepowodzeniach. Wcześniej, żeby się podbudować, niemądrze zakładałem, że wszystko pójdzie łatwiej – że to będzie jedno wielkie pasmo sukcesów – i teraz byłem chyba dla siebie zbyt surowy. Oczywiście to nie mogło tak wyglądać: nigdy wcześniej tego nie robiłem, więc musiały mi się przydarzyć niepowodzenia. W efekcie wysokie standardy okazały się szkodliwe, ponieważ skupiałem się na negatywach. Nie mogłem sobie pozwolić na cieszenie się tym, co poszło dobrze, ponieważ za bardzo chciałem dać sobie w kość za popełnione błędy.

Kiedy dobiera się ekipę na trudną ekspedycję, trzeba to robić bardzo starannie. Stres powoduje, że ludzie się ze sobą kłócą – w zasadzie nie da się tego uniknąć. Same niesnaski nie są problemem; rzecz w tym, żeby rozpoznać, co się dzieje, i jakoś sobie z tym poradzić. Trzeba wybaczać i zapominać. Jeśli jednak tworzy się jednoosobowy zespół, sprawa jest nieco trudniejsza. Powiedzmy sobie szczerze: jeśli przyjdzie ci ochota kogoś objechać, a tym kimś jesteś ty sam, zawsze znajdziesz dosyć amunicji. Nie ukryjesz przed sobą własnych słabości czy popełnionych przez siebie głupstw.

Byłem zły na siebie i na cały świat. Złościło mnie, że nie potraktowałem przygotowań wystarczająco poważnie: nie poznałem roślin o jadalnych bulwach, nie dowiedziałem się, jakiego drewna najlepiej użyć do rozpalenia ognia, nie nauczyłem się zaplatać palmowych liści. Irytowało mnie, że nie wiem, czy na wyspie są alternatywne źródła słodkiej wody. Okazałem się nieodpowiedzialny: pozwoliłem sobie na leniuchowanie w wariackim przeświadczeniu, że wszystko się jakoś ułoży – tak jak wcześniej zawsze się układało – bo mnie nie może się przytrafić nic złego. Kiedy jednak wszystko zaczęło wymykać mi się z rąk, zrozumiałem, że wcześniejsze decyzje były błędne, a poczucie winy zaczęło rzutować na moje życie. Musiałem przestać się rzucać na wszystko i na wszystkich i wreszcie wziąć odpowiedzialność za tę sytuację, którą sam wykreowałem. W przeciwnym razie marzenie mogło się przeobrazić w koszmar.

Kiedy słońce skryło się za horyzontem i zapadł zmrok, usiadłem w jaskini i wpatrywałem się w noc. Nie byłem zadowolony z drugiego dnia. Miałem nadzieję, że trzeci będzie lepszy. Czy moje oczekiwania były zbyt optymistyczne? Czy stać mnie na coś więcej niż przetrwanie? Niczego już nie byłem pewien. Dwa szpaki, które wróciły na noc do gniazda, robiły, co mogły, żebym nie czuł się samotny.

III

Obudziłem się koło czwartej nad ranem. Spałem od szóstej – mniej więcej o tej porze zapadał zmrok. „Kołdra" trochę się rozlazła i obudził mnie chłód, ale przespałem **całe dziesięć godzin** – z wielką korzyścią dla ciała i ducha. Przeciągnąłem się, mrucząc jak rozespany kot, z uśmieszkiem zadowolenia na twarzy.

Wysiłek się opłacił – dodatkowe okrycie i wyrównanie podłoża zrobiły swoje. Koło siódmej rano obliczyłem, że w nocy poprawiałem moje okrycie tylko trzy razy. Uznałem, że jak na trzynaście godzin to wcale nieźle. Za nic w świecie nie chciało mi się wygrzebywać z przytulnego burego kłębowiska spoczywającego w kącie coraz jaśniej rozświetlonej jaskini.

Kredowym kamieniem zaznaczyłem na ścianie trzeci dzień, a potem przypatrywałem się krabom biegającym po nieskazitelnym o tej porze piasku. Ich widok nasunął mi myśl, żeby zająć się rozpaleniem ognia. Mógłbym się delektować pieczonymi krabami. Jednak pierwotny lęk kazał mi wrócić do tego, co najważniejsze: musiałem się zaopatrzyć w dostateczną ilość słodkiej wody. W ciągu dnia uczucie odwodnienia mogło się pogłębić. Woda kokosowa to w końcu nie jest czysta woda, a ja nie byłem pewien, jak długo mogę polegać na kokosach jako głównym źródle płynów.

Znowu zaczęło się deliberowanie. Zgromadzenie odpowiedniej ilości deszczówki wymagałoby budowy czegoś w rodzaju dachu. Taka pokryta nieprzepuszczalnym materiałem powierzchnia mogła posłużyć jako sztuczne ujęcie wody. Może więc najsensowniej będzie skupić się na budowie szałasu? Zaraz jednak pojawiła się myśl, że przecież mam jaskinię, która nieźle się sprawdza, więc to czasochłonne przedsięwzięcie może poczekać. Z ulgą postanowiłem więc wrócić do poszukiwań odpowiedniego drewna, które pozwoliłoby mi rozniecić ogień.

To była prawdziwa walka o przetrwanie, choć w każdej chwili mogłem ją zakończyć – co samo w sobie było szaleństwem. Miałem za mało wody i pożywienia. Przez cały czas próbowałem się wyciszać, ale przesiadywanie w kamiennym kręgu też w końcu zaczęło mnie wkurzać. Nie mogłem tam przecież siedzieć przez cały dzień. Musiałem coś robić, musiałem być konstruktywny, bo inaczej byłem skazany na dreptanie w miejscu. Zacząłem więc ignorować moje emocje i by przed nimi uciec, znajdowałem sobie jak najwięcej niecierpiących zwłoki zadań do wykonania. „Muszę zaplanować dzień: powiększyć wyciek, żebym mógł zebrać więcej wody; zaopatrzyć się w drewno do rozniecenia ognia; pokryć ciało warstwą gliny, żeby ochronić się przed oparzeniami. No już, do roboty Ed!”.

Z pozoru to wyglądało na konstruktywne działanie – wreszcie zajmowałem się czymś konkretnym. Jednak wszystko, co robiłem, było podszyte niepokojem i napięciem. Zwłaszcza tutaj powinienem być świadomy tego, co się we mnie dzieje, a ja albo próbowałem o tym zapomnieć, gorączkowo szukając dla siebie rozmaitych zajęć, albo wściekałem się na innych za to, w jakiej znalazłem się sytuacji. Zrzuciłem z siebie odpowiedzialność i pozwoliłem, żeby mój umysł przenosił frustracje na coś innego, zamiast do końca wyjaśnić, co naprawdę się ze mną dzieje i stawić temu czoło. Trzeba być wysokiej klasy specem od ucieczek, żeby na bezludnej wyspie ukryć się przed samym sobą. Mnie się to jakoś udawało.

Wypiłem przez słomkę pół litra wody z rezerwuaru. Miałem nadzieję, że do obiadu uzbiera się następne pół litra. Niezły początek. Byłem nastawiony na program „egzystencja", a to była czysta egzystencja. Wypiłem zawartość ostatniego zielonego kokosa, zakąszając kokosowym miąższem i dziesięcioma ślimakami. Kiedy w dodatku posmarowałem się pastą z gównianego proszku z jaskini, mogłem zacząć dzień. Roześmiałem się w duchu. To było jakieś koszmarne odwrócenie normalnego porządku dnia: wstać, wziąć prysznic w czyściutkiej łazience, ubrać się i zjeść coś smacznego. Tymczasem tutaj: wstać, wysmarować się gównem, nie ubierać się i zjeść coś obrzydliwego.

Kiedy słońce było jeszcze nisko, zebrałem kilka kawałków ketmii na świder ogniowy. Wyłożyłem je na skałach, żeby schły w słońcu. Z długich i cienkich młodych łodyg można po wysuszeniu robić doskonałe strzały i dzidy. Ktoś mi powiedział, że nadają się także do rozpalenia ognia.

Czułem, jak bulgocze mi w jelitach. Z ekologicznego punktu widzenia najrozsądniejsze wydawało się wejść do morza i tam zrobić kupę. W ten sposób od razu zostanie spłukana i nie zanieczyści wyspy, więc był to też sposób najbardziej higieniczny. Kiedy już uwolniłem przyzwoitych rozmiarów balas, uświadomiłem sobie, że morze to także poręczny bidet. Skoro nie miałem mydła, musiałem przestrzegać muzułmańskiego savoir vivre'u: jedna ręka do jedzenia, a druga do podcierania. Ponieważ jednak właśnie podtarłem się prawicą i nie uśmiechało mi się przez następne 57 i pół dnia używać do jedzenia wyłącznie lewej ręki, postanowiłem wprowadzić tę zasadę dopiero od następnego dnia.

W czasie odpływu szukałem kolejnych wycieków słodkiej wody, ale wszystkie zagłębienia, z których chłeptałem, kucając jak pies, okazały się wypełnione wodą morską. Na plaży zauważyłem ślady kóz – były za małe, żeby mogły je zostawić jelenie. Przebiegłem w myślach wszystkie ekscytujące możliwości, jakie otwierało upolowanie kozy: mięso, futro, ścięgna... Kiedy uniosłem wzrok, na płyciźnie dostrzegłem jakiś ciemny kształt. To było martwe koźlę. Futro było nasiąknięte wodą, zmierzwione i utytłane w piasku. Nie znałem przyczyny śmierci, więc nie mogłem go zjeść, ale mogłem – teoretycznie – ściągnąć skórę i wypreparować ścięgna na rzemienie. Z kości mogłem zrobić groty do strzał, haczyki na ryby lub igły. Zastanawiałem się, czy przypadkiem koźlę nie zdechło dlatego, że nie mogło pić ze skalnego wycieku, z którego teraz ja korzystałem.

Nie miałem odpowiedniego narzędzia, by obedrzeć kozę ze skóry. Nie mając innego wyjścia, zrobiłem niewielką dziurę w skórze na piersiach i rozerwałem ją rękami. Dalej schodziła już bez problemów, jak skarpeta. Kamieniem roztrzaskałem czaszkę, żeby dostać się do mózgu. Mocząc skórę w zwierzęcym mózgu zmieszanym z wodą, można ją zmiękczyć, dzięki czemu łatwiej ją układać. Wychudzone drobne ciałko zostawiłem na skałach w zasięgu wzroku – byłem ciekaw, czy nie przyciągnie jakichś padlinożerców.

Całe szczęście, że nie próbowałem jeść mięsa, bo zaczynało już śmierdzieć. W razie potrzeby mogłem jeszcze wykorzystać kości i ścięgna.

Było już dobrze po południu i słońce rozpoczęło swój powolny zjazd do morza. Siedziałem w cieniu drzew i za pomocą niewielkiej muszli obrabiałem elementy świdra ogniowego. Co prawda nie zrobiłem nic, żeby zwiększyć wydajność wycieku, ale poświęciłem sporo czasu na poszukiwania innych źródeł wody, a suszący się na słońcu sprzęt do rozpalania ognia prezentował się zupełnie nieźle. W sumie byłem więc dość zadowolony z tego, co udało mi się zrobić tego dnia, a ponieważ wiedziałem, że rano będzie przypływ, a mnie czeka wyprawa do skrzynki kontaktowej, postanowiłem ruszyć w głąb wyspy i dotrzeć do Obozu Cytrynowego przez jej wierzchołek.

Szczerze mówiąc, to była wymówka. Przez cały dzień ciężko pracowałem, robiąc różne nudne rzeczy, więc po prostu chciałem się powspinać i poeksplorować. Już po dziesięciu metrach teren zaczął się ostro wznosić. Wspinając się błotnistym zboczem, musiałem się chwytać korzeni i roślin. Z jedną obutą stopą czułem się jak pijak zataczający się wczesnym rankiem, nieprzygotowany na demaskatorskie światło dnia. Mogłem stanąć na ostrych cierniach i kamieniach, ale japonka bez przerwy się zsuwała i zaczepiała o leżące na ziemi gałęzie. Bosa stopa nie wymagała tyle uwagi, lecz i tak spowolniała wędrówkę, ponieważ miękka i wrażliwa podeszwa boleśnie odczuwała każdy centymetr nierównego podłoża.

Wspinałem się tak przez dziesięć minut, niepewnie niczym stworzenie, które właśnie przechodzi skok ewolucyjny, zmieniając środowisko z morskiego na lądowe. Wcześniej niewiele zjadłem i byłem odwodniony, więc mój eksploratorski entuzjazm nieco osłabł, kiedy ciężko dysząc, ślizgałem się i wywracałem.

Teren stawał się coraz bardziej płaski, aż znalazłem się na wysokiej, zalesionej grani. Odległy odgłos fal był tu na tyle cichy, że słyszałem śpiew ptaków i trzask gałązek pod podeszwą mojej japonki. Grań o rozmiarach *fairwaya*[12] na polu golfowym to był zupełnie inny świat w porównaniu z głośnym, odkrytym brzegiem morza. Porastająca ją roślinność całkiem zasłaniała widok, jakby ktoś owinął ten mikroświat w mieniący się zielenią papier. Mogłem swobodnie chodzić między drzewami, które rosły rozrzucone bezładnie niczym w starym szkockim lesie. W głowie zaczęły mi się kłębić dziwne myśli. Gdyby tu mieszkali ludzie, na pewno byliby mili, mieliby łagodne głosy i zapraszaliby mnie do swych domków w pniach drzew na filiżankę herbaty. „Ed, wyluzuj!". Było trochę za wcześnie na takie odjazdy, ale skojarzenie zostało i ochrzciłem to miejsce „Highlands"[13].

W samym środku Highlands rosło największe i najczarniejsze drzewo na wyspie. Z gigantycznego pnia wyrastała markiza poskręcanych gałęzi wspartych dodatkowo na wyrastających z nich korzeniach, które opadały pionowo do ziemi. Uznałem, że ta ogromna struktura, w której z powodzeniem mogłaby się ukryć cała wesoła drużyna Robin Hooda[14], to doskonały punkt orientacyjny. Przypomniała mi się książka dla dzieci napisana przez Enid Blyton[15]. Ledwo ją pamiętałem, ale wszystko obracało się w niej wokół

---

12 Ang. Główny tor gry w golfa pokryty krótko przystrzyżoną trawą.

13 Ang. Górzysty region w północnej Szkocji.

14 Ang. „Merry Men".

15 Chodzi o powieść „The Magic Faraway Tree" (Magiczne odległe drzewo).

drzewa, które było tak duże, że mogło w nim mieszkać wielu ludzi, tak wysokie, że najwyższe gałęzie sięgały chmur, i tak szerokie, że w jego pniu dało się wydrążyć kilka małych domków. Moje zaczarowane drzewo rosnące w najwyższym punkcie wyspy, pośrodku Highlands, nazwałem więc „Odległym Drzewem"[16]. Fantazyjne czy nie, w każdym razie stało się dla mnie najważniejszym punktem orientacyjnym.

Drzewo otaczał nieregularny krąg złożony z kamieni wielkości dużego sagana. Nie był na tyle regularny, bym był pewien, że to dzieło rąk ludzkich, a zarazem nie był na tyle nierówny, bym był pewien, że nim nie jest. W sąsiedztwie gigantycznego czarnego drzewa kamienie wyglądały jak starożytne ruiny albo miejsce odprawiania jakichś religijnych rytuałów, dodając tajemniczości temu pełnemu spokoju miejscu. Przekroczyłem krąg i znalazłem się pod baldachimem poskręcanych gałęzi. Musiałem rozgarniać zakurzone pajęczyny, łydki drapała mi krótka, kłująca trawa, a mimo to umysł miałem tak spokojny, jakbym wszedł do kościoła.

Po drugiej stronie drzewa teren najwyraźniej opadał na wprost i na prawo. Wewnętrzny kompas podpowiadał mi, że Obóz Cytrynowy nie leży na wprost, po drugiej stronie grani – to byłoby za bardzo na północ. Na podstawie tego, co pamiętałem, oceniłem, że z grzbietu powinienem się kierować ukośnie na prawo. Zrobiłem to, co nakazywał instynkt: skręciłem w prawo i, ostrożnie stawiając kroki, zacząłem schodzić łagodnie opadającym zboczem. Kierunek wydawał się właściwy – tak czułem. Nie było żadnej ścieżki, więc kiedy opuściłem otwartą przestrzeń Highlands, musiałem się przedzierać przez gęstwinę, rozgarniając

16 Ang. „Faraway Tree".

zwisające gałęzie i przeciskając się na czworaka pod pniami powalonych drzew.

Intensywnie odczuwałem, że żyję, kiedy przyglądałem się drzewom, rejestrując każdy szczegół, każde pofałdowanie terenu. Zastrzygłem uszami. Usłyszałem odległe, choć wyraźne beczenie. Z wyostrzonymi zmysłami, jak najciszej ruszyłem w tym kierunku. Nie chciałem, żeby pod moimi gołymi stopami trzasnęła jakaś gałązka, więc stawiałem je jak mim, który odgrywa „ostrożność".

Drzewa przesuwały się po obu stronach, kiedy parłem przed siebie w stanie najwyższej gotowości bojowej. Po chwili, zaledwie cztery metry ode mnie, z zarośli wyłoniło się małe czarno-białe koźlątko. Obróciło łebek w moją stronę i zawahało się, kiedy dotarło do niego, co właśnie widzi. Zamarłem – adrenalina chlusnęła z otwartych na full zaworów, widzenie tunelowe zawęziło się do najbardziej istotnego obszaru, ale logika okazała się silniejsza od instynktu. Choć zdawałem sobie sprawę, jakie to ważne odkrycie, wiedziałem, że nie jestem jeszcze gotowy na polowanie. Nie miałem odpowiedniej broni ani sposobu na przyrządzenie czy zakonserwowanie mięsa, które w tej sytuacji by się zmarnowało. Kiedy zrobiłem ruch w stronę zwierzątka, poderwało się, zabeczało i skryło się w zaroślach. Dwie większe kozy, których wcześniej nie zauważyłem, odpowiedziały zaniepokojonym beczeniem i podążyły za malcem.

Teraz, kiedy to piszę, wiem już, że 60 lat wcześniej plemię Komo zostawiło na wyspie stado domowych kóz. Przetrwały, żywiąc się kokosami i liśćmi, rozmnożyły się i zdziczały.

Było po południu, mając więc słońce z tyłu, kierowałem się na wschód. Przejaśniało się, odgłos fal stał się bardziej donośny, a od chłodnej bryzy dostałem gęsiej skórki. Zbocze nadal opadało i według mojego wyobrażenia ocean był jakieś 30 metrów niżej. Las nie był już tak gęsty, a przebłyski błękitu powiedziały mi, że jestem już prawie na miejscu. Przedarłem się przez ostatnie gałęzie i przez pas porozbijanych kokosowych skorup i wyszedłem na kamienistą plażę. Oślepiło mnie ostre słońce, a twarz smagał bardzo ostry wiatr. Byłem tam dzień wcześniej, więc zorientowałem się, że jestem w pobliżu Obozu Cytrynowego. Czarne kamienie wielkości futbolówek tworzyły gigantyczne poszarpane gołoborze. Fale uderzały w to surowe wybrzeże z trzykrotnie większą siłą niż poprzednio. Stojąc twarzą do oceanu, spojrzałem w prawo, gdzie widać było wyraźną lukę w skałach biegnącą od oceanu do przerwy w linii drzew. Także przewrócone drzewo, które zapamiętałem poprzedniego dnia, potwierdzało, że patrzę na wejście do Obozu Cytrynowego.

Wspaniale – mój wewnętrzny kompas działa! Pochwaliłem sam siebie. Szanse, że idąc przez środek wyspy, znajdę się niecałe 10 metrów na północ od miejsca przeznaczenia, były minimalne. Dwa rzędy śladów. Może się wstrzymam z gratulacjami. Para bosych stóp i para adidasów. Steven był tam tego samego dnia z co najmniej jednym wyspiarzem. Nie spodziewałem się tego. Czy coś było nie tak? Pomyliłem dni? Może znajdę odpowiedź w skrzynce kontaktowej.

W skrzynce, w hermetycznym woreczku leżał zestaw do czyszczenia kamery! Byłem taki szczęśliwy, jakbym dostał prezent na Boże Narodzenie. Był tam fajny pędzelek do usuwania kurzu, ściereczka i buteleczka płynu do czyszczenia obiektywu. Do tego sześć nowych baterii. Zastanawiałem się, co ich przygnało, skoro mieli się zjawić następnego dnia. Nuda? Ciekawość? Zestaw do czyszczenia nie był mi przecież aż tak bardzo potrzebny. W każdym razie widok śladów ludzkiej bytności i nowa dostawa podniosły mnie na duchu. Nie zapomnieli o mnie – są tacy, którzy towarzyszą mi z daleka. Dobrze, że mi o tym przypomniano.

Wszystkie prezenty upchnąłem do kieszeni *cinesaddle*. *Cinesaddle* to torba w kształcie fasoli i wielkości małego podnóżka. Zastępuje statyw – podczas filmowania można na niej ułożyć kamerę. Ma pasek na ramię oraz – co w tych okolicznościach było szczególnie przydatne – dużą kieszeń na rozmaite akcesoria. Ponieważ słońce było już nisko, a poziom morza nie był zbyt wysoki, postanowiłem wracać brzegiem. „Do widzenia, Obozie Cytrynowy, żegnajcie ślady człowieka" – chciałem zostać i chłonąć atmosferę obecności innych ludzi. Było jasne, że samotność bardzo mi już doskwiera.

Nagle zmieniłem zdanie – co zdarzało mi się coraz częściej – i postanowiłem wracać tą samą drogą, którą przyszedłem. Uznałem, że w ten sposób lepiej wykorzystam czas, ponieważ upewnię się, że jestem w stanie odnaleźć drogę w obu kierunkach.

Kiedy penetrowałem tylny kraniec, szukając jakiejś ścieżki prowadzącej w głąb wyspy, zauważyłem wykonane maczetą nacięcia na młodych drzewkach. Kierując się tymi starymi prymitywnymi znakami, powoli oddalałem się od brzegu. Po drodze łamałem gałązki i w ten sposób dodatkowo znakowałem ścieżkę, a także usuwałem przeszkody, na przykład połamane gałęzie. Kręta ścieżka była ledwo widoczna i w końcu musiałem zgadywać, którędy mam iść do Odległego Drzewa.

Pierwsze wątpliwości pojawiły się, gdy zacząłem tracić wysokość. Coś tu było nie tak. Chwileczkę – przede mną jest polana, a tu złamana gałąź. Co?! Cała pewność siebie wyparowała, kiedy zdałem sobie sprawę, że znowu jestem na tyłach Obozu Cytrynowego.

Popełniłem klasyczny błąd: ślepo podążałem za znakami w naiwnym przekonaniu, że zaprowadzą mnie tam, gdzie chcę dojść. W ten sposób straciłem mniej więcej czterdzieści minut.

Którędy teraz? Wpatrywałem się w ścieżkę, którą wyruszyłem niemal trzy kwadranse wcześniej, nie mając pewności, czy jeśli spróbuję znowu, wynik nie okaże się taki sam. Wznoszące się przede mną wzgórze zasłaniało słońce, więc na wschodnim krańcu wyspy późnym popołudniem nie było cieni, którymi można by się kierować w nawigacji. Szlag by to trafił! Wiedziałem jedynie, że na pewno nie zabłądzę, wracając brzegiem. Odpuściłem więc drugą próbę odnalezienia Highlands, zszedłem na plażę i ruszyłem w lewo. Postanowiłem, że po powrocie narysuję na piasku mapę, żeby utrwalić sobie położenie poszczególnych miejsc.

Zatrzymałem się przy wycieku na wieczorny łyk wody po wyczerpujących przygodach, ale płytkie wgłębienie w skale znowu było niemal całkiem puste. Słomka była na miejscu i nie dostrzegłem śladów kóz. Nie miałem pojęcia, dlaczego po raz kolejny po południu nie było wody.

Moją uwagę przyciągnął lecący nisko zimorodek, który po zrobieniu kilku pętli usiadł na skale dziesięć metrów ode mnie. Znajoma czarna maska i biała obroża na chwilę poprawiły mi nastrój, ale tylnym wejściem natychmiast wtargnął z hukiem pierwotny instynkt przetrwania. Może by go złapać i zjeść? Słyszałem, że gdzieś chwytają ptaki, wykładając na skałach żyłkę z haczykiem i przynętą. Problem polegał na tym, że nie miałem ani żyłki, ani haczyka. Pomyślałem o zaimprowizowaniu haczyka z kości lub ciernia i połączeniu wielu pasków kory ketmii, ale gdyby udało mi się coś takiego skonstruować, próbowałbym łowić ryby, a nie ptaki! Na razie więc odpuściłem.

Kiedy włączyłem kamerę, głośny mechaniczny jęk oznajmił, że jej żywot dobiegł końca. Dopiero trzeci dzień, a już wysiadła jedna z dwóch kamer, jakie ze sobą miałem.

Słońce było nisko i w jego złocistych promieniach plaża emanowała ciepłem i spokojem. Ponieważ tego dnia obdarłem ze skóry kozę, a wcześniej natarłem całe ciało emulsją ochronną z koziego łajna, czułem się odrobinę nieświeżo, więc uznałem, że zasługuję na kąpiel. Odpiąłem bezprzewodowy mikrofon od przepaski biodrowej, drapiący *sporran* rzuciłem na piasek jak zdechłego kota i ruszyłem naprzeciw nadbiegających fal. Niebo mieniło się różnymi odcieniami różu i pomarańczu, a woda skrzyła się bielą. Choć nie uważałem się nigdy za osobę szczególnie uduchowioną, tak niewiarygodne piękno nie mogło pozostawić mnie obojętnym. Miliardy lat zderzeń gwiazd, kosmicznego pyłu i grawitacji wydały coś tak urzekającego, żywego, a zarazem pełnego spokoju.

Beztroski niczym dziecko, nagi wbiegłem w fale, pozwalając, by mnie wywróciły, i koziołkując, zanurzyłem się w chłodnej morskiej wodzie. Kiedy głowa znalazła się pod wodą, całe ciało ogarnął spokój, jak gdyby ktoś nacisnął mi w głowie jakiś przełącznik. Poczułem się oczyszczony nie tylko z potu i brudu, lecz także ze wszystkich zmartwień i lęków. Wynurzyłem się, mając na twarzy niewinny, szeroki uśmiech. Podczas gdy fale zmywały też ze mnie poczucie winy spowodowane tym, że pozwoliłem sobie na tę ekstrawagancję i poświęciłem czas na mycie, ja chłonąłem siłę płynącą stąd, że zainwestowałem trochę czasu w siebie, że wyłączyłem kamery i chlapałem się w oceanie, śpiewając na całe gardło „Beautiful Day” U2 – wreszcie radosny i szczęśliwy.

Klęknąłem na płyciźnie, mając pod kolanami piaszczyste dno, a fale obmywały mi plecy. W tym stanie byłem za wszystko nieskończenie wdzięczny. Głośno dziękowałem Amandzie za miłość, zrozumienie i wsparcie – czułem, jak trzyma mnie za rękę – dziękowałem dzieciom, za ich czystą, niewinną miłość i za poświęcenie, jakim była zgoda na mój wyjazd. Dziękowałem moim aborygeńskim przyjaciołom, Jeremy'emu i Haroldowi, których rady były dla mnie takim wsparciem. Nie będąc człowiekiem religijnym – w dyskusjach zawsze zajmowałem stanowisko antyreligijne – dziękowałem Bogu. Nie temu brodatemu starcowi, który siedząc w chmurach, decyduje o moim losie, nie Bogu z drugiej ręki, ze starej, zakurzonej księgi, ale tej wszechobejmującej energii, która przepływa przeze mnie, łącząc mnie z każdym i ze wszystkim. Sumie wszystkich części i dzielących je przestrzeni. Bogu będącemu projekcją mego podziwu dla harmonii i magii świata. Niezależnie od tego, kim lub czym był, mój odbijający się w wodzie uśmiech promieniował wdzięcznością i miłością. Byłem częścią wszystkiego i nie miałem się czego obawiać. Kurde! Wystarczyły trzy dni i stałem się jakimś żującym soczewicę hippisem!

Po kąpieli zobaczyłem, że szorstki *sporran*, którym okrywałem wstydliwe części ciała, podrapał mi uda. Jeśli nie chciałem dopuścić do powstania ran, musiałem sobie zrobić spódniczkę z prawdziwego zdarzenia. Teraz, kiedy wreszcie miałem dostęp do własnej duszy, a rozum posłusznie czekał, milcząc, to zadanie było jasne i łatwe – byłem przekonany, że wykonam je następnego dnia bez najmniejszego problemu.

Nagle poczułem, że muszę się wypróżnić. Zmartwił mnie widok spływającego na piasek strumienia rzadkiego stolca. To był koniec obcowania z wszechświatem. Mówiąc wprost: ile wody i substancji odżywczych wyciekało ze mnie w ten sposób?

Wróciłem do jaskini i zacząłem rozważać moją sytuację. Wolne postępy powodowały, że nieustannie kwestionowałem własne zdolności. Musiałem uciszać wątpliwości i uspokajać samego siebie. „Krok po kroku, Ed – po kawałku wgryzasz się w to gigantyczne zadanie. Przeżyłeś dzień na trzydziestu ślimakach. Wspaniale!" – powiedziałem do siebie z aprobatą. „Muszę jednak przyznać, że przetrwać bez niczego, żyjąc jak jaskiniowiec (i mówię to, siedząc w jaskini!), to trudne zadanie. Naprawdę trudne" – biadoliłem do kamery w nadziei na odrobinę współczucia.

Nów zwiastował nową fazę księżyca. Bezksiężycowe noce były już za mną i pocieszała mnie myśl, że odtąd każda kolejna noc będzie jaśniejsza. Marzyłem o tym, żeby wyjść z Amandą na kolację do którejś z restauracji przy King's Road w Chelsea, żeby napić się po kieliszku czerwonego wina, a potem wpakować się do pościeli i wyspać, mając obok jej ciepłe ciało. W końcu przestałem się zadręczać – wiedziałem przecież, że to jeszcze bardzo długo nie może się ziścić. Leżałem więc na stygnącym szybko żwirze, mając nadzieję, że sen wyzwoli mnie z tego więzienia.

IIII

Słońce oświetliło jaskinię. Powitałem je niechętnie jak nałogowy pijak wita jasne światło poranka. Tej nocy spałem bardzo źle. Dwa razy mnie pogoniło. Ponieważ było bardzo ciemno i bałem się, że jeśli wyjdę na zewnątrz, poślizgnę się na skałach, załatwiłem się w rogu jaskini i podtarłem moją pościelą z trawy. W efekcie jaskinia śmierdziała teraz nie tylko kozimi, lecz także ludzkimi odchodami. Czy to lepiej, czy gorzej? Zapewniam, że gorzej. Udzieliłem sobie ostrej reprymendy za tak niecywilizowane zachowanie. Leżałem nieruchomo pod moim drapiącym kocem i nie chciałem oglądać świata.

Wstał jednak nowy dzień i wyglądało na to, że może być całkiem sympatyczny.

Miałem trochę „papierkowej roboty": musiałem zrobić sobie zdjęcie, żeby można było sprawdzić, ile straciłem na wadze, wysłać codzienne „OK" za pomocą lokalizatora GPS, a także narysować na ścianie jaskini czwartą białą kreskę. Jednak najważniejszym zajęciem logistycznym miała być tego dnia dwukrotna wizyta w skrzynce kontaktowej: musiałem tam zanieść wyczerpane baterie, pełne karty pamięci i zepsutą kamerę, a potem odebrać to, co dostanę w zamian.

Biegunka to była bardzo zła wiadomość. Jeśliby się przeciągała, mógłbym stracić siły i wszystko byłoby wtedy dziesięć razy trudniejsze. Kiedy zsunąłem się na plażę, poczułem, jak skurcze wykręcają mi wnętrzności. Kucnąłem nad samą wodą i trzy razy eksplodowałem. Moje ciało przemawiało do mnie niczym Scotty do kapitana statku kosmicznego Enterprise: „Kryształy dilithium tego nie wytrzymają". Jęczałem w skurczach, myśląc o energii, która właśnie wycieka z mego ciała. Trzeba umieć zachować dystans do własnych symptomów. Tak, czułem się jak gówno, ale musiałem ustalić, co to za gówno. Zagrożenie życia? Chyba nie od razu. Zatrucie pokarmowe? Nie wymiotowałem ani nie miałem nudności. Przesadziłem ze słońcem poprzedniego dnia? Możliwe – wiedziałem, że czasem źle reaguję na nadmiar słońca.

W domu zwinąłbym się na sofie i leżąc, użalałbym się nad sobą. Tu nie mogłem sobie na to pozwolić. Musiałem wracać do pracy.

Tak jak przewidywałem, przypływ był zbyt wysoki, bym mógł przejść plażą. Nie miałem wyjścia – musiałem pójść górą. Bez żadnych incydentów przełknąłem trochę kokosa i ślimaków. Nigdy wcześniej nie byłem w sytuacji, w której utrzymanie się przy życiu byłoby tak nużące. Kokosy miały smak wielorybiego tłuszczu, ślimaki przypominały zapiaszczone kawałki flegmy. „Myślę, że ciało wie, czego chce i czego potrzebuje. Moje mówi: dość jedzenia tych cholernych kokosów" – stwierdziłem do kamery dla potomności.

Przy Odległym Drzewie przystanąłem, żeby złapać oddech w ciszy niebiańskich Highlands. Moje stopy były już dość obolałe, więc poruszałem się bez pośpiechu. Schodząc na drugą stronę wyspy, bez trudu odnalazłem szlak oznakowany połamanymi gałązkami.

W połowie zbocza usłyszałem dźwięk silnika. Nie mając zegarka, nie wiedziałem, która godzina, lecz zdawałem sobie sprawę, że muszę się spieszyć, jeśli chcę zdążyć przed nimi. Ostatnie palmy minąłem biegiem.

Kiedy znalazłem się na polanie, łódka nikła w oddali. Nie zdążyłem – niech to szlag... W skrzynce leżał nowy lokalizator InReach, którym miałem zastąpić najwyraźniej niesprawnego Spota. Były tam też świeże baterie i notatka: „Dostawa spóźniona. Będziemy po południu". Włożyłem do środka zepsutego Spota i niedziałającą kamerę razem z pełnymi kartami pamięci i rozładowanymi bateriami, po czym szczelnie zamknąłem całość.

Na skraju polany odkryłem drzewo z zamkniętymi w łupinach orzeszkami wielkości grochu. Płaskie orzeszki były bardzo małe i choć była ich zaledwie garść, byłem bardzo zadowolony, mogąc uzupełnić dietę tłuszczem i białkiem z nowego źródła.

Wśród zalegających pole biwakowe śmieci znalazłem łyżkę, lecz nie wywarło to na mnie większego wrażenia. Miałem poczucie, że jestem milion mil od zjedzenia czegokolwiek, co wymagałoby użycia sztućców. Zabrałem ją jednak ze sobą. „Przyda się do jedzenia" – skomentowałem bez cienia uśmiechu.

Korzystając z okazji, próbowałem szukać wśród pnączy jadalnych bulw, ale grunt był bardzo twardy, a kopanie za pomocą długiego kija zamiast rydla szło bardzo wolno. Denerwująca była też myśl, że wydatkuję energię na działanie, które być może nie przyniesie żadnych efektów. To było jak poszukiwanie skarbów, kiedy nie widziało się prowadzącej do nich mapy. Mogłem kopać pół godziny i nie znaleźć nic. I tak było. Ani pół bulwy.

Znowu usłyszałem beczenie i podniosłem wzrok. To nawoływały się kozy, które zeszły na polanę, żeby zajadać się liśćmi. Duży kozioł z wielkimi rogami i szerokim czarnym pasem na środku szarego grzbietu spojrzał mi głęboko w oczy.

Podniosłem się na tyle powoli, że się nie wystraszyły. „Czarny Pas" też przestał się mną interesować – odwrócił wzrok i wrócił do jedzenia. Postanowiłem zrobić sprawdzian i zacząłem wolno zbliżać się do samca alfa. Siedem metrów, sześć, pięć, cztery… Zastrzygł uszami, spojrzał na mnie z irytacją, a potem zabeczał ostrzegawczo i ruszył wraz z rodziną na kamienistą plażę.

Kiedy znów zostałem sam, znalazłem miejsce po ognisku, a na nim kilka zwęglonych kawałków drewna. Przypomniałem sobie, że węglem drzewnym można czyścić zęby. Starłem grudkę na gładkim kamieniu, polizałem palec i zanurzyłem opuszkę w czarnym błyszczącym proszku. Nawet gołym palcem mogłem wyczuć, jak skutecznie usuwa nagromadzony na zębach osad – był na tyle szorstki, że skutecznie czyścił zęby, a zarazem na tyle delikatny, że ich nie niszczył.

Poprzedniego dnia powrót do jaskini przerodził się w farsę, lecz musiałem znowu spróbować choćby po to, żeby odzyskać szacunek dla samego siebie. Teraz, rano, mogło być łatwiej, ponieważ podczas marszu miałem słońce dokładnie za sobą. Posuwałem się zatem w górę za własnym cieniem, łamiąc po drodze gałązki. Kiedy teren się wypłaszczył, w oddali po prawej pojawiło się Odległe Drzewo.

Zbliżając się do mojej ukorzenionej katedry, wypatrywałem kolejnego odcinka szlaku, i choć szedłem nim niewiele wcześniej, teraz nie mogłem go znaleźć. Nie było śladu ścieżki wiodącej w kierunku przeciwnym do tego, z którego właśnie przybyłem. To było niesamowite – zacząłem się zastanawiać, czy to w ogóle jest to samo drzewo. Byłem zdezorientowany. W jakiś magiczny sposób znikło słońce, niebo było szare, a przedmioty nie rzucały cieni. Drzewo wyglądało jeszcze bardziej tajemniczo niż zwykle. Czy to sobowtór?

Wszędzie leżały kamienie, jednak nie tworzyły kręgu, który poprzednio przyciągnął moją uwagę. To było jak ponury sen lub filmowy horror. Kiedy człowiek jest sam, różne myśli przychodzą mu do głowy. Czy to jakaś nadnaturalna siła? Jak to możliwe, że znowu wszystko mi się pomieszało?

Przysunąłem uniesiony w górę palec do jednego z jaśniejszych kamieni i dostrzegłem ledwo widoczny cień. „OK – słońce jest tam". Wziąłem się w garść. „Muszę iść w tym kierunku, mając słońce za sobą".

Puściłem się w dół zbocza, nie mając pewności, gdzie

ostatecznie wyląduję. Pierwszą rzeczą, jaką rozpoznałem, były plastiki, które poprzedniego dnia zrzuciłem na stos, a potem dostrzegłem lasek rosnący obok mojej jaskini. Dlaczego nie znalazłem własnych śladów, przecież byłem tu już wcześniej?

Zawsze byłem dumny z tego, że podczas egzaminu na przewodnika górskiego dostałem „celujący" z orientacji w terenie. Tym większym szokiem było dla mnie to, że do tego stopnia ją straciłem. Chmury przesłaniały słońce w najgorszych momentach, a przy tym po raz kolejny uświadomiłem sobie, że jestem dla siebie zbyt surowy i w ten sposób podkopuję moją pewność siebie. Musiałem ufać własnemu osądowi i doświadczeniu, zamiast przez cały czas je kwestionować. W połączeniu z niedożywieniem, odwodnieniem, brakiem snu i przewlekłą biegunką cała sytuacja zaczęła mnie przytłaczać i mącić mi w głowie. Musiałem nad tym zapanować.

Zawsze byłem dumny z tego, jak łatwo i szybko potrafiłem zorientować się, gdzie jestem. Uznałem, że nie mogę dać się pokonać, więc ruszyłem z powrotem w górę. Obok Odległego Drzewa odnalazłem ścieżkę, którą wcześniej oznaczyłem, łamiąc gałązki, i szybko ustaliłem, że moje ślady wiodące do i z Obozu Cytrynowego zbiegały się przy drzewie z rozmaitych kierunków. A więc to mi tak namieszało w głowie. Ustaliwszy to, ruszyłem równolegle do wybrzeża, utrzymując zarazem wysokość. Próbowałem odnaleźć ogromny skalny cypel, który górował nad moją plażą. W świecie, w którym nie panowałem nad tyloma rzeczami, opanowanie topografii wydawało się mieć kluczowe znaczenie.

„To fantastyczne!" – relacjonowałem do kamery, kiedy wyszedłem z lasu na wypalony słońcem wierzchołek skalnej wychodni. Znajdowałem się na bocznej grani, która wznosiła się ponad koronami leżącego poniżej lasu niczym garb skamieniałego wieloryba. Wtedy po raz pierwszy mogłem ogarnąć wzrokiem otaczającą wyspę rafę koralową i leżącą wewnątrz niej lagunę. Z tej perspektywy byłem w stanie ocenić, że w najwęższym miejscu – dokładnie przede mną – rafę dzieliło od plaży może 900 metrów, jednak w obydwu kierunkach odległość ta rosła, a rafa otaczała ogromny obszar turkusowej płycizny.

Skała, na której stałem, miała około 30 metrów wysokości i pionowo opadała do morza. Stojąc przodem do morza, na prawo miałem moją plażę – „Plażę Alfa" – a na lewo jej ładniejszą siostrę, którą nazwałem „Plażą Bravo"[17]. Była absolutnie zachwycająca – wielka połać złocistego piasku i palm. Ten widok przypominał mi, jakie to szczęście, że mogę spędzać czas w tak nietkniętym przez cywilizację miejscu.

Po powrocie do obozowiska znalazłem kolejny wyrzucony przez morze japonek. Pasował na mnie. Niezmiernie cieszył mnie fakt, że podobnie jak ja, mieszkańcy Fidżi mają duże stopy. To była przyjemna odmiana po miesiącach maszerowania przez Amazonię w numer za ciasnych południowoamerykańskich gumiakach, które miażdżyły mi palce. Razem ze zreperowanym japonkiem, którego używałem już wcześniej, dysponowałbym teraz parą zdatnych do noszenia butów, które były tym bardziej niezbędne, że moje stopy stawały się coraz mocniej poobdzierane i obolałe. Próbowałem znaleziony japonek zreperować kawałkiem ketmii, ale sparciała guma pokruszyła się pod naciskiem, co oznaczało, że nic z tego nie będzie.

[17] Ang. „Alpha", „Bravo" – określenia należące do tzw. alfabetu fonetycznego NATO, najbardziej rozpowszechnionego systemu literowania wyrazów.

Przed jaskinią narysowałem na piasku mapę wyspy. Na podstawie tego, gdzie poprzedniego wieczora zaszło słońce, wiedziałem, że zachód jest na wprost od miejsca, w którym siedziałem, poprzez wyrastającą z plaży skałę i dalej. Szacowałem, że musi być koło południa, a ponieważ znajdowałem się na półkuli południowej, mój cień wskazywał kierunek południowy. Choć mój pomiar czasu nie był precyzyjny, mogłem w miarę dokładnie wyrysować na piasku kierunki świata.

Ustaliłem w ten sposób, że moja plaża biegnie z północy na południe; wiedziałem też, że znajduję się blisko północnego krańca wyspy, więc na tarczy zegara byłoby to gdzieś między 10 a 11. Naniosłem na mapę znane mi punkty orientacyjne: skalisty cypel, plaże, moją jaskinię, Ślimaczą Skałę, Obóz Cytrynowy, Highlands i Odległe Drzewo. Wnętrze południowej części wyspy było jeszcze w dużej mierze białą plamą, ale z biegiem czasu łatwo mogłem to naprawić. Przede wszystkim należało zapamiętać zorientowanie (kierunek spadku) poszczególnych części wyspy, dzięki czemu później łatwiej byłoby mi orientować się według słońca.

Kiedy wróciłem do Obozu Cytrynowego, znalazłem na drzewie patyczaka. Patyczak to z pewnością zwierzę, więc po chwili wahania zjadłem go. Był kwaśny. Próbowałem pozbyć się jego smaku, jedząc niedojrzały owoc, który okazał się jednak niejadalny i smakował jak mieszanka płynu do mycia naczyń z octem siedmiu złodziei[18].

Zostałem tam dłużej, czekając na najniższy stan morza. Chciałem poszukać na plaży kolejnych źródeł słodkiej wody. W mojej ocenie mogłem je znaleźć u podstawy schodzącej

---

18 W oryginale „battery acid" (dosł. „kwas akumulatorowy") – synonim czegoś trudnego do przełknięcia. Ocet siedmiu złodziei to ocet winny, w którym przez 12 dni moczy się gorzkie zioła, m.in. piołun. Nazwa nawiązuje do starożytnej praktyki pojenia skazańców octem i żółcią.

wprost do morza skalistej części plaży, kiedy odpływ ją odsłoni. Ku memu rozczarowaniu każdy wypływ, jaki udało mi się odkopać, napełniał się słoną wodą. Moją uwagę przyciągnął wyrzucony na brzeg kawałek bambusa. Rozszczepiłem go z myślą o rozniecenu ognia. Zajęło mi to tak dużo czasu, że odpływ się skończył i woda znowu zaczęła się podnosić. Nie zauważyłem nic, co przypominałoby źródła słodkiej wody i nadzieja na ich odnalezienie – jeśli jeszcze ją miałem – ponownie zmalała.

Łódź wróciła po pozostawione przeze mnie rzeczy. Ponieważ była to już moja druga wizyta w Obozie Cytrynowym tego dnia i nie chciało mi się jeszcze raz odbywać wędrówki na drugi koniec wyspy, schowałem się w krzakach. To było wbrew regułom – w porach przybycia łodzi miałem się trzymać z daleka od skrzynki kontaktowej – ale było mi wszystko jedno. Byłem zmęczony i znudzony tą zabawą w kotka i myszkę. Byłem głodny, a ten surwiwalowy scenariusz dział się naprawdę, więc nie miałem zamiaru marnować energii, jeśli nie było to absolutnie konieczne. Poza tym byłem zaintrygowany. Słyszałem, jak wyspiarze śmieją się, idąc po plaży. Kiedy tak z wnętrza mojego dzikiego świata na niby ukradkiem obserwowałem cywilizowanych ludzi, czułem się jak Leonardo DiCaprio w „Niebiańskiej plaży". Nie ciągnęło mnie, żeby do nich podejść i porozmawiać, ale obserwowanie ich, wiedząc, że oni nie mają pojęcia o tym, że tam jestem, strasznie mnie rajcowało.

Kiedy znów usłyszałem silnik, wygramoliłem się z krzaków i poszedłem sprawdzić skrzynkę. Wypakowałem nowy mikrofon bezprzewodowy i zapasową kamerę, patrząc, jak maleńka łódka znika za rafą.

Chcąc mieć porządny zapis szlaku do mojego obozowiska, postanowiłem sfilmować drogę powrotną. Wcześniej przy okazji każdego przejścia miałem momenty dezorientacji, więc postanowiłem wyeliminować wszelkie niewiadome. Kamera miała być moim stoperem i dziennikiem.

Kiedy dotarłem do Odległego Drzewa, odwróciłem się, żeby zobaczyć, skąd przyszedłem, a potem ułożyłem na ziemi strzałkę z patyków wskazującą ten kierunek, co miało mi później oszczędzić zgadywania. Potem okrążyłem wielkie drzewo i odnalazłem strzałkę, którą zostawiłem, idąc do Obozu Cytrynowego, a która wskazywała kierunek, gdzie znajdowała się moja jaskinia. W ten sposób bardzo upraszczałem sobie życie, ale jak mus to mus, a byłem przekonany, że potrzebuję tak dokładnych drogowskazów.

Wtedy po raz pierwszy wróciłem do jaskini, nie gubiąc się. Pomysł, żeby poświęcić czas na zarejestrowanie drogi i rozwiązać problem okazał się trafiony. Poza tym wszystkie ścieżki, jakimi wędrowałem, naznaczyłem drobnymi śladami zniszczenia – złamanymi gałązkami i węzłami na palmowych liściach – więc teraz już naprawdę nie mogłem się zgubić. Kiedy skasowałem fragment, w którym przez pięć minut plączę się wokół drzewa, licznik kamery wskazał, że przejście w poprzek wyspy na bosaka zajęło mi dwadzieścia minut. Dobrze wiedzieć. Myślę, że to wszystko stanowiło element mojej ewolucji, tam na wyspie. Miałem teraz dwa drogowskazy i wytyczoną drogę.

Wieczór był niewiarygodnie spokojny i kiedy wróciłem na plażę, morze przypominało ogromny arkusz wypolerowanego metalu. Nie było ani jednej fali, która mogłaby się rozbić o brzeg czy o rafę, więc było cicho. Już wcześniej uświadomiłem sobie – i zaczęło mnie to trochę irytować – że nie mogę uwolnić się od pewnych melodii, które nieustannie chodzą mi po głowie: „Land of Hope and Glory" Elgara – najpierw porywa, ale potem może się stać nużące – i „What Doesn't

Kill You Makes You Stronger" Kelly Clarkson – denerwuje od samego początku. W ciszy będącej następstwem braku wiatru i fal melodie wyświadczyły mi grzeczność i przerwały swoje recitale-maratony. Złociste światło sączyło się przez rzadkie, postrzępione chmury, podkreślając spokój i ciszę.

Wszędzie dobrze, ale w domu najlepiej. Wróciłem dwadzieścia minut przed zachodem słońca, więc zjadłem dziesięć ślimaków, rozbiłem skorupę brązowego kokosa i zebrałem trochę podściółki, żeby się dobrze wyspać. Miałem poczucie, że czwarty dzień nie był najgorszy. Może dlatego, że podtuczyłem się patyczakiem. Bez zastanowienia przełknąłem zapiaszczone ślimaki.

Od tego momentu niemal przez cały czas odczuwałem głód. Podczas całego pobytu na wyspie jedynie sporadycznie udawało mi się od niego uwolnić. Może wyjdę na niewdzięcznika, ale nie chciałem jeść wyłącznie ślimaków i patyczaków i mnóstwo czasu poświęcałem na fantazjowanie o porządnym jedzeniu.

Myślałem o nim więcej niż o czymkolwiek innym. Nieustannie zmagałem się z głodem. Chciało mi się kruchych ciastek, tostów z masłem orzechowym, herbatników z płatków owsianych, pierogów kornwalijskich i frytek z purée z groszku. Gdyby na wyspie jakimś cudem pojawiła się piekarnia Greggs, zdemolowałbym ją w dziesięć minut.

Jeśli pozwoliłem sobie na myślenie o jedzeniu przed snem, miałem przechlapane. Nie byłem w stanie zasnąć do rana, śliniąc się na myśl o składnikach, jakich użyję do upieczenia ciasta marchewkowego albo o tym, z czego po powrocie do domu skomponuję sobie musli – migdały, kokos, daktyle... Jego smak byłby jednak zaprawiony kroplą goryczy.

𝍸

Oczy zamknięte. Uwielbiam spać. Uwielbiam leżeć. To moja ulubiona część doby. Jeszcze pięć minut – kto będzie wiedział, czy wstałem, czy nie?

Spałem nieźle; obudziłem się silny i zadowolony z życia. Ręce trzymałem wciśnięte pod pachy – jakbym miał na sobie mitenki – dzięki czemu było mi znacznie cieplej. Zaraz jednak poczucie winy urządziło mi w piersi kocią muzykę: czas wstawać. Zamrugałem, a odbijające się od oceanu ciepłe światło poranka zwęziło mi źrenice do rozmiarów główki od szpilki. Wstałem, przeciągnąłem się i wysikałem się z góry na plażę. Skrawek ziemi poniżej jaskini zaczynał już śmierdzieć jak pisuar. Zachrzęściło mi w szyi, kiedy skręciłem głowę w prawo i w lewo, a zaraz potem wyryłem na ścianie jaskini piąty biały znak, dopełniając nim pierwszy zestaw pięciu dni. To była triumfalna, śmiała kreska biegnąca w poprzek poprzednich czterech: IIII. Nowy lokalizator InReach włączony. Wysyłanie wiadomości „All OK”... Wiadomość wysłana. Wyłączyć. Schować z powrotem do skrzyni. Podrapać się po jajach jak na prawdziwego jaskiniowca przystało.

„Dzień dobry, rozpoczął się piąty dzień” – burknąłem do rozłożonego wizjera kamery, drapiąc się brudnymi paznokciami po porastającej moją twarz szczecinie. „Zostało tylko pięćdziesiąt sześć dni!”.

Efekty porannej kupy: wczoraj była wybuchowa, a podczas wypróżniania dosłownie wrzeszczałem, darłem się wniebogłosy. Dzisiejsza była gęstsza i bardziej zwarta – niczym rzadki krowi placek. Z mojego punktu widzenia to był krok w dobrym kierunku i to sympatyczne wiejskie skojarzenie sprawiło mi niejaką przyjemność. Oddawałem mocz cztery do pięciu razy dziennie i miał on barwę słomkową, więc nie było obaw, że w tym momencie jestem poważnie odwodniony. Miałem jednak świadomość, że ograniczone zasoby wody pitnej i biegunka to złe połączenie. W jakimś stopniu wypełniała ten brak woda kokosowa, ale jedynym trwałym rozwiązaniem byłoby odnalezienie bardziej niezawodnego i obfitszego źródła słodkiej wody.

Uzyskanie alternatywnego źródła wody było uzależnione od rzeczy, na które nie miałem wpływu. Zależało od szczęścia, a ja nie mogłem polegać na szczęściu. Musiałem do maksimum wykorzystać to, co pozostawało pod moją kontrolą, więc postanowiłem, że spróbuję zwiększyć wydajność wycieku i udoskonalić system jej gromadzenia. Na ten dzień nie wyznaczyłem sobie żadnych innych zadań. Chciałem spokojnie się temu przyjrzeć i zrobić coś, co rzeczywiście będzie miało wartość i poprawi moją sytuację w długiej perspektywie czasowej.

Stanąłem przed wyciekiem, poszukałem uchwytu dla lewej, a potem dla prawej ręki, a prawą stopę oparłem na wgłębieniu, w którym zbierała się woda, po czym podciągnąłem się mniej więcej metr do góry, żeby obejrzeć górny koniec szczeliny. Choć dolne zagłębienie mogło pomieścić mniej więcej czterysta mililitrów wody, postanowiłem oprzeć o skałę jedną z plastikowych butelek, tak by bez przerwy mogła się w niej zbierać woda. Nie byłem pewien, czy to zadziała, ale pomyślałem, że jedynym sposobem na to, by ukierunkować tego rodzaju powolny przepływ, będzie zastosowanie sączka, który zbierałby wodę z wilgotnej powierzchni skały.

Przejrzałem mój zbiór śmieci, które trzymałem w wielkiej muszli. Znalazłem postrzępiony kawałek brudnego sznurka długości mniej więcej 20 centymetrów. Wyglądało na to, że będzie chłonął wodę – był bawełniany, a nie nylonowy – więc nadzieja, że może się udać, wzrosła. Wróciłem do wycieku i zbadałem kształt szczeliny. Były tam dwa wgłębienia-rezerwuary: jedno mniej więcej dwa metry, a drugie około metra nad poziomem plaży. Górny rezerwuar napełniał się pierwszy i mógł pomieścić blisko pół litra wody. Dolny mieścił mniej więcej 400 mililitrów. Kiedy górny się napełnił, woda przelewała się przez jego brzeg, spływała po skale i „tylko jej część" trafiała do dolnej niecki. Ponieważ wgłębienia nie znajdowały się dokładnie jedno nad drugim, reszta wody się marnowała, spływała na dół i wsiąkała w piasek.

Należało zatem zapobiec przelewaniu się wody z górnego zbiornika, bowiem to oznaczało straty. Pomyślałem, że zainstaluję butelkę powyżej górnego zbiornika, jednak nie było tam do czego przyłożyć sączka – skała była ledwo wilgotna. Butelka musiała więc znaleźć się poniżej, tak by dało się grawitacyjnie ściągać wodę.

Był jednak poważny problem: poniżej górnego zbiornika nie było żadnego występu ani płaszczyzny, na której mógłbym umieścić butelkę. Dolny zbiornik znajdował się metr niżej, a mój sączek miał zaledwie 20 centymetrów.

Im dłużej przyglądałem się wyciekowi, tym bardziej nurtowało mnie pytanie, czy ta cała formacja była dziełem natury, czy też została wyżłobiona w skale przez pokolenia wyspiarzy z Fidżi lub Tonga, którzy odwiedzając tę wyspę, stawali przed tym samym problemem. Miałem przeczucie, że to, co wcześniej brałem za naturalny, uformowany przez wodę kanał między dwoma nieckami, w rzeczywistości zostało wyżłobione przez człowieka, być może wiele tysięcy lat temu.

Uznałem, że w takim razie skała musi być na tyle miękka, że da się formować jej powierzchnię. Sięgnąłem po moją prymitywną siekierę z muszli. Już od pierwszych uderzeń stało się jasne, że to się może udać. To nie był młotek i dłuto – moja praca przypominała raczej żłobienie dziury w cegłówce drewnianą łyżką – niemniej ściana ustępowała i zaczęła się formować półka na moją butelkę. Pracowałem – robiąc sobie od czasu do czasu przerwę na surowego ślimaczka lub trochę kokosa – przez cztery godziny. Wtedy występ był już na tyle szeroki, że można na nim było ustawić plastikową butelkę o pojemności 600 mililitrów. Żeby nie zwiał jej wiatr, przyłożyłem ją kamieniem wielkości pięści. Niewielkim kamykiem przycisnąłem także zanurzony w górnym zbiorniku koniec sznurka, po którym spływała woda. Starałem się, żeby sączek nie dotykał brzegu butelki, bo woda mogłaby wtedy spływać na zewnątrz.

Odsunąłem się i czekałem z niecierpliwością. To rzeczywiście mogło wypalić. Próbowałem też zwiększyć wydajność wycieku powyżej górnego zbiornika: ociosałem wszystkie zawilgocone miejsca i wyżłobiłem prowadzącą do niego rynienkę. Końcowy efekt wyglądał fantastycznie. Cierpliwość się opłaciła, a moje innowacje przetrwają setki lat. No i – miejmy nadzieję – będą działać. Po wypłukaniu morską wodą ogromnych ilości skalnego pyłu, pozostawiłem instalację w spokoju, by mogła zdziałać cuda, do których została stworzona.

Zaciskałem kciuki.

Czując, że to mój szczęśliwy dzień, postanowiłem zająć się ogniem. Ogień znaczył dla mnie bardzo wiele. Mógłbym na nim przyrządzać ślimaki i małże – wszystko, co bym znalazł. Mógłbym gotować wodę i pić gorące napoje. Nocą byłoby mi ciepło, a blask ognia dodawałby mi otuchy, odpędzając myśli, które też przejmowały chłodem.

Dlaczego dopiero teraz pomyślałem o tym, żeby spróbować rozpalić ogień? Mógłbym to zrzucić na mój wytrącony z równowagi umysł, ale byłoby to jedynie pół prawdy. Drugie pół jest takie, że kiedy musisz się zorganizować, żeby przetrwać, nie mając zupełnie nic, trzeba zrobić niezwykle dużo rzeczy, których wiele – choćby woda, pożywienie i schronienie – znajduje się wyżej na liście priorytetów. Żeby przetrwać, **musisz** je mieć. Natomiast ogień to luksus, na który nie może sobie pozwolić żadne inne stworzenie na ziemi poza człowiekiem. Ogień nie znajdował się zatem na szczycie listy, ponieważ wszystkie zwierzęta doskonale sobie bez niego radzą.

Uznałem, że czas przejść od tego, co absolutnie niezbędne, do realizacji własnych aspiracji. **Chciałem** mieć ogień. Do tego potrzebowałem kijka, który mógłbym obracać w miejscu na płaskiej drewnianej podkładce. Właśnie tarcie między „świdrem" a „podkładką" miało wytworzyć (taką przynajmniej miałem nadzieję) wystarczającą ilość ciepła, by powstał żar – zalążek ognia. Mogłem obracać świder rękami albo wspomóc się prostym łukiem, dzięki któremu można nim obracać szybciej, dłużej i przy mocniejszym docisku.

W Australii, jakiś miesiąc przed tym, jak znalazłem się na wyspie, Aborygeni wspominali, że na świder dobra będzie ketmia lipowata. Byłem pewien swoich umiejętności, więc nie sprawdzając samemu, przyjąłem to za pewnik i odfajkowałem ogień na mojej liście zmartwień.

Ze sporą dozą pewności siebie sięgnąłem po kawałki ketmii, które dzień wcześniej uciąłem i zacząłem suszyć. Potrzebowałem półmetrowego świdra o grubości małego palca i szerszej podkładki, którą mogłem wykonać z krótszego kawałka o średnicy pięciu centymetrów. Po godzinie miałem to, czego mi było trzeba i wyczerpany, lecz pełen dobrych przeczuć, wróciłem do jaskini.

Świder, po okorowaniu, trzeba było zostawić na słońcu do wyschnięcia. Dwudziestocentymetrowy odcinek przeznaczony na podkładkę trzeba było rozszczepić wzdłuż, tak by powstały dwa półcylindry. Uwielbiam tego rodzaju proste, praktyczne wyzwania. Dlatego właśnie w pierwszym rzędzie zająłem się ekspedycjami. Wszystko jest konkretne i fizyczne, a ty musisz tylko użyć rozumu i znaleźć rozwiązanie. Wcześniej, w dżungli, żeby rozłupać wzdłuż drewnianą kłodę, uderzałem w maczetę kawałem drewna, postanowiłem więc zamienić jedynie maczetę na długi, cienki odłamek muszli małża i zobaczyć, czy to coś da.

Kilka rozwalonych muszli później potknąłem się o kawałek, który moim zdaniem nadawał się na dłuto. Przyłożyłem białe ostrze do ustawionego pionowo klocka i, trzymając za jeden koniec muszli, delikatnie uderzałem w drugi koniec kawałkiem drewna. Puk, puk, puk. Na przekroju pojawił się mały rowek, a moja pewność siebie rosła w miarę, jak muszla zagłębiała się w klocek, rozszczepiając drewno.

„Aaaaaa!!!” – wrzasnąłem jak palant, kiedy walnąłem się w palec, ale jak zobaczyłem, że dobrze mi idzie, natychmiast się uśmiechnąłem, więc ból nie trwał długo.

Chcąc uzyskać dwie mniej więcej równe części, starałem się zachować właściwy kąt i siłę uderzenia. Efekt był doskonały i klocek delikatnie rozdzielił się na dwie jednakowe połówki.

„Naprawdę ładnie mi wyszły. Uwielbiam, jak plan wypali. Zbiera mi się na płacz – to żałosne – chyba będę beczał”. Nieoczekiwanie ogarnęła mnie euforia. Łzy zakręciły mi się w oczach. „Udało się” – oznajmiłem poruszony. „Zaraz się popłaczę. Kurwa, naprawdę się udało!”.

Zaskoczony przez ten przypływ szczęścia dałem upust emocjom, nieświadomie uwalniając także te, które dotąd tłumiłem. W ukryciu czekało mnóstwo zmartwień i napięć, które teraz się ujawniły, i zacząłem szlochać – ze szczęścia, ale też na skutek uwolnienia kumulującego się od wielu dni napięcia.

Ketmia ma miękkie drewno, więc zrobienie w podkładce wycięcia na żar za pomocą niewielkiej ostrej muszli zajęło mi jedynie jakieś czterdzieści pięć minut. Nie byłem przygotowany do rozpalenia ogniska, ale świadomość, że mam potencjalnie sprawny zestaw do rozniecania ognia, była tak ekscytująca, że postanowiłem od razu wypróbować mój rękodzielniczy wytwór. Cały zestaw, z podkładką leżącą na ziemi i świdrem umieszczonym we wgłębieniu, przypominał odwróconą literę T. Przytrzymałem podkładkę bosą stopą, przyklęknąłem i ująłem świder między dłonie. Ruszałem rękoma do przodu i do tyłu, nadając spoczywającemu w otworze patykowi coraz szybszy ruch obrotowy. Ciepło wytworzone w wyniku tarcia zaczęło wytwarzać drzewny pył, a z wycięcia zaczął unosić się dym. Pracowałem przy świdrze, aż wyczerpany zlałem się potem. Ramiona paliły mnie od krótkich erupcji intensywnego wysiłku. Kiedy przyjrzałem się dokładniej, okazało się, że pył jest jasnobrązowy. Niedobrze – wiedziałem, że powinien być dużo ciemniejszy. Po dwóch próbach podkładka była prawie przetarta na wylot. Zdenerwowany stwierdziłem, że ketmia musi być za miękka. Powinienem to wiedzieć, więc znowu udzieliłem sobie reprymendy za brak odpowiedzialności w przygotowaniach.

Przyznałem przed kamerą, że jedyne drzewa, jakie jestem w stanie zidentyfikować, to palma kokosowa, ketmia, drzewo cytrynowe i jakaś odmiana sosny. W efekcie nie miałem innego wyjścia – musiałem przyjąć tę samą taktykę, co w przypadku doskonalenia orientacji w terenie: eksperymentować i uczyć się na błędach. Najpierw chciałem przetestować moją starą tyczkę do zrywania orzechów kokosowych, szybko jednak zrozumiałem, że przerąbanie kawałka drewna, który nie jest przyrośnięty do drzewa, jest jeszcze trudniejsze, ponieważ oparte o skałę drewno sprężynowało, przekazując drgania moim obolałym rękom. W końcu umieściłem tyczkę w rozwidleniu gałęzi, przyłożyłem do niej całą moją wagę i w ten sposób udało mi się ją złamać. Był to pokaz przewagi brutalnej siły nad zmyślnością i inteligencją, jednak nigdy się tym zbytnio nie przejmowałem.

Kiedy w końcu udało mi się zgromadzić cztery zdecydowanie różne rodzaje drewna, miałem skórę poobcieraną przez korę i spływałem potem. Uznałem, że tyle wystarczy na pierwszą turę testów. Kawałki drewna o różnych odcieniach ułożyłem na skale, żeby wyschły w słońcu. Mimo że się starałem, nie udało mi się nigdzie znaleźć mitycznego tangalito, o którym wspominał Rama.

Podejrzewałem, że rozpalenie ognia przy użyciu nowych, znacznie twardszych rodzajów drewna, wymagać będzie metody pozwalającej wygenerować większą ilość ciepła przy mniejszym zużyciu energii. Musiałem zrobić łuk.

Łuk ogniowy wygląda jak mały łuk dla dzieci. Szukałem zakrzywionego kawałka drewna mającego mniej więcej sześćdziesiąt centymetrów długości, który by się nie złamał. Byłoby idealnie, gdyby na jednym końcu był rozwidlony, bo łatwiej byłoby założyć cięciwę. Na drugim końcu wystarczyłoby wtedy zwykłe nacięcie.

Zadanie było dość proste, zdecydowanie w zasięgu moich możliwości. Ściskając w ręku toporek z muszli, skierowałem się na lewo od jaskini i wspiąłem się na pokryte ślimakami skały, które rozdzielały moją plażę na dwie części i które teraz, podczas przypływu, do połowy były zanurzone w wodzie. Kiedy znalazłem się w południowej części plaży, znowu skręciłem w lewo, wszedłem między drzewa i zacząłem szukać odpowiedniego kija.

Szybko uzmysłowiłem sobie, że te, które leżą na ziemi, nie są wystarczająco mocne. Były na tyle słabe, by odpaść od drzewa, więc nie nadawały się do moich celów. Znalazłem gałąź, która bardziej przypominała pęknięty w połowie ośmiokąt niż łukowaty półksiężyc, i przystąpiłem do prymitywnego zabiegu chirurgicznego na drzewie. Pięćdziesiąt prostackich uderzeń, trzy krwawiące knykcie i jeden wrzask frustracji później użyłem całej mojej wagi, by odłamać ten szpetny łuk ogniowy. Obiłem nieco gałęzi ketmii, uzyskując korę na cięciwę i, dźwigając to wszystko, ruszyłem truchtem do jaskini.

Żaden ze znalezionych przeze mnie wcześniej kawałków sznurka nie był wystarczająco gruby, by można go było wykorzystać jako cięciwę, ale wiedziałem, jak silna, a jednocześnie elastyczna jest kora ketmii, więc to jej pasek przywiązałem do łuku.

Kątem oka dostrzegłem pierwszą wykonaną przeze mnie instalację do zbierania deszczówki. Przedstawiała sobą niezmiernie smutny widok. Uznałem, że konieczność przechodzenia obok tego świadectwa mojej porażki źle oddziałuje na moje morale, więc rozmontowałem ją, a pozostałości rzuciłem między drzewa. I tak od dawna do tej roli pretendowały muszle, które nadal były przygotowane na przyjęcie każdego opadu deszczu.

Zebrałem pierwszą porcję drewna na opał – od drobnych gałązek po duże polana. Teraz byłem już przygotowany do rozpalenia ognia, jeśli tylko udałoby mi się uzyskać żar. Ułożyłem je pod ścianą jaskini według rozmiaru w niewielkie, zgrabne stosy. Zdecydowałem, gdzie ma być ognisko i przygotowałem odpowiednie miejsce na brzegu jaskini: wyrównałem kawałek podłoża i otoczyłem go dużymi kamieniami. Kiedy wnosiłem je do jaskini, odpadł fragment koziej ścieżki, a wraz z nim ześliznęła się moja stopa. Świat zwolnił, kiedy zacząłem swobodnie spadać, nie mając nic, na czym mógłbym się zatrzymać. W ułamku sekundy instynktownie wyciągnąłem nad siebie rękę i złapałem się skalnej ściany. Bezwładna masa mojego spadającego ciała szarpnęła ramię z taką siłą, że zdarłem sobie skórę z kciuka i palca wskazującego, ale udało się zahamować upadek. Z walącym sercem obejrzałem pokaleczoną rękę i uznałem, że to nic w porównaniu z tym, co by się stało, gdybym się nie zatrzymał. Spojrzałem w dół na urwisko i przekonałem się, że miałem jeszcze dwa metry do poszarpanych czarnych skał. „To kolejny sygnał ostrzegawczy, Ed! Musisz bardziej uważać" – wymamrotałem do kamery, zanim odłożyłem ją obok siebie na ziemię. Dziękowałem losowi za sytuacje, w których o włos unikałem nieszczęścia – trzymały mnie w ryzach. Wtedy, jak gdyby dodatkowo podkreślając niebezpieczeństwo, kamera zachybotała się, przewróciła i stoczyła z jaskini na dół.

Ostatnie przygotowania do rozpalenia ognia polegały na zebraniu włókien ze skorup orzechów kokosowych, które wyłożyłem na słońce do wysuszenia. Miały posłużyć za hubkę – suchą podpałkę, dzięki której żar zmieni się w ogień.

Wziąłem kawałek ciemniejszego drewna grubości kciuka i zacząłem go strugać, starając się nadać mu kształt kubańskiego cygara. Używałem do tego małej muszli i przekonałem się, że całkiem dobrze wchodzi w suche drewno. Kiedy rozmyślałem nad użytecznością zwykłej muszli, przyszło mi do głowy, że mógłby się w niej obracać wierzchołek świdra. Gotowy „docisk" – ekstra!

Miałem już trzy z czterech elementów niezbędnych do przeprowadzenia pierwszej próby rozpalenia ognia za pomocą łuku ogniowego. Miałem łuk, świder i docisk. Brakowało mi jedynie podkładki. Wziąłem szerszą połowę rozszczepionego wcześniej kawałka drewna z ketmii i zrobiłem w nim wycięcie, w którym miał się zbierać gorący drzewny pył i na koniec powstać żar. Nadszedł czas, by przetestować nowy zestaw.

Ruszyłem łukiem w przód i w tył, i... pierwszy pasek kory pękł. Dupa blada. Drugi pasek – w przód i w tył, w przód i w tył, i... to samo. Kurwa! Trzeci – pociągnąłem w tył i... znowu pękł. Niech to szlag!

Trzeba pomyśleć.

Było jasne, że kora ketmii jest za słaba. Pozytywne było to, że łuk zadziała, jak tylko założę mocniejszą cięciwę. W takich sytuacjach trzeba myśleć konstruktywnie.

Przejrzałem odrzucone wcześniej krótkie kawałki sznurka, które udało mi się zebrać w ciągu poprzednich dni. Uznałem, że dwa dłuższe związane ze sobą mogą wystarczyć. Po zmontowaniu i kilku regulacjach napięcia cięciwy, dysponowałem świdrem, który bez przeszkód obracał się w podkładce. Pierwszy uśmiech tego dnia. Mam działający łuk. Ogień to **duży** krok do przodu – muszę już tylko zrobić wycięcie na żar w twardym drewnie podkładki. Zostawiłem to jednak na kolejny dzień, bo szybko zbliżała się złota godzina[19].

---

19 Termin stosowany przez fotografików i filmowców na określenie tej pory po południu, kiedy światło jest najlepsze.

Późnym popołudniem potrzebowałem przerwy i drinka. Sprawdziłem powiększony przeze mnie wyciek i przez słomkę łyknąłem nieco wody z górnego zbiornika. Butelka była pusta – było za gorąco i woda wyparowywała, zanim jeszcze się w niej znalazła. Wracałem rozczarowany. Przechodząc obok skóry koźlęcia, obejrzałem tę sztywną, nienadającą się do niczego zbitą masę. Śmierdziała i obsiadł ją rój much.

Musiałem znowu sięgnąć po wodę kokosową, a nie miałem tyczki do zrywania orzechów. Poprzednią zniszczyłem, przygotowując zestaw do rozpalenia ognia. Postanowiłem tym razem uciąć naprawdę długą żerdź. I tak miałem to zrobić, ponieważ z pierwszej już „wyrosłem" – zużyłem wszystkie wiszące nisko kokosy. Wiedziałem, że ta operacja pozbawi mnie całej energii.

Za jaskinią powlokłem się pod górę w poszukiwaniu drzewa z odpowiednio rozwidlonym pniem. Kiedy je znalazłem, osunąłem się obok niego na ziemię, usiłując dostatecznie się zmotywować.

Moja obecna „siekierka" miała tępe ostrze, które miażdżyło drewno niczym młotek. Obstukiwałem pień dookoła niezbyt mocnymi uderzeniami. Najpierw zrobiłem wgłębienie w korze, a potem wgryzałem się coraz głębiej w mięsiste drewno. Mniej więcej co dwie minuty osuwałem się na ziemię, łapiąc oddech. Nie wiedziałem, czy zmęczenie, które nieustannie mnie paraliżuje, jest skutkiem choroby, braku pożywienia, odwodnienia czy depresji. Każda chwila pracy wymagała ode mnie wielkiego wysiłku. Byłem przy tym bardzo, bardzo głodny, a w głowie roiły mi się zapachy pieczystego, będąc dla mnie dodatkową torturą.

Ścinając drzewo muszlą, trzeba na tyle osłabić pień, by można go było złamać. Żadnego klina, żadnego podcięcia –

drzewo nie padnie pod własnym ciężarem. W tej bardzo prymitywnej metodzie trzeba po prostu trafnie ocenić, w którym momencie pień się złamie, jeśli naprze się na niego ramieniem.

Kiedy uznałem, że osiągnąłem ten punkt, zmobilizowałem każdy posiadany dżul energii i naparłem na drzewo niczym zawodnik młyna[20]. Żadnych oznak pękania. Zupełnie wykończony musiałem dalej dziabać pień muszlą. Trzy uderzenia na pięć skutkowały otwarciem starych ran na knykciach, a na dłoniach rosły bolesne pęcherze.

Gdybym miał choć trochę wody, poddałbym się. Poziom energii i nastroju był najniższy od przybycia na wyspę, a ja nadal potrzebowałem tego, co najbardziej niezbędne do przetrwania – wody. Ostatni herkulesowy wysiłek zaowocował serią obiecujących trzasków, a następnie przyjemnym dla ucha dźwiękiem pękającego drewna, kiedy drzewo się przewracało.

Przez kilka chwil siedziałem, ciężko dysząc, a potem na (dość nieznacznej) fali triumfu gołymi pięściami obłamałem wszystkie drobniejsze gałązki. Wreszcie pociągnąłem gigantyczną żerdź w dół pogrążonego w gęstniejącym mroku zbocza na jaśniejącą w dole piaszczystą plażę.

Kiedy po raz pierwszy spróbowałem użyć nowej tyczki, zdałem sobie sprawę, że jest ciężka – naprawdę ciężka. Przypadkowo wybrałem gęste drewno, a ponieważ potrzebowałem tyczki o określonej długości, moja była u dołu bardzo gruba. Jednak orzechy kokosowe były dla mnie ostatnią deską ratunku, więc użyłem całej siły i, trzymając oburącz tę cholerną kłodę[21], pchnąłem ją w górę, by strząsnąć je-

20 Element gry w rugby.

21 Autor używa szkockiego określenia „caber", nawiązując do popularnych w tym kraju zawodów w rzucaniu kłodą.

den, a potem drugi. Miałem wrażenie, że zawarty w nich pożywny, słodki i sterylny płyn natychmiast dodaje mi sił. Cieszyłem się każdym bezcennym owocem.

Potem zauważyłem na piasku ciemny błyszczący orzech, który trochę przypominał zgnieciony kasztan. Schyliłem się zaciekawiony, żeby go podnieść i uśmiechnąłem się. To nie była stara fasola, ale *burnie bean*[22]. Są niejadalne, ale Aborygeni uważają, że stanowią połączenie z Matką Ziemią, dlatego noszenie ich przy sobie przynosi szczęście. Często ozdabiają je malunkami, a niekiedy po wydrążeniu przechowują w nich suchą hubkę do rozpalania ognia. Nie byłem pewien, czy ta roślina występuje na Fidżi, czy też nasionko ma za sobą epicką podróż przez Ocean Spokojny, jednak jeśli kiedykolwiek jest dobry moment, by wierzyć w szczęśliwy omen – to z pewnością ten był właśnie taki.

Dobry znak pobudził mnie nieco do moich surwiwalowych działań. „Nie poddawaj się, Ed – bardzo dobrze ci idzie, bracie” – słyszałem w duszy głos Jeremy'ego.

Znalezienie orzeszka było niczym dotyk przyjaznej dłoni na ramieniu, który przypomniał mi, żebym się odprężył i zadbał o siebie. Był piękny, spokojny wieczór, morze w fazie odpływu. Ciepłe słońce wolno przesuwało się pomiędzy chmurami i wiedziałem, że kąpiel będzie doskonałym zakończeniem dnia. Ostrożnie przebrnąłem ostre koralowce, a kiedy dno stało się piaszczyste, pozwoliłem ciału zanurzyć się w chłodną głębię. Wydawało się, że na dobre odzyskałem spokój. To był piąty dzień, a ja czułem się dobrze i miałem spory zapas pewności siebie. Do wszystkiego podchodziłem z cierpliwością, pozytywnym nastawieniem i otwartym umysłem. W piersi czułem ciepło i życie.

---

22 Nasiono liany o nazwie osmoka wielka (łac. *Entada gigas*) zwanej także małpią drabiną.

Dziś wreszcie poczułem się pewnie. Już nie miałem wrażenia, że walczę o to, by zapanować nad wyspą. Poczułem odprężenie w obliczu tego, co nieuchronne. Dziś też płakałem. Przypomniał mi się inny mądry cytat: „Siłę mężczyzny mierzy się ilością jego łez, a nie lęków". Nigdy nie bałem się płakać, lecz teraz uświadomiłem sobie mocniej niż kiedykolwiek wcześniej, że zdolność uwalniania emocji jest raczej siłą niż słabością. To, dzięki czemu jasno widzę rzeczy – przycisk „reset" na pulpicie mojego zdrowia psychicznego – nie może być złe. Płacz sprawił, że stałem się wobec siebie szczery: pozwoliłem samemu sobie dostrzec to, z czym się zmagam, i przejść przez to. Pomógł mi oczyścić się z napięcia i szaleństwa. Tłumienie emocji i kontrolowanie frustracji są typowe dla mężczyzn, ale ja miałem poczucie, że przekroczyłem poziom takiego bardzo powierzchownego chojrakowania. Jeśli miałem z tego wyjść bez szwanku, musiałem się zdobyć na prawdziwą wewnętrzną uczciwość, a to oznaczało otwarte przyznawanie się do własnych emocji i stawianie czoła problemom.

Pomarańczowy blask dotknął horyzontu, malując na spokojnej wodzie płonącą kreskę w kierunku mojej jaskini. To był koniec piątego dnia – naprawdę dobrego dnia. Nosiłem w sercu ludzi, których kochałem, a jednocześnie spokojnie zajmowałem się rozwiązywaniem problemów dnia codziennego. Byłem wdzięczny losowi za wszystko, co mam.

卌 I

Witajcie, to dzień szósty!”. Jestem tu już prawie tydzień. Ostatniej nocy wiele razy przychodziło mi do głowy: „Może by tak ktoś włączył światło!”. Noce były jednak ciemne. Na obu stopach miałem już po kilka ran, więc na palcach poszedłem na brzeg morza i wypłukałem je w morskiej wodzie, czyszcząc z brudu. Byłem pewien, że nic im nie będzie – były coraz bardziej zahartowane.

Podszedłem do wycieku i serce we mnie zamarło: w plastikowej butelce nie dostrzegłem kreski wskazującej poziom wody. Potem przyjrzałem się dokładniej: nie dostrzegłem jej, bo **butelka była pełna**. By to potwierdzić, delikatnie ją nacisnąłem; napięcie powierzchniowe menisku ustąpiło i woda spłynęła po ściankach. Moje modyfikacje sprawdziły się! Dzięki wyrzuconemu przez morze kawałkowi sznurka, pękniętej muszli i wyrzuconej przez kogoś plastikowej butelce miałem całe 600 mililitrów wody!

Postanowiłem przelać wodę do większej, dwulitrowej butelki, a zanim ponownie zmontowałem mój system, wypiłem zawartość obu kamiennych rezerwuarów. Uśmiechałem się, ponieważ nie tylko się napiłem, lecz w dodatku miałem zapas, który mogłem nosić ze sobą i korzystać z niego w razie pragnienia. Niesamowity krok naprzód! Byłem zadowolony, kiedy przydarzył mi się jakiś szczęśliwy traf, ale to było coś więcej: przemyślałem problem, poświęciłem czas i wysiłek na jego rozwiązanie i opłaciło się.

„Dobry początek dnia!” – rozpromieniłem się do kamery. „Tak!!!”.

Na dokładkę wypiłem zawartość dużego zielonego kokosa, który poprzedniego wieczora zerwałem za pomocą mojej nowej tyczki. Ręce zaczęły mnie piec, kiedy pod wpływem uderzeń kokosem o skałę pootwierały się rany. Próbując jak najszybciej przełknąć płyn, niemal się udławiłem, gdy obfity strumień zalał mi gardło.

Spojrzałem na moją żałosną spódniczkę z trawy i poczułem, że wyglądam śmiesznie. Musiałem to zmienić. Musiałem coś zrobić z moim gołym tyłkiem i nowym strojem poprawić sobie samopoczucie. Uznałem, że spódniczka jest tak beznadziejna, iż noszenie jej przypomina paradowanie z tablicą informującą, że jestem pośmiewiskiem. Ilekroć na nią spojrzałem, mówiła do mnie: „IDIOCIE SIĘ NIE UDAŁO!".

„Tylko jedna osoba, Ed, może zmienić stan gry. Tylko jedna osoba może ci poprawić samopoczucie i dać ci kopa, którego potrzebujesz". Podniosłem się z ziemi i zdecydowałem, że zrobię coś, co sprawi mi przyjemność. Nie będzie to coś niezbędnego, żeby przetrwać albo poprawić jakość zdjęć. Zrobię coś dla siebie, co da mi zadowolenie. Ludzie uczący sztuki przetrwania koncentrują się – i słusznie – na potrzebach ciała, jednak w przypadku surwiwalu trwającego długi czas, nie można bagatelizować potrzeb umysłu. Pamiętajcie: ja wiedziałem, że moja próba skończy się po 60 dniach, a gdyby wcześniej coś się stało, łódź przypłynie po mnie w ciągu 24 godzin. O ile większym mentalnym obciążeniem jest sytuacja, kiedy nie ma się tej pewności?

Wiedziałem, że tym, co chcę zrobić, jest nowa spódniczka. Wiedziałem też, że tym razem zrobię dobrą – trwałą i taką, która będzie dobrze wyglądać. Muszlą naciąłem gałęzi ketmii i obiłem je tak, że kora zsunęła się niczym świeże wełniane skarpetki z dobrze natalkowanych stóp.

Przyszły pasek mojej spódniczki rozpiąłem pomiędzy dwoma drzewami i zacząłem do niego przymocowywać wstążki kory, które miały utworzyć spódniczkę.

Kiedy nabrała już trochę „ciała", przymierzyłem ją. Chciałem, żeby sięgała za kolana, ponieważ paski kory będą wtedy wystarczająco ciężkie, by dobrze się układać. Chciałem „upakować" je na tyle gęsto, by spódniczka wszystko zasłaniała, zapewniając mi jaki taki komfort i poczucie, że jestem człowiekiem cywilizowanym. Po mniej więcej trzech godzinach intensywnego skupienia, a zarazem spokojnego i konstruktywnego działania, powstała spódniczka, z której byłem bardzo zadowolony.

Nowa spódniczka – niczym nowa fryzura – wprawiła mnie w stan irracjonalnego zadowolenia z samego siebie. Zrobiłem coś, co nie tylko dobrze wypełniało swoją funkcję, ale w dodatku dobrze wyglądało, a sam proces produkcji przebiegł w atmosferze skupienia. Czułem, że teraz naprawdę mogę się wszystkim zająć. Odzyskałem pancerz, który wszyscy nosimy na co dzień, i byłem bardzo zadowolony, czując, że znowu mnie chroni.

Sprawdziłem „destylarnię", ale wody przybyło bardzo niewiele. Zacząłem rozumieć dobowy schemat. Najwięcej wody otrzymywałem wczesnym rankiem, a najmniej po południu. Uświadomiłem sobie, że każdego dnia, gdy na skalną ścianę zaczynają padać promienie słoneczne, wyciek zaczyna wysychać. Musiałem więc korzystać z pierwszego drinka rano i kolejnego przed południem, zanim pojawi się słońce. Byłem zaskoczony, że dopiero teraz na to wpadłem. Muszę **zawsze** wypijać lub przelewać obie poranne porcje wody, bo po południu wyparuje.

Energię do działania czerpałem ze zjadanych każdego dnia 30 ślimaków i kilku kęsów galaretowatego kokosowego miąższu. Trochę kalorii – ale nie za wiele – miała też woda kokosowa, a po wykonanych przeze mnie pracach adaptacyjnych wyciek powinien mi codziennie zapewniać 1,2 litra słodkiej wody. Poza mżawką drugiego ranka jak dotąd porządnie nie padało, ale w razie deszczu będę miał okazję zebrać więcej wody.

W popołudniowym słońcu w jaskini było bardzo gorąco. Przyszło mi do głowy, że mógłbym rozpalić ogień, używając promieni słonecznych. Próbowałem je skupić za pomocą znalezionego wcześniej słoika po dżemie, który trzymałem nad wysuszonymi kokosowymi włóknami. Dno nie było jednak stożkowe ani wystarczająco gładkie i szybko stało się jasne, że w ten sposób nie uda mi się wytworzyć odpowiedniej ilości ciepła, aby cokolwiek zapalić. To było tak, jakbym próbował zapalić papierosa za pomocą ciepła spod pachy. Szybko pogodziłem się z porażką i zająłem się czym innym.

W tym dniu eksperymentów wypróbowałem także bambusową piłę ogniową (kolejna, wywodząca się z Azji technika rozniecania ognia wykorzystująca tarcie, odmienna od ogniowego pługa), ale w końcu doszedłem do wniosku, że bambus jest za suchy i za stary – był zbyt kruchy i nie mogłem przyłożyć odpowiednio dużej siły, więc z tym też dałem sobie spokój.

Z jakiegoś powodu postanowiłem spróbować wypleść matę z liści palmy kokosowej. Obserwowałem, jak robią to wyspiarze z Komo, i być może pomyślałem sobie, że jeśli się na tym skoncentruję, uspokoi mnie to, a zarazem zdobędę praktyczną matę do siedzenia i przykrywania się podczas snu. Problem polegał na tym, że nie umiałem tego zrobić. Próbowałem sobie przypomnieć, jak to robili wyspiarze, ale liście bez przerwy się rozplatały, a moja frustracja rosła. Udawało mi się jedynie wypleść mniejsze powierzchniowo „dachówki", którymi dałoby się przykryć dach szałasu. Mogły się przydać, gdybym zdecydował się zbudować dom.

Nieudana próba wykonania maty oznaczała trzecią porażkę na trzy podjęte próby. Kiedy znowu pojawił się niepokój, usiadłem w kamiennym kręgu i musiałem walczyć, żeby się całkiem nie rozsypać. Byłem na skraju paniki, w oczach zakręciły mi się łzy rozpaczy. Było mi bardzo smutno i czułem się niezmiernie samotny. Zrobiłem jedyną rzecz, jaką mogłem zrobić w tych okolicznościach: usiadłem i sam sobie przypomniałem, co tam robię, dlaczego to robię i kim jestem. Nikt mnie nie porzucił. To była moja decyzja i teraz musiałem uczciwie wziąć to na barki. Powoli odzyskiwałem panowanie nad sobą i w końcu wziąłem się w garść na tyle, żeby wstać, otrzepać tyłek z jaskiniowego pyłu i pójść po drewno na opał.

Pod koniec pierwszego tygodnia pobytu powinienem sprawdzić kondycję fizyczną, wykonując kilka ćwiczeń, które potem miałem powtarzać co tydzień. Na początek jak najwięcej podciągnięć na drążku i pompek bez obciążenia. Potem przysiady oraz wyciskanie z dwoma kamieniami wielkości melona. Na koniec sprint plażą, dotknięcie skały na drugim końcu i powrót sprintem. W tej sytuacji i w moim stanie nie chciałem zmarnować całej posiadanej energii.

Jak było do przewidzenia, biegłem ociężale. Wcześniej zmierzyłem dystans: 45 kroków w jedną i tyle samo w drugą stronę. Było to więc mniej więcej 140 metrów. Długość biegu mogła być dowolna, ponieważ celem było porównanie szybkości kolejnych biegów z pierwszym. Czy z czasem będę coraz wolniejszy?

Najtrudniejsze było utrzymanie na nagich ramionach kamieni, dla równowagi przyciśniętych do głowy. Kiedy zszedłem do przysiadu, miałem poczucie, że – biorąc pod uwagę okoliczności – robię coś bardzo dziwnego. Skończyło się na 18 przysiadach.

Prądy termiczne powoli wypiętrzyły kłębiące się nad morzem ciemne deszczowe chmury, a ja próbowałem przyciągnąć je nad wyspę siłą woli. Od czasu, gdy wyłożyłem muszle na deszczówkę, nie padało, więc desperacko potrzebowałem deszczu.

Zebrałem sześć dodatkowych liści palmowych, żeby osłonić się od wiatru, który, jak przewidywałem, musiał nadejść, a także trochę trawy. Nie było dla mnie teraz ważniejszej rzeczy niż zapewnienie sobie ciepłego i przytulnego miejsca do spędzenia nocy – no, może z wyjątkiem dużej dostawy słodkiej wody.

Zaledwie dwadzieścia minut po zapadnięciu zmroku zerwał się wiatr i zaczęło siąpić. Kiedy rozpadało się na dobre, jaskinię wypełnił monotonny szum. To była fantastyczna wiadomość, choć moja radość nie była pełna, kiedy zauważyłem, że zamokła cała przednia część jaskini, w tym połowa miejsca na ognisko. Na szczęście poza tym było sucho.

Deszcz skończył się tak szybko, że moje muszle ledwo zaczęły się napełniać. Wtedy jednak szum ponownie się nasilił i z suchego wnętrza jaskini mogłem obserwować, jak poziom wody w moich mini-basenikach znowu zaczyna się podnosić.

Intensywnego deszczu było w sumie najwyżej ze czterdzieści sekund. Ostrożnie zsunąłem się na dół po mokrej skale, opadłem na kolana obok muszli ze słomką i pustą dwulitrową butelką po wodzie Fiji w rękach. Nie chcąc uronić nawet kropli, schylałem się nad muszlą, przez słomkę wciągałem wodę do ust, a następnie wypuszczałem ją do butelki. Zassanie – przeniesienie – wypuszczenie. W ten sposób w ciągu pięciu minut napełniłem butelkę do połowy. Biorąc pod uwagę, że deszcz nie trwał nawet minuty, nie mogłem narzekać. Po raz pierwszy dysponowałem litrem słodkiej deszczówki i byłem uszczęśliwiony.

W zapadającym zmroku zabrałem się do moich dziesięciu ślimaków. Czułem, jak kawałki muszli drapią mnie w przełyku. Przy szóstym zebrało mi się na wymioty i zwróciłem wszystko na piasek. Bezmyślnie wpatrywałem się w wymiociny, które dla mnie oznaczały utratę wody i substancji odżywczych.

Horyzont otaczało magiczne ciemnopomarańczowe światło – odległe i pełne nadziei, przytłoczone ciężką, ciemną chmurą, która rozpostarła się nad moją głową. Tam, poza moim ponurym niebem, było pięknie i pomarańczowo. Natrętnie powracała myśl, że to miłość Amandy dociera do mnie z oddali.

Korzystając z tej nadziei i światła, próbowałem myśleć pozytywnie i zadałem sobie pytanie, co tego dnia zrobiłem. Wody było więcej, a na jej dostawach coraz bardziej można było polegać; miałem fantastyczną spódniczkę; eksperymentowałem z wyplataniem palmowych liści i choć nie udało mi się wypleść maty, byłem w stanie robić liściaste „dachówki" – i to było ważne. Ćwiczyłem (zostało mi tylko podciąganie na drążku, które zaplanowałem w Obozie Cytrynowym), jadłem kokosy i ślimaki… Rozproszyło mnie księżycowe światło, którego tej nocy było więcej. Czego jeszcze udało mi się dokonać? Eksperymentowałem z bambusową piłą ogniową i pewnie by mi się udało rozpalić ogień, gdybym tylko znalazł jakiś lepszy (mniej wyschnięty) bambus.

„Całkiem sporo!" – pokrzepiałem się. „Kroczek za kroczkiem. Przecież mam tyle czasu!". Odpłynąłem myślami i zapatrzyłem się w ciemność. „Nie martw się, Ed" – stwierdziłem w końcu. „Będzie dobrze".

ROZDZIAŁ 3

OGIEŃ

𝍸 II

Poranek – dzień siódmy. Gdzie mój kamień?" – burknąłem, skrobiąc siódmą kreskę na ścianie jaskini. „Nikomu bym nie polecił tej sypialni. Jak tylko się ruszę, wszystko się ze mnie zsuwa, a ponieważ dno jaskini jest pochyłe – zjeżdża dalej w dół". Zadrżałem z zimna i moje słowa zamieniły się w komiczny bełkot, który mnie samego rozśmieszył. Uświadomiłem sobie, że właśnie uznałem za zabawne to, że w nocy cholernie zmarzłem i było mi niewygodnie! To był dobry znak: poczucie humoru mnie nie opuszczało.

Miałem świeżą ranę pod drugim palcem lewej stopy. Nie mogła się zagoić, bo bez przerwy była pełna piasku i brudu zaścielającego dno jaskini. Kiedy zgiąłem palce u stóp, poczułem, że całe ścięgno daje lekkie uczucie bólu. To był niepokojący symptom. Nie miałem czym opatrywać ran. Przemywałem je morską wodą, licząc na to, że wszystko będzie dobrze. Zastanawiałem się, czy szkodzą im kozie odchody i skalny pył. Ciekawe, jakimi chorobami można się zarazić od kóz. Wąglikiem? Było już jednak trochę za późno, żeby się tym przejmować.

Poprzedniego dnia nie robiłem kupy, ale zaczęło mi się zbierać. Miejmy nadzieję, że nie będzie wybuchowa. Miło było wstać ze świadomością, że czeka na mnie zapas słodkiej wody, i przełknąć poranny łyk. „Drogi Edwardzie, możesz dalej stękać do kamery – pomyślałem, śmiejąc się – albo iść postękać gdzie indziej". „No, faktycznie – czas na wypróżnienie".

Mój beztroski nastrój oraz skłonność do autoironii sprawiły, że postanowiłem to sfilmować. „Mr Whippy! Super!" – rzuciłem do kamery.

„Mr Whippy – wyjaśniłem międzynarodowej widowni – to rodzaj lodów, które wychodzą z automatu i układają się w waflowym rożku w zgrabny świderek". Mr Whippy wyszedł dość twardy – to dobrze.

Mógłbym zrezygnować z tych niekończących się opisów defekacji, ale było to dla mnie źródło informacji o zasadniczym znaczeniu w świecie, w którym byłem ich całkowicie pozbawiony. Poranne oględziny stały się dla mnie okazją do oceny stanu zdrowia. Poza tym, jeśli tego dotąd nie zauważyliście, to nie był nadmiernie „cywilizowany" eksperyment. Pominięcie najbardziej podstawowych funkcji organizmu pozwoliłoby spuścić zasłonę milczenia na to, o czym większość ludzi nieszczególnie lubi słuchać, ale moja opowieść byłaby wtedy niepełna. W moim świecie wszystko było na wierzchu – dosłownie – a zgryzoty związane z wypróżnieniem stanowiły jego istotną część.

Wyszczerzyłem zęby w uśmiechu. „Ale się nadąłem!" – zażartowałem do kamery. Kiedy już to z siebie wyrzuciłem, stałem na plaży nieco oszołomiony, podczas gdy moje organy wewnętrzne mościły się w wolnej przestrzeni, jaką pozostawiła moja – pusta teraz – okrężnica. „A właśnie – woda".

Butelka „zainstalowana" przy wycieku nocą nieco się przechyliła, przez co sączek dotykał jej brzegu i woda w większości spływała na zewnątrz, a nie do środka. Zostało około 400 mililitrów – nie tak tragicznie, ale musiałem bardziej uważać.

Przelałem 400 mililitrów do większej, dwulitrowej butelki i na nowo założyłem sączek. Choć ostatniej nocy nie padało, moje zapasy się powiększyły, bo poprzedniego dnia nie musiałem wypić wszystkiego, co miałem. W ciągu dnia wypiję całe 1,2 litra. Pociągnąłem zdrowy łyk. Miała dziwny smak – słonej, oślizłej skały.

Za pośrednictwem notatki pozostawionej w skrzynce kontaktowej poproszono mnie, bym dokonywał „dostaw" dwa razy w tygodniu – nie tylko we wtorek, lecz także w piątek. To była spora niedogodność, bo w ten sposób musiałem przeznaczyć na logistykę kilka dodatkowych godzin. Powód był taki, że Steven Ballantyne miał na Komo problem ze zgraniem na twardy dysk wszystkich dostarczonych we wtorek zdjęć, tak by już w czwartek można je było wysłać do Anglii. Dodatkowa „dostawa" pozwoliłaby mu bardziej równomiernie rozłożyć pracę. Nie byłem do końca pewien, dlaczego mam się dostosowywać do życzeń Stevena. To on dostawał trzy wielkie posiłki dziennie i spał w łóżku, ale zgodziłem się, bo lubiłem te przymusowe spacery i wiedziałem, że w ten sposób mu pomogę. Miałem wrażenie, że przemieszczanie się wywiera korzystny wpływ na moje zdrowie psychiczne, podobnie zresztą jak świadomość, że stać mnie na luksus pomagania innym. Podczas tych wypraw mogłem też uzupełniać zapas bambusa wyrzucanego przez morze oraz niewielkich orzeszków, uznałem więc, że zawsze warto się tam wybrać. Nigdy nie wiadomo, na co się człowiek natknie.

Kiedy się nad tym wszystkim zastanawiałem, jakby na potwierdzenie moich wniosków zauważyłem na ziemi sporego kraba pustelnika, który przebiegał przede mną z lewa na prawo. Uniosłem go za skorupę, chcąc pokazać do kamery, a on, ku memu zaskoczeniu, wykonał awaryjną ewakuację: „wyskoczył" na ziemię, a ja zostałem z pustą muszlą w dłoni. Ponieważ nie miałem jeszcze ognia, nie mogłem go przyrządzić, zostawiłem go więc obok pustej muszli, mając nadzieję, że będzie się mógł do niej z powrotem wprowadzić, gdy minie szok wywołany spotkaniem z białym niezdarnym olbrzymem.

Kiedy w drodze powrotnej minąłem Odległe Drzewo i zacząłem schodzić zachodnim zboczem, usłyszałem beczenie kóz dobiegające z plaży, z okolic jaskini. Zacząłem wrzeszczeć, żeby je wystraszyć: „Zostawcie w spokoju moją pościel!". Kiedy dotarłem do jaskini, ich już nie było, a podściółka pozostała nietknięta. Musiałem im pokazać, że to teraz **moje** terytorium. Patrząc na to z perspektywy czasu, uświadomiłem sobie, że gdybym ich nie przeganiał, łatwiej byłoby mi je później chwytać.

Nadal koncentrowałem się na rozniecaniu ognia i wypróbowałem podkładki z trzech różnych gatunków drewna. Przez cały ranek robiłem w nich wycięcia i ociosywałem bambus na nową piłę ogniową. Nie wyglądały obiecująco, ale musiałem próbować w nadziei, że w końcu natknę się na odpowiednie drewno. Każdy obrabiany przeze mnie kawałek zwiększał moją wiedzę na temat gęstości, stopnia wysuszenia i stopnia rozkładu drewna. Kolejne niepowodzenia uświadamiały mi stopniowo, czego w pierwszym rzędzie powinienem szukać.

Nie rezygnując z żadnej z dostępnych opcji, chciałem także udoskonalić łuk ogniowy. Docisk (ładna muszla, którą znalazłem na plaży) za bardzo wrzynała się w wierzchołek świdra, powodując tarcie tam, gdzie nie powinno go być i spowolniając całe urządzenie. Kiedy umieściłem w niej zakrętkę z butelki jako gładszą, wewnętrzną panewkę, zestaw zaczął działać znacznie lżej.

Niepokojące było to, że kończyły się ślimaki. Było jasne, że nie powinienem się uzależniać od jednego źródła pożywienia, jednak tej nauki nie przyjąłem z zadowoleniem, ponieważ ślimaki były dla mnie głównym źródłem białka, a ich zasoby dotąd wydawały się niewyczerpane. Czy to był koniec sezonu na ślimaki? A może wszystkie zjadłem? Czy populacja się odtworzy? Dwa kroki naprzód i krok w tył...

Są w życiu takie chwile, że się po prostu wie, że to są właśnie te chwile. Chwile, które śpiewają z ciemności głosem prawdziwym i czystym, które wibrują wewnątrz ciała tak, że się wie, że są ważne. Przyglądałem się mało atrakcyjnemu, poskręcanemu drzewu z ciemną sękatą korą i nieokreślonymi, owalnymi liśćmi. Rosło na skraju plaży mniej więcej 20 metrów od jaskini. Codziennie musiałem obok niego przechodzić z dziesięć razy. Zmrużyłem oczy i uśmiechnąłem się. Nie byłem do końca pewien, czy mam głośno dać wyraz swym nadziejom, żeby nie zapeszyć, choć byłem przeświadczony – **wiedziałem** – że to prawda.

„Tangalito" – zniżyłem głos niemal do szeptu. „Użyję metody pługa, którą pokazał mi Rama, żeby sprawdzić, czy się osmali. Jeśli to jest to drzewo, o którym mówili mi na Komo, nie da się wyrazić, ile to dla mnie znaczy". Te wyważone słowa nawet w połowie nie wyrażały tego, co się we mnie działo. Wiedziałem, że to wszystko zmienia. Właściwie zdążyłem się już pogodzić z tym, że zapomniałem, jak wygląda tangalito, i sprawdzałem każde stare drzewo. Przy tym jakby coś stało i wskazywało na nie zieloną flagą. Rozgrzałem się, kiedy użyłem całej swojej masy, by złamać sporą gałąź.

Byłem tak mocno przekonany, że mam rację, że obchodziłem się z tym drewnem jak z antyczną wazą, która wymaga szacunku i delikatności. Wiedziałem, że dysponując dobrze działającym ogniowym łukiem, użyję właśnie tej metody. Nie było zresztą odcinków na tyle długich i prostych, by zrobić świder ogniowy. Wziąłem dwa kawałki, jeden zaparłem o skałę, a drugim zacząłem energicznie trzeć w przód i w tył, jakbym drapał swędzące miejsce po ukąszeniu komara. Rzeczywiście, bez wielkiego wysiłku z mojej strony drewno się osmaliło i pojawiła się wąska strużka dymu. Mogłem użyć tej metody, testując pozostałe rodzaje drewna, w jakie wcześniej udało mi się zaopatrzyć, ale za późno to sobie uświadomiłem. Mogłem sobie zaoszczędzić kilka dni żłobienia i strugania – wystarczyło zastosować wiedzę, którą dysponowałem.

Okorowałem świder grubości cygara i przyciąłem go na odpowiednią długość. Następnie obu końcom nadałem kształt idealnych, okrągłych kopuł. Wiedziałem, że staranność się opłaci. Rozszczepiłem podkładkę i obie połowy wyłożyłem na słońcu. Drewno było świeże, więc sądziłem, że będzie potrzebowało kilku dni, aby wyschnąć. Dziś, pamiętając, że już wcześniej udało mi się je osmalić, nie jestem pewien, czy to było niezbędne, ale wtedy chciałem zrobić wszystko jak należy. W tym drewnie pokładałem wszelkie moje nadzieje. Gdyby mi się udało, zmieniłoby to na dobre całą moją egzystencję.

Podczas gdy kandydat numer jeden sechł, ja eksperymentowałem z bambusem, po raz kolejny próbując metody piły ogniowej. Od początku podszedłem do tego eksperymentu spokojnie i na luzie, ponieważ w odwodzie miałem tangalito. Nigdy wcześniej nie używałem bambusa do rozniecania ognia, ale znałem ogólne zasady, więc postanowiłem spróbować i zobaczyć, co z tego wyjdzie. Jak się uda – super. Jak nie – znowu się czegoś dowiem o materiałach i metodach.

Podczas wcześniejszej próby bambus pękł, ponieważ był za cienki. Ten był lepszy, ale z jakiegoś powodu nie byłem w stanie wytworzyć dostatecznej ilości ciepła, żeby uzyskać żar. Przy okazji przekonałem się jednak, że to najlepszy materiał na hubkę, jaki dotąd udało mi się znaleźć, więc kiedy nie miałem już wątpliwości, że mój ogniowy pług nie jest godzien tej nazwy, wsunąłem drobiny bambusa w środek kłębka kokosowych włókien. Dowiedziałem się czegoś nowego na temat metody, a doskonaląc hubkę, zwiększyłem szanse na rozpalenie ognia. Mimo że nie udało mi się go jeszcze rozniecić, to kiedy spojrzałem na schnące na słońcu kawałki drewna tangalito, byłem zadowolony, że owocnie i konstruktywnie spędziłem dzień.

Praca w cieniu jaskini i skupienie się na jednym zadaniu podziałały na mnie uspokajająco. Pomału uczyłem się, co zwiększa moją pewność siebie, a co budzi niepokój. Kiedy słońce nieco się obniżyło i po raz kolejny wypełniło jaskinię złotym blaskiem, rozparty na cinesaddle, z kamerą w ręku podsumowałem moją aktualną sytuację.

Było takie miejsce, a ja byłem w stanie tam dotrzeć, gdzie nie było konfliktu, gdzie wszystko przebiegało bez zakłóceń i wydawało się na swoim miejscu. W tym momencie nie byłem w tym konsekwentny, jednak dobrze było wiedzieć, że mogę wyjść poza zamęt i szaleństwo i dostroić się do mego bardziej czystego i spokojnego ja. Nie rozumiałem, co to wszystko znaczy, ale cieszyło mnie moje wieczorne samopoczucie, a także to, co udało mi się tego dnia osiągnąć. Praca rąk tak mnie nastroiła, że udało mi się otworzyć oczy i zauważyć tangalito, obok którego przechodziłem od kilku dni.

Pozwoliłem sobie odpłynąć myślami przez ocean do Amandy i dzieci. Mam niezwykłą, niepowtarzalną narzeczoną. To pół-Japonka, pół-Brytyjka o figurze modelki i ruchach tancerki; jej siłą jest spływająca po smukłych plecach błyszcząca grzywa czarnych włosów. Ze względu na żelazny charakter i umiejętność stawiania czoła wszelkim problemom nazwałem ją „Wzniesiona pięść" – od jednej z postaci „Tańczącego z wilkami"[23]. Ten przydomek doskonale oddaje jej zaangażowanie we wszystko, co uważa za słuszne. Amanda zjawiła się moim życiu mniej więcej trzynaście miesięcy wcześniej i miałem nadzieję, że już zawsze będziemy razem. Miała dwoje pięknych dzieci i bardzo za nimi tęskniłem. Bardzo tęskniłem.

W gasnącym świetle dnia łza potoczyła mi się po policzku. Czułem się największym szczęściarzem na ziemi.

Obudziłem się z ciałem napiętym od leżenia w brudnej jaskini, z chrzęstem rozruszałem zesztywniały kark. Powróciły zmartwienia związane z moją sytuacją i znowu poczułem ukłucie niepokoju.

Kiedy nacisnąłem „OK" na lokalizatorze, rozpaczliwie chciałem coś dodać – wykrzyczeć, że jestem samotny i że mi smutno. Chciałem, żeby ktoś się dowiedział, w jakiej jestem rozpaczy, ale tylko bezwolnie patrzyłem, jak urządzenie wysyła rutynową wiadomość, by zaraz wyłączyć wąskie przejście łączące mnie z resztą świata.

Kiedy poczułem skurcz żołądka, od razu wiedziałem, co się za chwilę stanie. Nie myśląc nawet o założeniu spód-

23 Ang. „Stands-with-a-fist" – postać odtwarzana w filmie przez Mary McDonnell.

niczki, zsunąłem się po skale i ruszyłem w stronę morza. Atak biegunki zaczął się, zanim jeszcze zdążyłem dobiec do wody, więc zostawiłem za sobą na piasku wstydliwy ślad. Nie miałem sił, by utrzymać równowagę, siedząc w kucki, więc klęczałem na czworaka na mokrym i zimnym piasku. To było żałosne. W tej pozycji czułem się jak stary schorowany pies. Chcąc oszczędzać energię, a jednocześnie zwiększyć stabilność, oparłem się na łokciach, podczas gdy kolejne fale bolesnych skurczów kończyły się poniżającym wypróżnieniem. Z głową opartą na zimnym piasku zastanawiałem się, jak ktokolwiek może się zgłosić na ochotnika, żeby przeżyć coś takiego. Co jest ze mną nie tak?

Kiedy podmywałem się w nieprzyjemnej morskiej wodzie, poczułem, że skóra między pośladkami wyschła i popękała. Wracałem, powłócząc nogami, jakby do każdej z nich był przywiązany ciężki worek. To był nieomylny znak niedożywienia i odwodnienia.

Przez godzinę naprawiałem „kołdrę". Debiutancki model był bardzo nieudolny. Nie wpadłem na to, że warstwy trawy uwiązanej do pasków kory powinny na siebie nachodzić niczym cegły w murze, więc tam, gdzie w jednym miejscu kończyło się wiele wiązek, powstały słabe punkty, a teraz ziały tam dziury. Byłem pewien, że „kołdra" nie przetrwa wielu niespokojnych nocy. Dawała ciepło, ale czy warto było poświęcić tyle czasu na jej przygotowanie? Zapisałem to po stronie doświadczenia – cóż mi zostało, jak nie uczyć się na błędach?

Ostatecznie zajęło mi to cały ranek. Cholera! Próbowałem argumentować sam przed sobą, że dobry sen to grunt, ale i tak łajałem się w duchu za to, że nie zrobiłem tego od razu jak należy. To niezwykłe: coś, co w każdej innej sytuacji można byłoby zrozumieć i wybaczyć, staje się niemal zbrodnią, kiedy próbujemy przetrwać zdani tylko na siebie.

W końcu rzuciłem „kołdrę” w kąt, choć połatałem ją jedynie bardzo z grubsza. Musiałem coś zjeść i czegoś się napić.

Kiedy sprawdziłem wyciek, skonsternowany przekonałem się, że tego dnia podczas drugiej tury udało się „utoczyć” do butelki zaledwie 150 mililitrów. Najwyraźniej wyciek był coraz mniej wydajny, a jedyne wytłumaczenie, jakie przychodziło mi do głowy, było dosyć niepokojące: od mojego przybycia nie spadł większy deszcz (ani razu nie padało dłużej niż minutę) i wody gruntowe wysychały.

Cenne 150 mililitrów przelałem do dwulitrowej butelki, a sam wypiłem marne 100 mililitrów z górnego rezerwuaru. Niższe zagłębienie było suche.

Nadal czułem się fatalnie. Straciłem dużo wody i nie miałem jej czym uzupełnić. Lekarze i specjaliści od surwiwalu są zgodni, że jedną z przyczyn mojej choroby było bez wątpienia codzienne jedzenie surowych ślimaków. W skrajnych przypadkach, kiedy straci się dużo wody, czemu towarzyszy utrata soli, można popaść w śpiączkę i umrzeć z powodu obrzęku mózgu. U mnie symptomy były łagodniejsze: apatia, drażliwość, bezwład i trudności w podejmowaniu decyzji.

Palące słońce zaczęło mi przypiekać odsłonięty tors, przypominając, że szybko muszę się jakoś zabezpieczyć. Nowa tyczka do strząsania kokosów była dobre dwa metry dłuższa od poprzedniej, a więc była też dużo cięższa. Kiedy wlokłem się po plaży, szukając odpowiedniej palmy, poczułem, że sztywnieją mi nogi, jakbym połknął miskę cementu.

Stanąłem pod palmą, na której orzechy były w moim zasięgu, i manipulowałem tym nieporęcznym narzędziem niczym masztem flagowym. Tyczka ważyła pięć razy więcej niż poprzednia.

Trzymałem jej grubszy koniec oburącz powyżej piersi i niczym kulomiot próbowałem pchnąć ją w górę, w kiście zielonych kokosów, mając nadzieję, że uda mi się któryś strącić. Była jednak za ciężka, a moje nieporadne pchnięcia za słabe. Byłem za słaby, żeby strącić choć jeden orzech.

„Nie ma kokosów... Chce mi się pić... w dodatku jestem wykończony... bo przez cały ranek naprawiałem »kołdrę«... która i tak jest w strzępach... a teraz panikuję... bo potrzebuję wody... a zmarnowałem dużo czasu i energii...".

Panika nabrała pędu, wywołała chaos w głowie i eksplodowała z ust przeciągłym okrzykiem rozpaczy: „KURRRWA MAĆ!".

Wrzask działa czasem jak zawór wydechowy, uwalniając bałagan, który masz w sobie, a ja nie miałem innego sposobu, żeby wydalić z siebie negatywną energię.

„KURRRWAAA!" – wrzasnąłem znowu.

Zawsze twierdziłem, że będę próbował przejść przez wszystkie wzloty i upadki dzięki temu, że będę się starał pozostać wierny poczuciu własnego ja, tymczasem to był ósmy dzień, a mnie nie opuszczało przeświadczenie, że jestem nieudacznikiem. Miałem problem nawet ze znalezieniem wody, nie mówiąc już o realizacji surwiwalowych priorytetów wymagających większego stopnia zaawansowania, takich jak rozniecenie ognia. Użalałem się nad sobą, a jednocześnie wyrzucałem sobie, że tak żałośnie wszystko chrzanię. Nie pamiętam, żebym kiedykolwiek wcześniej był tak zdołowany.

Życiowa konieczność zobaczyła, jak leżę na piasku, i dała mi porządnego kopa. Nie miałem wyjścia – musiałem działać, bo musiałem pić. Wolno przeniosłem się nieco dalej i sprawdziłem dwie kolejne palmy. Z ostatniej spadł jeden zielony kokos – był pusty. Oparłem się na tyczce, żeby się nie przewrócić. Nigdy wcześniej nie czułem się tak zdesperowany.

Nic jednak nie trwa wiecznie. Ostatnia palma okazała się niższa i nie musiałem się tak wyciągać, żeby sięgnąć kilku zielonych jaj. Łup – spadł jeden, potem drugi i trzeci. W końcu dobrałem się do jednego z owoców i chciwie wypiłem słodki płyn, jakby to była czysta energia życiowa, jakby do mego umierającego ciała wlewała się płynna miłość.

Satysfakcja podszyta była jednak lękiem. Miałem świadomość, że to ostatnie dostępne kokosy po tej stronie wyspy. Nie mogłem użyć dłuższej tyczki, bo bym jej nie udźwignął. Wypiłem zawartość drugiego orzecha, a trzeci zabrałem do jaskini.

Przepiękna wyspa na Oceanie Spokojnym w archipelagu Fidżi. Tropikalny raj z piaszczystymi plażami otaczającymi dziewiczy las. Idylliczny świat bez drapieżników, jadowitych węży, w którym jest niewiele komarów, za to mnóstwo ryb. Dlaczego nikt tam nie mieszka? Powiem wam dlaczego: bo tam NIE MA CHOLERNEJ SŁODKIEJ WODY. Okresami na wyspie jest mniej wody, niż potrzeba do utrzymania przy życiu jednego dorosłego mężczyzny. Dlatego właśnie nikt nie mieszka i nigdy nie mieszkał na Olorui.

Wróciłem do jaskini i rozglądałem się za jakimś zajęciem, które nie wymagałoby ode mnie wydatkowania dużej ilości energii. Doszedłem do wniosku, że popołudnie to odpowiednia pora na struganie, więc wziąłem kilka kawałków drewna tangalito. Używając muszli różnej wielkości, zacząłem drążyć w podkładce wgłębienie, w którym mógłby się oprzeć świder. Musiałem się rozwijać. Musiałem rozpalić ogień.

Kiedy słońce zeszło nad horyzont, próbowałem się wysikać. To był krótki ciemnożółty „strzyk". Musiałem odchylić głowę, gdy w nozdrza uderzył mnie gryzący odór. Na ten radosny symptom odwodnienia zareagowałem natychmiastowym spakowaniem kamery. Pieprzyć to całe filmowanie. Żeby naładować akumulatory, obszedłem wyspę dookoła, wykorzystując ostatnią godzinę złocistego światła. Nie znalazłem wody. Na Plaży Bravo zlokalizowałem za to ostatnią palmę, z której mogłem zerwać kokosy za pomocą mojej tyczki.

Choć stolarka i wieczorny spacer trochę mnie uspokoiły, po powrocie nie było mi dane zjeść kolacji. Ponieważ racjonalne myślenie zaczęło u mnie szwankować, oderwałem nogę od surowego kraba i próbowałem ją w siebie wmusić, mimo że wcześniej uparcie twierdziłem, że nie będę ryzykował jedzenia surowych krabów. Cierpka masa o rybnym posmaku, wędrując w dół przełyku, wywołała wymioty i cała zawartość mojego żołądka znalazła się na plaży. W tym dniu wypiłem wodę z trzech kokosów, 900 mililitrów słodkiej wody i zjadłem dwadzieścia ślimaków. Na skutek braku rozwagi większość tego, co wcześniej skonsumowałem, wsiąkała teraz w wilgotny piasek. Byłem słaby, chciało mi się rzygać i miałem poczucie, że jestem żałosny.

卌 ||||

Strumień uryny na krótką chwilę wytrysnął złocistym łukiem ponad skałami, sięgając znajdującego się poniżej mokrego piasku. „Dziewiąty dzień, pierwsze siku” – skrzywiłem się do kamery, inaugurując w ten sposób filmową kronikę oddawania moczu, która miała mi pomóc monitorować odwodnienie.

W wycieku było jeszcze mniej wody niż poprzedniego dnia. Kiedy sprawdziłem jej stan po raz pierwszy, pomyślałem, że sączek przestał działać. Rozpaczliwie potrzebowałem płynów, więc wypiłem wodę z górnego rezerwuaru, a zawartość butelki – tym razem **tylko 200 mililitrów** – zostawiłem na później. Zawiedziony zatęskniłem za filiżanką herbaty lub shakiem bananowym. To była prawdziwa tortura.

Postanowiłem zrobić wykop poniżej sporego drzewa, które wyrastało z wyraźnej szczeliny w skale niedaleko wycieku. Uznałem, że drzewo musi korzystać z wody, która spływa szczeliną, więc być może poniżej poziomu gruntu znajdę pod piaskiem kolejny wyciek. Na czworakach wykopałem za pomocą muszli dół tak wielki, że cały mogłem się w nim schować. Myliłem się – skalna ściana była sucha.

Oczyściłem „poletko" pokryte wielkimi muszlami, by w razie deszczu nie było w nich liści ani piasku. „Przybądź deszczu!" – zaklinałem niebo, które wróżyło raczej ładną pogodę.

Słońce już prawie ukończyło swój codzienny rytualny łuk, kiedy postanowiłem wykonać jeszcze kilka wykopów na plaży w pobliżu Obozu Cytrynowego. Wypływało tam kilka mikroskopijnych strumyczków i chciałem je sprawdzić pod kątem zawartości soli. Kiedy doły wypełniły się wodą, pozwoliłem jej się ustać.

Woda była teraz najważniejsza. W porównaniu z nią ogień wydawał się nieistotnym luksusem. Bez większej ilości wody nie zdołałbym przetrwać. Zostało tylko kilka kokosów, do których byłem w stanie dosięgnąć. Wliczając w to palmę, którą odkryłem poprzedniego wieczora podczas spaceru wokół wyspy, z dłuższą tyczką przetrwałbym być może jeszcze trzy dni.

Spróbowałem wody po godzinie. Nadal była słona – zbyt słona by można ją było pić. Nie nazwałem jej słonawą, bo nie jestem pewien, czy w ogóle był tam jakikolwiek dodatek słodkiej wody. Strumyczki prawdopodobnie tworzyła morska woda, która podczas przypływu wsiąkała w wyżej położone części plaży. Musiałem wyglądać na kogoś bardzo zdesperowanego, kiedy na czworakach chłeptałem wodę z wykopanych w piasku dołów, sprawdzając jej zasolenie, ale tego dnia wypiłem tylko 200 mililitrów słodkiej wody i wydawało mi się, że to może coś dać. Miałem inne wyjście?

„Sprawdziłem każdą rysę w każdej skale. Spróbowałem wody z każdej strużki wypływającej z każdej dziury na tej pieprzonej wyspie, która jest jak suszona śliwka". Jak spadnie deszcz, wszystko będzie OK. Ale to był już dziewiąty dzień i jak dotąd padało przez niecałą minutę. „Mam wrażenie, jakbym przez cały dzień pił słoną wodę. Nie przychodzi mi do głowy żadne rozwiązanie. Po prostu go nie znam" – westchnąłem.

W drodze powrotnej znalazłem mnóstwo „brody starca"[24] – porostu świetnie nadającego się na podpałkę. Mogłem nim uzupełnić przygotowaną wcześniej hubkę – jego bardzo cienkie i suche gałązki bez trudu zajęłyby się od żaru.

Jeszcze cenniejszym znaleziskiem były dwie rośliny taro[25], które zauważyłem na polanie. To była fantastyczna wiadomość, ponieważ taro jest jadalne. Pędy były nieduże (miały po około 30 centymetrów), więc postanowiłem je zostawić. Niech podrosną. Odkrycie zdopingowało mnie do dalszej eksploracji i przeczesałem cały północny kraniec wyspy w poszukiwaniu jadalnych roślin i korzeni. Nic nie znalazłem. By nie stracić orientacji, przez cały czas pilnowałem słońca i cieni. Poruszałem się bardzo wolno – głód i pragnienie sprawiały, że byłem bliski letargu.

Ponieważ znajdowałem się wysoko ponad północnym

---

24 Brodaczka (łac. *Usnea*).

25 Kolokazja jadalna (łac. *Colocasia esculenta*).

cyplem, ruszyłem z mozołem wzdłuż zachodniego brzegu (patrząc na mapę – lewą stroną) do miejsca tuż ponad skalnym cyplem oddzielającym moją plażę od Plaży Bravo. Przez cały czas utrzymywałem wysokość co najmniej 30 metrów nad poziomem morza i od czasu do czasu mogłem rzucić okiem na zgrabną rafę koralową otaczającą wyspę na podobieństwo pierścieni Saturna. Chciałem osiągnąć najwyższy punkt na wyspie, więc z cypla ruszyłem pod górę w głąb lądu, wzdłuż bocznej grani. Kiedy zrobiło się stromo, musiałem wciągać się do góry, chwytając się gałęzi krzaków. Szczyt okazał się nierównym, skalistym skrawkiem ukrytym w gęstej plątaninie jakichś kolczastych roślin. Znowu żadnego widoku.

Gdybym nie był tak rozstrojony, pewnie rozśmieszyłaby mnie paralela między tą sytuacją a moim stanem mentalnym: wypruwałem sobie flaki, żeby dotrzeć tam, skąd będę miał jakiś widok, a wokół widziałem jedynie splątane zarośla. Las był ucieleśnieniem *ngan duppurru*. Miałem bazę na plaży z najpiękniejszym widokiem na świecie – musiałem tylko oddychać i mieć otwarte oczy – a mimo to przedzierałem się przez gęstą dżunglę w poszukiwaniu lepszego widoku. Przyszło mi do głowy, że może jestem uzależniony od walki.

Ze szczytu ruszyłem na południe. Przypadkiem znalazłem na ziemi zielony kokos, więc wypiłem wodę, zjadłem trochę miąższu, a resztę wyrzuciłem. Wtedy uderzyła mnie myśl, że nie jestem już tak wygłodniały jak wcześniej. To był dziewiąty dzień, dlaczego więc nie pochłaniałem wszystkiego, co wpadło mi w ręce? Tego dnia moja dzienna racja to zaledwie 200 mililitrów wody i zawartość tego kokosa. Nie jadłem ślimaków – nie mogłem na nie patrzeć. Kiedy podniosłem wzrok na korony drzew, wszędzie wokół ujrzałem palmy kokosowe. Zielona „boja" pośród brunatnego poszycia uświadomiła mi, że dotąd szukałem kokosów wyłącznie na brzegu morza. Oczywiście wnętrze wyspy także w przeważającej części było usiane palmami. Tak oto moja własna głupota duchowi memu dała w pysk.

Południowy kraniec wyspy ostro wcinał się w morze i przypominał przecinek. Zobaczyłem rafę i usłyszałem rozbijające się o nią fale. Płytkie wody laguny miały barwę turkusu i były tak przejrzyste, że zauważyłbym w nich rekina nawet z odległości 300 metrów. Miałem wrażenie, że dostrzegam na dnie każde ziarno piasku.

Zawróciłem, chcąc odnaleźć trzeci szczyt. Ruszyłem wzdłuż wschodniego brzegu wyspy (prawa strona na mapie) i natrafiłem na coś w rodzaju naturalnego „amfiteatru". Natychmiast uświadomiłem sobie, że tworzy on zlewnię, której najniższy punkt musi stanowić Obóz Cytrynowy. Ten widok sprawił, że po raz pierwszy ukształtował się w mojej głowie całościowy obraz wyspy. Miałem wyobrażenie jej topografii, choć taro już nie znalazłem.

Ruszyłem w dół, w kierunku Obozu Cytrynowego, żeby zweryfikować wcześniejsze przypuszczenia. Czasem żałowałem, że nie posprzątali wyspy przed moim przybyciem. Znajdowałem różne rzeczy pozostawione przez wyspiarzy podczas wypraw po owoce. Nie mogłem udawać, że ich nie widzę. Tym razem zacząłem deliberować nad starą zieloną bluzą z długim rękawem, która leżała na pół przysypana ziemią na skraju Obozu Cytrynowego. Najwyraźniej ktoś ją wyrzucił – była wiekowa i dziurawa. Kiedy delikatnie wyjąłem ją z ziemi, przekonałem się, że zdążyły w nią wrosnąć setki malutkich korzonków. Bez dwóch zdań było to bardzo cenne znalezisko. Mogłem w niej pójść na ryby nawet w południowym słońcu, a nocą ogrzewałaby mnie.

Wtedy pojawiły się skrupuły. Serial, który realizowaliśmy dla Discovery Channel, miał w tytule słowo „nagi”[26]. Czy w takim razie mogę się ubrać? Z surwiwalowego punktu widzenia nie było się nad czym zastanawiać, ale to nie był jedyny punkt widzenia, jaki musiałem wziąć pod uwagę. Kręciłem serial telewizyjny we własnej reżyserii, który od tego momentu zasadniczo zmieniłby swój charakter, ponieważ od pasa w górę nie byłbym już nagi. Samodzielnie wykonana spódniczka z trawy to jedno – ale zielona bluza z długim rękawem? Choć nie byłem do końca przekonany, przyjąłem ją jako dar od wyspy.

W drodze powrotnej spostrzegłem trzy beczące w słońcu kozy. Nadal uważałem, że łatwiej będzie mi je kiedyś upolować, jeśli wcześniej choć trochę je ze sobą oswoję. Musiałem uśpić ich czujność, napełnić je fałszywym przeświadczeniem, że z mojej strony nic im nie grozi, żeby potem – a kuku! – zabić którąś na kolację. Postanowiłem odezwać się spokojnym głosem, żeby wiedziały, że tam jestem, a jednocześnie nie potraktowały mnie jak drapieżnika. Przemowa przypominająca czytanie dziecku pozwoliła mi zbliżyć się do nich na trzy metry. Wtedy uciekły.

Kiedy dotarłem do Odległego Drzewa, po raz pierwszy poczułem, że mam w głowie mapę całej wyspy. Znałem już trzy najwyższe kulminacje terenu, „amfiteatr” i żleb prowadzący do Obozu Cytrynowego, a także widok plaż i górujących nad nimi zboczy. Zdobycie orientacji w terenie sprawiło, że wyspa utraciła część swej złowrogiej tajemniczości. No i chwała Bogu.

Kiedy wyszedłem spośród drzew, a źrenice dostosowały się do ostrego porannego światła, dotarło nagle do mnie,

---

26 Tytuł oryginalny: „Naked and Marooned” (dosł.: „Nagi i porzucony” lub „Nago, z dala od świata”).

że na plaży coś się zmieniło. Kiedy człowiek wyczuje, że w domu był złodziej, zmysły się wyostrzają i pojawia się stan podwyższonej gotowości.

Ślady na piasku. Mnóstwo śladów. Kozy. Kiedy to zobaczyłem, pobiegłem w stronę jaskini. Pod moją nieobecność kozy odważyły się zajrzeć na moją plażę. Byłem ciekaw, czy wlazły do jaskini i czy – być może – dałoby się którąś schwytać.

Kiedy okrążyłem Ślimaczą Skałę, która dzieliła moją plażę na dwie części, tropy były wszędzie, jednak samych kóz nigdzie nie było widać. Odciśnięte w miękkim piasku ślady nie zaprowadziły mnie do jaskini, lecz dalej. „Woda!" – zauważyłem odruchowo.

Kozy przewróciły butelkę, do której zbierałem wodę. Leżała zdeptana w piasku, a obok leżał sznurek służący mi za sączek. Rano przelałem 200 mililitrów do większej butelki, którą zakręciłem, więc nic się jej nie stało, ale wszystko, co zebrało się podczas mojej nieobecności, poszło na marne.

Siorbnąłem trochę wody z piaskiem, która uchowała się w skalnym wgłębieniu, po czym odbudowałem instalację. „Muszę się położyć. Idę do jaskini" – rzuciłem do kamery. To był akt kapitulacji.

Trudno opowiedzieć, jak bardzo dręczył mnie problem wody (co zresztą działo się za moim przyzwoleniem). Dopuszczałem do siebie myśl, że z tego powodu nie uda mi się przetrwać na wyspie. Dzisiaj myślę, że dałbym radę. Sądzę też, że to był podstęp mojego umysłu, który dopiero dziś zaczynam rozumieć. To dawało mi wymówkę, pozwalało zrzucić z siebie odpowiedzialność za własną sytuację, pozwalało obarczyć winą coś innego.

Dziś, kiedy to piszę, wiem, że powinienem bez nerwów uciąć dłuższą, lżejszą tyczkę i zebrać więcej zielonych kokosów, pogwizdując przy tym „Whistle While You Work"[27] i wszystko byłoby w najlepszym porządku. Wtedy nie chodziło jednak jedynie o nawodnienie. Kiedy problem się pojawił, samorzutnie stał się czymś, co miało odwrócić moją uwagę – batalią, w którą się miałem uwikłać, wojną toczącą się w mojej głowie. Miał odwrócić moją uwagę od prawdy. Jakiej? Że musiałem być odpowiedzialny; że musiałem przyjąć na siebie odpowiedzialność i samemu o siebie zadbać; że nic nie powinno podkopywać mojej wiary w siebie, bo żeby sobie poradzić, musiałem sobie ufać.

Odosobnienie zbierało już swoje żniwo, a ja zamiast stawić temu czoło, umykałem w przerażeniu. Potrzebowałem czegoś, na co mogłem się wściekać. Tę rolę odegrała właśnie woda. Powinienem, rzecz jasna, uświadomić sobie, że tylko ja sam mogę sobie pomóc i przyjąć na siebie pełną odpowiedzialność za sytuację z wodą. Nie zrobiłem tego. Przestałem się kontrolować i natychmiast wszedłem w rolę ofiary niesprzyjających okoliczności. Winą za złe planowanie obarczyłem ekipę produkcyjną. Nawet w pogodzie widziałem osobistego wroga. Wszystko to po to, żeby nie musieć spojrzeć prawdzie w oczy i nie musieć wziąć spraw w swoje ręce. Niepohamowany gniew nie pozwolił mi należycie odebrać tej prostej lekcji, której właśnie udzielało mi życie.

Było już dobrze po południu, kiedy postanowiłem – sam nie wiem dlaczego – że zbuduję sobie szałas. Mój stan umysłu nie pozwalał na właściwą ocenę sytuacji, więc bez namysłu rzuciłem się budować dom. To miało być coś w rodzaju biwaku zuchowego z lichymi tyczkami i kiepskim

27 Piosenka pochodząca z wyprodukowanego w 1937 roku przez Walt Disney Animation Studios filmu animowanego pt.: „Snow White and the Seven Dwarfs" (Królewna Śnieżka i siedmiu krasnoludków). Muzyka: Frank Churchill, słowa: Larry Morey.

pokryciem dachu. Wycięcie tyczek, przygotowanie wiązań z ketmii i zespolenie całego szkieletu zajęło mi cztery godziny. Pod wieczór miałem już też koło sześciu „dachówek" wyplecionych z palmowych liści, którymi miałem zamiar pokryć szałas. Sklecona naprędce, niedokończona budowla był mała i ledwo trzymała się kupy.

„Kurde, chyba mi odbija" – przyznałem do obiektywu w chwili względnej jasności umysłu. „Ale mam w połowie zbudowany szałas, na który poświęciłem strasznie dużo czasu". Było mi piekielnie zimno. Wył wiatr wiejący od strony plaży. Nadchodziła burza, a ja byłem zmęczony i nieszczęśliwy.

Już na pierwszy rzut oka widać, że próbowałem być konstruktywny. Chciałem zrobić coś, co poprawiłoby mi nastrój, na co mógłbym potem patrzeć i pękać z dumy. W nagłym olśnieniu pojąłem, dlaczego musiałem przejść Amazonię. „Zapomnij, Ed, jak na tym skończysz, nie będziesz się rozwijał, nie staniesz się odpowiedzialny". Pomysł, że jeszcze tego samego dnia mógłbym się tam przenieść, był niedorzeczny. Zostawiłem gówniany szałas i przybity wróciłem do jaskini.

Przecież potrzebowałem kokosów i przez te cztery godziny mógłbym je spokojnie zbierać w głębi lądu. Nie zrobiłem tego. Wcześniej zjadłem co prawda dwadzieścia ślimaków, ale potrzebowałem węglowodanów. Na samą myśl o ślimakach zrobiło mi się niedobrze; czułem, że przy kolejnej porcji zwymiotuję.

Wtedy mnie rąbnęło. „Chyba naprawdę jestem chory. Niech to szlag... Czuję się okropnie, a przede mną jeszcze pięćdziesiąt dni". Strasznie mi się odbijało – miałem w środku uwięzione powietrze. Choroba natychmiast stała się kolejnym usprawiedliwieniem własnej nieudolności.

To przecież nie była **moja** wina, że byłem chory. To przecież niezależne ode mnie. Gdzieś tam w środku wiedziałem, że dwa miesiące na wyspie to nic w porównaniu z 860 dniami wędrówki przez Amazonię, ale samotność i nagość sprawiały, że to było jak wieczność. Użalałem się nad sobą i chwytałem się każdego pretekstu, który pozwoliłby mi uniknąć tych 50 dni.

„Jestem wykończony, gonię resztkami sił" – jęczałem. „Muszę coś zrobić, żeby mieć dosyć wody i jedzenia". Zrzucając całą winę na wodę, ustawiałem siebie w pozycji kogoś, kto nie ma na to wpływu. „Bez wody nie ma życia" – panikowałem. Chciałem iść spać, chciałem wykrzyczeć całe szaleństwo i poplątanie tego świata... a to była dopiero pora lunchu.

„OK, Ed, musisz nad tym wszystkim zapanować. Przyhamuj. Zrób coś praktycznego". Wreszcie przyznałem, że budowanie szałasu w tym momencie, gdy w dodatku miałem do dyspozycji jaskinię, było błędem. To i tak nie powinna być wysoka pozycja na liście priorytetów.

Proste rzeczy. Drobne zadania. Zielona bluza. Uczepiłem się myśli, że jakiś sukces zmniejszy frustrację związaną z brakiem wody. Najwyraźniej nie chciałem stawić czoła temu problemowi, który powinienem rozwiązać w pierwszym rzędzie. Łatwiej było mi zrzucać na niego winę za wszystko. Z poczuciem, że robię coś niezwykle praktycznego, wyprałem znalezioną bluzę w morzu. Musiałem się z nią obchodzić bardzo delikatnie, ponieważ znoszony materiał był cienki jak papier i pełno w nim było malutkich dziurek. Ostrożnie usunąłem wszystkie korzonki, starając się nie nadwerężać i tak już śmiertelnie chorej garderoby. Po wypłukaniu lekko ją wyżąłem i rozwiesiłem na gałęzi, żeby wyschła w łagodnym wieczornym słońcu. Byłem zaskoczony, jak bardzo rozwieszenie prania może podnieść na duchu. Jaka to uspokajająco zwykła czynność. Wtedy trzeba było wrócić do rzeczywistości, a tu moja sytuacja nie zmieniła się ani na jotę.

Zaciągnąłem wielką tyczkę na Plażę Bravo, żeby zebrać więcej zielonych kokosów. W nowym otoczeniu, mając przed oczami inny widok, próbowałem zrobić sobie kapelusz z palmowego liścia. Na YouTube wyglądało to na dość proste. Trzeba rozszczepić liść, przyciąć na długość równą obwodowi głowy, zapleść i połączyć końce, tworząc coś w rodzaju owalnej korony. Początkowo wszystko szło dobrze, ale doszedłem do punktu, kiedy wszystkie końcówki musiałem przeciągnąć przez centralny otwór, żeby zrobić rondo. Za nic nie mogłem sobie przypomnieć kolejnego kroku. Każda improwizacja kończyła się rozpadem całości. Byłem zbyt zmęczony, żeby zrobić to dobrze i po półtorej godziny dałem spokój. „Może po prostu wsadzę sobie na głowę bluzę, którą dziś znalazłem, będzie dobrze" – zasugerowałem przygnębiony.

Kiedy bluza wyschła, przymierzyłem ją. Zrobiłem młynka wyprostowanymi rękami. „Ubranie!". Materiał na nagiej skórze – luksus i dekadencja. Gapiłem się w wyświetlacz kamery, w którym widziałem siebie w ciuchach. Rozmiar był w sam raz. „Chwała Bogu, że ci wyspiarze z Fidżi to wielkie sukinsyny".

Sprawdziłem wyciek, choć nie oczekiwałem zbyt wiele. Tak jak przewidywałem, butelka była prawie pusta. Słońce, które teraz zbliżało się już do horyzontu, unieruchomiło mój system, gotując go przez całe popołudnie. Przed snem próbowałem przełknąć dziesięć surowych ślimaków. Te były trochę inne, miały większe i ciemniejsze muszle, a na ich ciele wyróżniał się zielony mięsisty odcinek. Przy pierwszym się zakrztusiłem, a przy szóstym zacząłem wymiotować. Wymiotowałem dotąd, aż żołądek wyrzucił z siebie cały płyn z pięciu orzechów kokosowych. Straciłem źródło nawodnienia. Znowu.

Kiedy wróciłem do jaskini, wpadłem – pewnie na skutek wymiotów – w refleksyjny nastrój. „Wiecie co? Już nigdy niczego nie będę przyjmował za pewnik. Mam wspaniałe życie. Mam wspaniałe życie. Ale to nie jest wspaniałe – mówiąc to, zachichotałem. – Ten kawałek mojego życia z pewnością nie jest wspaniały".

Uśmiechnąłem się i przyłapałem się na tym. „Czemu się śmiejesz, idioto?". Czarny humor nadal mnie bawił. „Eeee – mam nową koszulkę!". Miałem na sobie bluzę i było mi w niej naprawdę dobrze: trochę cieplej, trochę wygodniej, a przede wszystkim – normalniej. Powiedziałem wcześniej, że będę ją oszczędzał na ryby, ale nocą było zimno – bardzo zimno – więc bluza stała się też moją piżamą.

𝍸 𝍸

Wraz z triumfalnym poprzecznym pociągnięciem dopełniającym drugi z kolei blok pięciu kresek na ścianie jaskini osiągnąłem wynik dwucyfrowy. Wiedziałem jednak, że dziesięć dni to zaledwie ułamek tego, co mnie jeszcze czekało.

„Witajcie, dzień numer dziesięć" – rzuciłem rzeczowo do kamery. Nie spałem wiele, ponieważ noc była bardzo wietrzna.

Podsycałem tlącą się gdzieś tam w zakątkach mojego

umysłu iskierkę nadziei, że moje problemy rozwiąże wykopanie studni. Jako geograf stwierdziłem, że jeśli na wyspie w ogóle jest słodka woda – musi być pod ziemią. Wyspa była za mała na rzeki, ale po opadach deszczu woda z pewnością zbierała się w określonych miejscach. Jedyna ewidentna zlewnia tego rodzaju, którą udało mi się zlokalizować, znajdowała się we wschodniej części wyspy, w okolicach Obozu Cytrynowego. Zlewnia to teren, który swym ukształtowaniem przypomina misę lub amfiteatr. Woda, która w postaci deszczu spadnie w granicach zlewni (działu wodnego), siłą grawitacji spływa do najniższego punktu. Jeśli moje przeczucia były trafne, poniżej Obozu Cytrynowego – w najniższym punkcie, w którym zbierała się woda – powinien się znajdować niewielki naturalny rów. Postanowiłem poszukać go przed południem.

Po wejściu do lasu zacząłem się wspinać. Trudno mi było powstrzymać się przed melodramatycznymi komentarzami na temat braku sił. Moje ciało było jak z ołowiu i w trakcie przejścia (standardowy czas to teraz czternaście minut) cztery razy musiałem opaść na zaścielające ziemię liście i doładować baterie na tyle, żeby móc się podnieść i ruszyć dalej. Znowu pojawił się dotkliwy głód. Przejście zabrało mniej więcej pięćdziesiąt minut.

Po drugiej stronie wyspy, w Obozie Cytrynowym, znalazłem stary koszyk upleciony z palmowych liści. Mogłem do niego zbierać owoce morza. Zjadłem sześć orzeszków przypominających wafle. Byłem przekonany, że to kokosy wywołują u mnie torsje, ponieważ gdy tylko wypiłem zawartość jednego z nich, poczułem się okropnie.

Mając plażę za plecami, ruszyłem na lewo od Obozu Cytrynowego, w dół obniżenia terenu, i po minucie byłem w miejscu, gdzie teren wznosił się po obu stronach. Spojrzałem między drzewami w głąb lądu i rzeczywiście znajdowałem się w bardzo płytkim, niemal niewidocznym, zarośniętym rowie pełnym zwalonych drzew.

Postanowiłem posuwać się nim w głąb wyspy, aż znajdę najbardziej dogodne miejsce do wykopania studni. Przeciskałem się pomiędzy drzewami i przedzierałem przez leżące na ziemi konary. Dwadzieścia metrów dalej znalazłem to, czego szukałem. Duży poziomy korzeń utworzył tu coś w rodzaju skarpy, pod którą uformowała się niewielka (wyschnięta teraz) sadzawka. Dno obniżenia pokrywało kilka warstw dużych kamieni. Opadłem ciężko na kolana i, klęcząc w glinie, odrzucałem je na bok jeden po drugim. Potem zacząłem pogłębiać rów gołymi rękami – po obluzowaniu kolejnych osadzonych mocno w glinie kamieni, odrzucałem je na bok. Im mniej spoista stawała się glina, tym większą miałem pewność, że kopię we właściwym miejscu. Wyszarpując jej rozmiękłe grudy za pomocą kija i rąk, zdołałem wykopać w tym wyschniętym korycie rzecznym sześćdziesieciocentymetrowy dół.

Wiedziałem, że glina prawie nie przepuszcza wody, więc nie mam szans dokopać się do lustra wód gruntowych. Cząsteczki ziemi były za bardzo zbite, by woda mogła przez nią przeniknąć. To oznaczało, że mojej studni nie napełni wyciek wód gruntowych i prawdopodobnie będę musiał poczekać na deszcz. Z drugiej strony, ta sama właściwość powinna zagwarantować, że całość spełni rolę wielkiego kubła na wodę. Deszczówka spłynie po zboczu, zbierze się w rowie i przy odrobinie szczęścia wypełni dół.

Choć nie dokopałem się do lustra wód gruntowych, miałem teraz większą wiedzę na temat hydrologii wyspy oraz dysponowałem nową metodą zbierania deszczówki, pozwalającą gromadzić ją na dużo większą skalę, niż mógłbym wcześniej uznać za możliwe. Pieprzyć muszle – teraz mogłem zebrać opad z powierzchni równej nowojorskiemu Central Parkowi.

Jeśli tylko spadnie deszcz...

Z powrotem szedłem jeszcze wolniej. Myślę, że za którymś razem, kiedy osunąłem się na ziemię, prawie zapadłem w sen. Znowu zaczęła mnie ogarniać apatia. „Nie zależy mi". Przypomniały mi się zasłyszane gdzieś opowieści o himalaistach na Evereście, którzy poddawali się, siadali i biernie czekali na śmierć. Wyczerpanie i brak tlenu sprawiały, że przestawali przejmować się śmiercią – w porównaniu z dalszym marszem wydawała się kuszącą alternatywą. To skojarzenie pozwoliło mi spojrzeć bardziej obiektywnie na własną sytuację, która rzecz jasna nie była tak tragiczna. To zmobilizowało mnie do działania.

Rozłupałem brązowy kokos, w którym było sporo mlecznego płynu. Wmusiłem w siebie trochę białego miąższu, a nad morzem zebrałem garść ślimaków. Po przełknięciu pierwszego oślizłego mięczaka zrobiło mi się niedobrze. Po drugim po raz kolejny gwałtownie zwymiotowałem wszystko na piasek. Stałem jak ogłuszony, wpatrując się w znany mi już dobrze widok zalegających na plaży wymiocin (pożywienie i płyny z całego dnia).

Niczego się nie nauczyłem.

Po powrocie do jaskini było mi zimno i czułem się bezradny. Z powodu wymiotów nie mogłem patrzeć na kokosy, a kiedy próbowałem przełknąć trochę oślizłego mięsa, znowu zbierało mi się na pawia.

„Może czas wziąć antybiotyk?" .

Długa przerwa na zastanowienie.

Jeśli chciałem mieć nadzieję na to, że przybędzie mi sił, musiałem zwalczyć biegunkę i wymioty. „Może tak. Wszystko mi jedno. Otworzę apteczkę". Nie zależało mi już na powodzeniu projektu i dokończeniu serialu. W tym stanie oba zagadnienia wydawały mi się czymś surrealnym i wydumanym. Otwarcie zestawu ratunkowego oznaczało, że nie udało mi się przetrwać, bazując wyłącznie na tym, co znalazłem na wyspie. Byłem jednak chory i osłabiony, i było mi po prostu wszystko jedno. Wziąłem na raz pięć tabletek metronidazolu – dawkę zabójczą dla każdego szkodliwego bakcyla, jaki mógł się kryć w moich jelitach.

W tym stanie obwinianie innych to dla mego splątanego umysłu nadal był jedyny sposób radzenia sobie z tą trudną sytuacją. Przenosiłem frustrację na zewnątrz, a obok gniewu pojawił się teraz u mnie rodzaj paranoi. Jak **oni** mogli być tak głupi, żeby zostawić mnie na wyspie bez solidnego źródła wody? Czy to **ich** niekompetencja, czy tylko niedbalstwo? Czy oni nie nabijają się teraz ze mnie? Palanty. Czy mogę ich pozwać, jak to się skończy jakąś chorobą?

Ta strategia, którą przyjmowałem całkowicie nieświadomie, pogłębiała jeszcze poczucie, że nie mam żadnego wpływu na to, co się ze mną dzieje. Nie mogłem już przecież zmienić tego, co oni wcześniej narobili. Przyjąłem rolę ofiary i potrafiłem tylko użalać się nad sobą. Nie byłem w stanie sprawić, że spadnie deszcz, byłem coraz bardziej rozzłoszczony i coraz bardziej obojętnie podchodziłem do samego surwiwalowego projektu. W końcu i tak nie miałem na nic wpływu. W poczuciu absolutnej bezsilności perspektywa porażki nie robiła na mnie najmniejszego wrażenia, więc przez całe popołudnie nie zrobiłem nic, co przybliżyłoby mnie do rozpalenia ognia. Leżałem w jaskini, powtarzając sobie, że to tylko strata czasu, bo i tak nic mi się nie uda.

Niebo pociemniało, jakby chciało się dopasować do mego ponurego nastroju. Z południowego zachodu przywiało jasnoszarą mgiełkę mżawki. Skojarzenie nastroju ze złą pogodą musiało jednak ustąpić, kiedy zobaczyłem, jak przygotowane przeze mnie muszle wypełniają się wodą. To była **słodka woda**. Nawet najgłębsza depresja nie zdołałaby stłumić podniecenia, jakie wywoływał we mnie widok kropel deszczu eksplodujących niczym bomby w moich przypominających ceramikę „wanienkach". Deszcz ustał po dziesięciu minutach, a ja wziąłem słomkę i za pomocą tej samej techniki „zassij–wypluj", której użyłem szóstego dnia po czterdziestosekundowym deszczyku, zebrałem ponad litr wody. Zakręciłem butelkę i zaniosłem do jaskini.

Wczołgałem się na mój pokryty odchodami skrawek „podłogi" i okryłem osłabione ciało suchą trawą. Cudownie było leżeć i nie musieć wydatkować energii. Choć do zapadnięcia zmroku pozostawało jeszcze pół godziny, zamknąłem oczy i powiedziałem sobie, że przecież nic nie trwa wiecznie. Miałem wodę. Kolejny dzień musiał być lepszy.

Próbowałem wyryć na ścianie jedenastą kreskę, ale ponieważ zająłem już całą dostępną płaską powierzchnię, kolejne znaki nie były już rozpoznawalne jako takie. Zresztą, jak już oswoiłem się z obsługą kamer, postanowiłem ustawić datę i godzinę, więc ten prymitywny „kalendarz" i tak nie był mi już do niczego potrzebny. Cholera, co **powinienem** robić – co **oni** chcieliby, żebym robił? Miałem zamiar wykorzystać wszystko, czym dysponowałem, żeby jakoś przetrwać ten koszmar.

Zrobiłem szybki przegląd stanu zdrowia. Objawy chorobowe zelżały – może zadziałał antybiotyk. Zauważyłem dwulitrową butelkę. „Miło obudzić się z taką ilością wody. Zapomniałem, że wczoraj padało".

Zszedłem do muszli. W nocy znowu padało, więc znaną już metodą uzupełniłem zapasy. „To wyjątkowa chwila" – promieniałem do kamery. „Całe DWA LITRY deszczówki!". A jeszcze nawet nie sprawdziłem wycieku na skale – razem z górnym rezerwuarem dał kolejne 600 mililitrów.

„Pij do woli, Edwardzie! He, he, he" – rechotałem.

To był dzień „dostawy", więc wyruszyłem wybrzeżem do Obozu Cytrynowego. Chciałem zobaczyć, jak się sprawuje nowo wykopana studnia. „Woda – nowa energia" – stwierdziłem, odczuwając dobroczynne skutki nawodnienia. „Mam nadzieję, że to koniec problemów z wodą, bo mam ich już powyżej uszu".

Zostawiłem pełne karty i wyczerpane baterie, a potem pełen nadziei poszedłem sprawdzić wykopaną dzień wcześniej studnię. Przeciskałem się przez krzaki z takim uczuciem, jakbym miał w kieszeni los na loterię i wiedział, że wypadną moje numery. Rzeczywiście, kiedy zajrzałem do owalnego wykopu w ziemi, zobaczyłem odbicie własnej twarzy w lustrze brunatnej wody. „To działa! Cholera, działa!" – wrzasnąłem w gęstwinie do każdego żywego stworzenia, jakie mogło mnie usłyszeć. Tak jak przewidziałem, deszczówka z wieczornego i nocnego opadu spłynęła z najdalszych zakątków zlewni, lecz tym razem zamiast zniknąć w oceanie, została w mojej studni.

Miałem ze sobą pięć plastikowych butelek z zakrętkami. Zanurzałem je jedną po drugiej, słuchając cichego dźwięku uchodzących brązowych bąbelków powietrza, podczas gdy one napełniały się wodą. Mógłbym napełnić więcej – gdybym je tylko miał. W wodzie unosiło się mnóstwo osadu z gliny, ale wiedziałem, że po odstaniu będę mógł delikatnie zlać czystszy płyn. Pod względem nawodnienia organizmu rzeczy wyglądały teraz znacznie bardziej obiecująco.

Podczas wcześniejszej wizyty znalazłem na polanie dwie rośliny taro. Ta występująca w całej południowo-wschodniej Azji roślina ma duże strzałkowate liście i bogate w skrobię jadalne bulwy w smaku przypominające ziemniaki. Zacząłem ostrożnie przekopywać wilgotną ziemię ostrym kijem w poszukiwaniu następnego posiłku.

Byłem mile zaskoczony, kiedy wydobyłem cztery bulwy wielkości ziemniaków. Główny pęd przesadziłem w nadziei, że znowu wyda plon. Powrót do jaskini, podczas którego w każdej ręce niosłem po dwie bulwy taro, wydawał się bardzo lekki. Węglowodany – co za wspaniałe znalezisko! Miałem rzecz jasna kokosy, które – tak przynajmniej wcześniej sądziłem – miały być dla mnie podstawowym źródłem węglowodanów podczas pobytu na wyspie, jednak z jakiegoś powodu nie dawały mięśniom siły. Po powrocie do realnego świata Google'a miałem się dowiedzieć, że miąższ orzecha kokosowego to w 89 procentach nasycone tłuszcze. Nie był to więc najlepszy wybór z punktu widzenia odbudowywania w organizmie zapasów glikogenu. Natomiast taro – jak najbardziej.

Po powrocie ustawiłem butelki do odstania. Stanęły w równym szeregu na naturalnej skalnej półce w tylnej części jaskini. Znalazłem dwie kolejne wyrzucone przez ocean japonki. Nadawały się do użytku, a ochrona, jaką dawały moim stopom, była dla nich prawdziwym błogosławieństwem. Czasem, kiedy musiałem w nocy wstać na siusiu, ledwo stałem. Obolałe podeszwy stóp ciągle przypominały mi, że to, czy przetrwam na tej wyspie, ciągle nie jest przesądzone.

Znalezienie źródła węglowodanów pobudziło mnie do działania. Nie chciałem marnować czasu, siedząc na tyłku w jaskini. Wziąłem plastikową butelkę, których miałem teraz mnóstwo, i usiadłem w cieniu, żeby przygotować pułapkę na ryby. Znałem teorię i wiedziałem, że nie będzie trudno zastosować ją w praktyce. Kiedy jednak próbowałem objaśnić wszystko do kamery, zacząłem się jąkać, dobierając słowa, bo nawet proste sformułowania były teraz dla mnie prawdziwym wyzwaniem. Jeśli urządzenie okaże się skuteczne, dzięki zwiększonym ilościom białka i tłuszczom omega mój mózg znowu zacznie lepiej pracować. Musiałem odciąć zwężający się koniec butelki, żeby uzyskać dwie części – lejek i zamkniętą z jednej strony tubę. Muszla była za duża i zbyt tępa, żeby dało się nią ciąć plastik. Zardzewiałe wieczko od puszki, które kilka dni wcześniej znalazłem w Obozie Cytrynowym, też nie było wystarczająco ostre. Ostatecznie rozerwałem butelkę zębami. Nie wyglądała najładniej, ale przynajmniej miałem teraz potrzebne części. Westchnąłem, nieco rozbawiony moim niezdarnym wytworem. Lejek, jaki utworzyła górna część butelki, wsunąłem dolną szyjką do środka. Otrzymałem w ten sposób pułapkę, której szerokie początkowo wejście zwężało się do niewielkich rozmiarów. Ryby będą mogły wpłynąć do środka, lecz ponieważ nie grzeszą inteligencją, większość nie znajdzie drogi powrotnej.

Kiedy maszerowałem 200 metrów plażą, niosąc moją pułapkę przypominającą mały plastikowy więcierz do połowu homarów, pogwizdywałem „The Sun Always Shines on TV" zespołu A-Ha. Wybrałem wypełnioną wodą zatoczkę otoczoną wielkimi czarnymi skałami, które rozłożyły się na południe od Plaży Alfa niczym stary drewniany statek osiadły na mieliźnie. Zbadałem ją wcześniej i wiedziałem, że zawsze pływa tam sporo pięcio-, siedmiocentymetrowych szprotek. Pozbawiłem skorup dwa ślimaki, które wcisnąłem do pułapki jako przynętę, a potem zanurzyłem butelkę pod wodę i ułożyłem na piaszczystym dnie na głębokości wyprostowanego ramienia. Słona woda sięgała po pachy, a małe rybki błyskawicznie podpłynęły do moich popękanych palców, licząc na przekąskę. Obciążyłem butelkę płaskim kamieniem i zadowolony z siebie – a zarazem pełen oczekiwania – wróciłem do jaskini.

Dotarło do mnie, że nawet w słońcu trzęsę się z zimna. Z gęsią skórką i sterczącymi z zimna włoskami na rękach ostrożnie zszedłem nad wodę, żeby umyć taro. Mógłbym wtedy pożreć wszystkie cztery bulwy na jedno posiedzenie i nadal byłbym głodny jak wilk, ale były surowe, a ja musiałem spróbować przedłużyć trwałość tak wartościowego pożywienia. Postanowiłem, że przez cztery kolejne dni będę zjadał po jednej bulwie dziennie, i wybrałem tę, która miała zostać skonsumowana od razu. Wyciągnąłem się na plaży, żeby oszczędzać energię i odgryzłem niewielki kęs. Surowe taro przełykało się łatwiej niż surowy ziemniak – może dlatego, że nigdy nie próbowałem jeść surowego ziemniaka. Kiedy byłem aż tak wygłodniały? Usta miałem pełne skrobi – nadal nie mogłem prawie nic przełknąć. „Niedobrze mi. Cokolwiek przełknę – robi mi się niedobrze”. Odchyliłem się do tyłu i wrzaskiem dałem upust irytacji: „Aaaaaa! Co się ze mną dzieje? Zejdź ze słońca, Stafford. Nie rób wiochy!”.

Powlokłem się z powrotem do miejsca, które nazwałem „Zatoczką we Wraku” (żadna lepsza nazwa nie przyszła mi do głowy) i zanurzyłem rękę w chłodnej wodzie. Kiedy plastik się z niej wynurzył, z zachwytem zobaczyłem kłębiące się wewnątrz brunatne rybki. W pułapce było siedem pięciocentymetrowych szprotek. Uśmiechnąłem się szeroko –

to była emocjonalna gratyfikacja za moje starania. To był najłatwiejszy połów w moim życiu i, co najważniejsze, mogłem go powtórzyć podczas **każdego** odpływu.

Euforia nie trwała długo – choć się starałem. Po powrocie do jaskini mniej więcej pół godziny zbierałem siły, leżąc z zamkniętymi oczami na podściółce z trawy. Kamerę umieściłem na drugim końcu dużej czarnej skrzyni Peli (hermetyczna plastikowa skrzynia, w której trzymałem sprzęt filmowy), bym mógł sfilmować patroszenie rybek zardzewiałym wieczkiem od konserwy. Choć miały najwyżej centymetr średnicy, mogłem na własne oczy zobaczyć prawdziwe mięso. Usuwałem zalegającą w ich wnętrznościach maź, delikatnie wyciskając ją palcami, aż tryskała z odbytu jak ropa z wielkiego syfa. „Szprotki" bardziej przypominały ślizy – ryby akwariowe, które pływają przy dnie i czyszczą żwirek pokrywający dno akwarium. „Wyglądają okropnie… i jedzą każde gówno" – objaśniałem ze śmiertelną powagą. Za każdym razem wycierałem palec o nogę, pozbywając się czarnych glejowatych bebechów, a potem wkładałem rybkę w całości do ust. Nieprzyjemnie chrzęściły w zębach, ale były smaczniejsze od surowych ślimaków i zawierały cenne substancje, takie jak kwasy omega czy białka wyższego rzędu.

Kiedy rybi tłuszcz przeniknął do mózgu i naoliwił jego zatarte trybiki, w dziale innowacji, który dotąd był nieczynny z powodu braku środków, rozbłysły światła, podniesiono rolety i pojawiła się wywieszka, że właśnie wznowili działalność. Trzymałem w brudnych palcach zardzewiałe wieczko od konserwy. Może się uda…

Nie mając ognia, nie mogłem ugotować taro, ale obrać ziemniak można na kilka sposobów. Oczyma wyobraźni ujrzałem duże, złociste, pieczone w piekarniku czipsy, kiedy

Powyżej: W całej okazałości. Olorua na zawsze pozostanie częścią mojej życiowej podróży.

Po prawej: Tłusty, biały olbrzym. Nagi czułem się jeszcze bardziej bezbronny.

Po lewej: Surowe ślimaki. Do dziś na ich wspomnienie robi mi się niedobrze. Nigdy więcej!

Powyżej: Udaję zadowolonego. W rzeczywistości byłem na siebie wkurzony za tę pierwszą, żałosną spódniczkę z trawy.

Po prawej: Wyciosany przeze mnie w skale system pozyskiwania wody z sączkiem ze sznurka i plastikowym zasobnikiem. Woda to życie.

Powyżej: Ze skalnej wychodni spoglądam w dół na moją plażę i na Zatoczkę we Wraku.

Po lewej: Czy to desperacja? Jem surowego gekona, z którego właśnie wycisnąłem kupę. Białko to podstawa.

Poniżej: Skalna wychodnia, a poniżej rafa koralowa. Wobec świata czułem się bardzo mały.

Powyżej: Ognisko. Ogień sprawił, że jaskinia stała się domem. To coś o wiele więcej niż kuchenka do gotowania.

Powyżej: Pomarańczowy to kolor Amandy. O zachodzie słońca łączyliśmy się myślami.

Powyżej: Jaskinia nocą. Ogień wszystko zmienił – ogrzewał i podnosił na duchu.

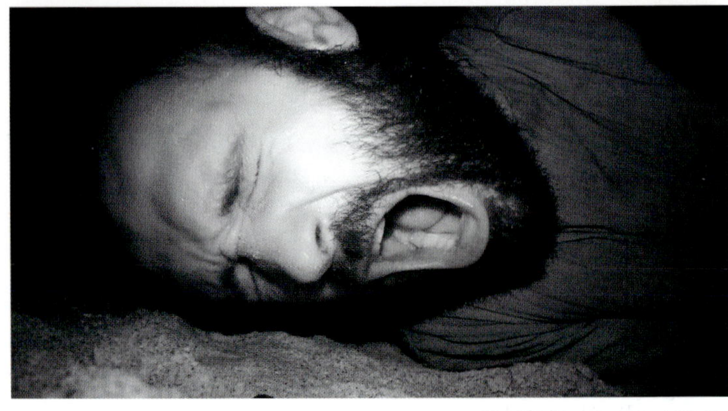

Po prawej: Wymówka, żeby uniknąć dalszych męczarni? Wtedy choroba wydawała się bardzo realna.

Powyżej: Początek szczęścia. Pracuję wolno, ciesząc się prostą czynnością, jaką jest wyplatanie strzechy.

Po lewej: Nowy dom. Dopieszczam szałas. Czas wyprowadzić się z jaskini.

Powyżej: Szałas, pożywienie, ogień i woda, ale moja twarz mówi wszystko – byłem rozpaczliwie samotny.

Po lewej: Tatuś był mój. Ważył pewnie ze 40–50 kilo.

Poniżej: Własnoręcznie zrobionym nożem porcjuję koźlinę do suszenia. Zamiast deski do krojenia – skrzynia Peli.

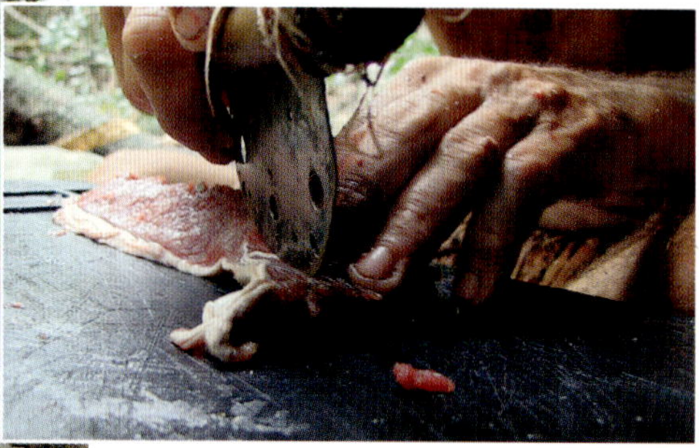

Powyżej: Wyśmienite. Po prostu wyśmienite. Koźlina jest tak miękka, że poradziłaby sobie z nią nawet moja bezzębna babcia.

Po lewej: Ewolucja od zwierzęcia do istoty ludzkiej: dzięki skórom jest mi ciepło i wygodnie.

Powyżej: Podstawa wyżywienia: kraby, bulwy i liście taro oraz trzydzieści ślimaków. Obiad był jednym z najprzyjemniejszych momentów dnia.

Powyżej: Zaczątek zrównoważonego modelu życia. Wiedziałem, że to dużo więcej niż ryba.

Powyżej: Znowu się udało: jestem szczęśliwy i bezpieczny. Zrobiłbym to jeszcze raz?

„Musiałoby mnie pojebać!"

za pomocą wieczka zacząłem odkrawać plasterek. Poszło świetnie i od surowej bulwy udało mi się oddzielić płaski, przypominający czipsa okrawek. No, po prostu geniusz.

Po skalnych stopniach zszedłem nad morze, trzymając w ręku tubę po żelu do włosów pełną plasterków taro. Po opłukaniu w morskiej wodzie, które – co było z mojej strony całkowicie niezamierzone – nadało im słonawy posmak, zaniosłem je na Ślimaczą Skałę, na której wypatrzyłem idealną, wystawioną na promienie słoneczne płaską skalną półkę powyżej linii zasięgu przypływu. Uśmiechałem się, układając starannie na czarnej skale to, co już niedługo miało się stać czipsami. Bawiło mnie to! Byłem podekscytowany! Odsunąłem się trochę, a palące słońce, które czułem na plecach, uświadomiło mi, że musi się udać.

W pyle zalegającym dno jaskini leżał – i kusił – prawie skończony świder ogniowy. Wystarczyło zrobić wycięcie na żar, więc usiadłem w popołudniowym słońcu i próbowałem coś zdziałać za pomocą tępej muszli, używając do tego wyłącznie siły własnych palców. Po kilku godzinach, kiedy słońce nie było już tak intensywne, wycięcie zaczęło nabierać kształtu. Kiedy już prawie nie czułem palców i przedramion, spojrzałem w kierunku skały i postanowiłem sprawdzić, co tam z kolacją.

Czipsy były gotowe. Jak rasowy gospodarz programu o gotowaniu odczuwałem potrzebę rozwodzenia się nad każdym szczegółem, żeby widzowie mogli jakoś uczestniczyć w mało telewizyjnym doświadczeniu, jakim jest smakowanie potrawy. „Są chrupiące, jadalne i słonawe” – tyle tylko zdołałem z siebie wykrzesać. Byłem podekscytowany, a nawet zadowolony z siebie. Choć nie miałem ognia, udało mi się przyrządzić taro, wykorzystując do tego ciepło promieni słonecznych.

„Wiecie co?" – rzuciłem do kamery. „Potrzebowałem dzisiaj czegoś takiego. Żeby coś mi się udało. Jest różnica między zjedzeniem paczki czipsów i zjedzeniem ziemniaka prosto z ziemi. Wy nie zjedlibyście ziemniaka prosto z ziemi". Mówiłem rzeczy oczywiste, żeby podkreślić moją cudowną metamorfozę. „Jestem zadowolony. Cholernie zadowolony".

Rzeczywiście byłem zadowolony. Zebrałem czipsy z powrotem do opakowania po żelu. Połowę kolacji miałem załatwioną.

Poszedłem do Zatoczki we Wraku, żeby sprawdzić, jak się sprawuje moja pułapka. Zbliżał się przypływ i nie chciałem jej stracić. Sięgnąłem do dna mojego wypełnionego błękitną wodą akwarium i wyciągnąłem butelkę z pięcioma kolejnymi rybkami. Miałem drugą połowę kolacji.

Zjedzenie głównego dania sprowadzało się do przyjęcia określonej dawki substancji odżywczych. Nie da się przecież czerpać przyjemności z jedzenia surowych ryb – z żucia ich tylko po to, żeby nadać im konsystencję pozwalającą przełknąć je z zamkniętymi oczami. Natomiast deser to była czysta przyjemność. Delektowałem się każdą słonawą, chrupiącą drobiną, jaką znalazłem w mojej paczce czipsów. Cały posiłek nie miał chyba nawet 300 kalorii, ale dla mnie to była prawdziwa uczta i już czułem w organizmie zbawienne skutki ryby z frytkami.

Kiedy sprawdziłem butelki z gliniastą wodą, przekonałem się, że na dnie każdej z nich odłożyła się mniej więcej dwucentymetrowa warstwa czystej gliny, ponad którą była przejrzysta woda. Ostrożnie zlałem z nich trzy litry czystej wody. Osadzoną w nich glinę, która miała konsystencję keczupu, wyłożyłem w porcjach do wielkiej muszli, planując użyć jej w przyszłości do ochrony przed słońcem. Była gładka jak krem i wiedziałem, że doskonale się nada.

Woda, filtr UV, ryba i frytki – nie najgorzej jak na jeden dzień. Zastanawiałem się, ile z tego zawdzięczałem zwykłemu szczęściu. Nie było łatwo, ale przemogłem się i zacząłem działać. To była nagroda. Wiedziałem, że muszę z tego wyciągnąć naukę. Jeśli mam przetrwać, muszę myśleć pozytywnie. Wiedziałem też, jakie to będzie trudne. Odpłynąłem w sen syty i pełen nowej nadziei.

Nadzieja i uczucie sytości, które zawdzięczałem kolacji składającej się z ryb i czipsów, towarzyszyły mi przez całą noc. Obudziłem się w pogodnym nastroju i spędziłem przyjemny poranek, obijając się w zacienionej jaskini. Wymieniłem cięciwę w łuku ogniowym: pełen supłów szary sznurek zastąpiłem nowym – mocniejszym, czarnym sznurkiem, który znalazłem na plaży przywiązany do wyrzuconego przez morze kawałka drewna. Łuk działał teraz równo, bez przeskoków. Udało mi się wypalić konkretną czarną dziurę w podkładce z drewna tangalito, w której zaczął się nawet formować żar. Jako docisku użyłem plastikowej zakrętki od butelki, ale nadal za bardzo się nagrzewała i parzyła mnie w dłoń. Postanowiłem zaostrzyć koniec świdra, co powinno zmniejszyć tarcie. Okazało się, że upchnięta w nakrętce przeżuta trawa zapewnia smarowanie i chłodzenie. Krótko mówiąc – choć może nie do końca zrozumiecie to, co powiem – miło spędziłem czas.

Kiedy po południu przeglądałem nakręcone wcześniej ujęcia, uświadomiłem sobie, że zmienia się moje podejście do bardziej czasochłonnych zadań. Na początku szybko panikowałem i w stresie podejmowałem pochopne decyzje. Zadowalałem się byle jakim wykonaniem, żeby tylko jak najszybciej przejść do kolejnego zadania. Teraz chichotałem na myśl o tym, jakie to niedorzeczne spędzić półtora dnia, robiąc muszlą dwucentymetrowe wyżłobienie w kawałku twardego drewna. Każde skrobnięcie tępą krawędzią usuwało mikroskopijną warstwę drewna i cały proces trwał w nieskończoność, ale ja się uśmiechałem: umiałem pogodzić się z tym, co było wcześniej, a teraz byłem już cierpliwy i staranny.

Wycięcie na żar (warstwa drewna w kształcie klina, którą należało usunąć, by miał się gdzie zebrać gorący drzewny pył) już prawie sięgnęło środka wypalonego przez świder wgłębienia. Zestaw, pozwolę sobie powiedzieć, był w zasadzie gotów.

Światło dnia obudziło mnie kopniakiem, ukradło mi sen i zostawiło poturbowanego i zdezorientowanego w brudzie jaskini. Ranek zaczynałem zawsze od rzeczy najprostszych, wymagających najmniejszego wysiłku umysłowego. Zadanie numer jeden: wydrapać kredowym kamieniem na ścianie jaskini zupełnie niepotrzebną kreskę oznaczającą trzynasty dzień pobytu. Mój umysł ziewnął i pierdnął – dzień trzynasty: miejmy nadzieję, że nie będzie pechowy.

Ubrany w spódniczkę zsunąłem się na plażę i ruszyłem na poranny zbiór ślimaków. Kiedy traktowałem je kamieniem, zatęskniłem za normalnością: za lodówką pełną świeżego jedzenia, tosterem, kanapką z bekonem i kubkiem słodkiej kawy. Usuwałem odpryski muszli z wilgotnych i oślizłych ciałek i połykałem je w całości, jedno po drugim, aż uznałem, że przyjąłem już wystarczającą porcję białka. Ponieważ mój umysł odzyskiwał spokój, dzięki wewnętrznej równowadze, którą właśnie w sobie odkryłem, mogłem skupić się na jednej czynności. Pozwoliłem sobie na chwilę refleksji o ślimakach. W którym momencie giną? Od uderzenia kamieniem? W ustach, czy dopiero gdy zanurkują w kwasie żołądkowym? Łyknąłem trochę gliniastej wody i wróciłem do mojego zakurzonego warsztatu na skale.

Zadanie na dzisiaj: dopracować łuk ogniowy. Po usunięciu niedoskonałości powinienem, teoretycznie rzecz biorąc, rozpalić ogień. Zreasumujmy: podkładka to względnie płaski kawałek drewna o długości mniej więcej 30 centymetrów, szerokości trzech centymetrów i grubości pół centymetra. Poprzedniego dnia zajmowałem się żłobieniem w podkładce klinowatego wycięcia na żar. Czy jest dość duże, żeby mogła się w nim zebrać kupka gorącego drzewnego pyłu, która po osiągnięciu odpowiednio wysokiej temperatury zmieni się w grudkę żaru? Choć uważałem, że zestaw nie jest jeszcze gotowy, żłobienie za pomocą tępego kawałka muszli zabierało zbyt wiele czasu i postanowiłem przetestować go w tym stanie, w jakim był.

W ocienionej jaskini przykląkłem na prawym kolanie. Lewa noga zgięta, wysunięta do przodu. Upewniłem się, że piętnastocentymetrowy świder jest zwrócony ku górze ostrzejszym końcem. Owinąłem wokół niego cięciwę. Łokieć lewej ręki oparłem na lewej nodze i od góry przycisnąłem nią świder do podkładki. Jako docisku użyłem białej plastikowej zakrętki od butelki, do której napchałem liści i naplułem, żeby zredukować tarcie. Dodatkowym wzmocnieniem była muszla, którą obejmowałem lewą dłonią. Całe tarcie – a więc i ciepło – powinno się skoncentrować na dolnym końcu świdra, który spoczywał w osmalonym wgłębieniu w podkładce. Wnikało w nie wycięcie na żar, którego rozmiar chciałem przetestować.

Głęboki oddech.

Naciskając świder lewą ręką, prawą ostrożnie poruszałem łukiem w przód i w tył, dzięki czemu świder obracał się w miejscu.

Na razie idzie nieźle.

Wydawało się, że wszystko działa, jak należy. Kiedy zwiększyłem częstotliwość pociągnięć, w wycięciu zaczął się zbierać gorący drzewny pył, a z miejsca, w którym kawałki drewna stykały się ze sobą, zaczęły się unosić smużki dymu. Dobry znak, choć to oczywiście nie oznaczało, że ostatecznie powstanie żar. Coś mi jednak mówiło, że tak właśnie się stanie. W wycięciu zebrało się dużo ciemnego pyłu, a dym gęstniał. Choć miał to być tylko test, a nie próba rozpalenia ognia, kiedy nadzieja zaczęła we mnie podskakiwać jak nadpobudliwy dzieciak po przedawkowaniu tartrazyny, jeszcze przyspieszyłem. Więcej dymu, dużo więcej czarnego pyłu. To wyglądało *bardzo* obiecująco.

Chwila prawdy nadchodzi, kiedy przestaje się pracować łukiem. W tym przypadku smużka dymu nadal unosiła się bezczelnie do góry z zebranej w wycięciu kupki drzewnego pyłu.

Miałem żar.

„Gdzie hubka?" – panikowałem, szukając wzrokiem kłębka wielkości melona składającego się z suchych porostów, włókien kokosowych i drobin bambusa. Chwyciłem ją i delikatnie wysunąłem żar z wycięcia w podkładce. Żeby kopcąca grudka żaru zmieniła się w ogień, musiałem bardzo ostrożnie – jakby to był bezcenny klejnot – umieścić ją w środku tej suchej, włóknistej kuli. Końcami palców delikatnie ucisnąłem rozpałkę wokół żaru, jakbym próbował zatrzymać w dłoniach motyla, nie zgniatając go jednocześnie. Trzymając całą tę dymiącą masę wysoko nad głową (żeby zminimalizować dopływ wilgoci z mojego oddechu), zacząłem delikatnie dmuchać.

Kiedy podpałka się zajęła, na odgłos mojego oddechu nałożyły się cichutkie trzaski. Zaczęło mnie parzyć w palce, a gęsty dym stał się biały. „Jeszcze kilka długich wydechów, no już, NO JUŻ!" – popędzałem ogień i wtedy – PUFFF! – spomiędzy dłoni wystrzelił pomarańczowy płomień.

„Mamy ogień! Mamy ogień!" – podśpiewywałem, kiedy tanecznym krokiem chodziłem po całej jaskini, zbierając suche patyki. Mówiąc „my", myślałem chyba o sobie i o kamerze – a może o sobie i o widzach? Nie jestem pewien, ale miałem poczucie, że dzielę z kimś to doświadczenie. Umieściłem płomień na dziewiczym palenisku i zacząłem dokładać gałązki – najpierw grubości zapałki, potem ołówka, aż wreszcie miałem porządne ognisko, do którego mogłem dokładać polana dowolnej wielkości.

„Mamy ogień!" – powtarzałem bliski łez. „To bez wątpienia jeden z najlepszych dni w moim życiu!". Cała moja powściągliwość uleciała z dymem i wydałem z siebie gardłowy wrzask:

„TAAAAK!".

To był duży krok naprzód – w końcu ogień to jedno z największych odkryć, jakich w toku swojej ewolucji dokonał człowiek. Została mi już tylko ta cała reszta: od koła po lądowanie na Księżycu i Internet. Ogień wydawał się zresztą ważniejszy. Mogłem gotować jedzenie. Mogłem wzbogacić dietę o małże i kraby. Mogłem wędzić mięso. Nocą mogłem się grzać i dzięki temu lepiej się wysypiać. A co najważniejsze – i nie musiałem na to czekać ani chwili dłużej – mogłem się napić herbaty.

Na pierwszy rzut oka herbata nie należy do elementów zmieniających jakość życia, gdy chodzi o przetrwanie, jednak sama zdolność zrobienia czegoś zwyczajnego i codziennego sprawiła, że nie była to już wyłącznie sytuacja surwiwalowa – tu chodziło o styl życia. Sam fakt, że mogłem zrobić coś, dzięki czemu się uśmiechnąłem, co **nie było** niezbędne i co przypomniało mi o domu, stanowił wielki pozytywny zwrot w moim stanie psychicznym.

Wejście do jaskini było oflagowane przez rachityczną sosnę, która przywarła do skał niczym zdesperowana czareczka[28]. „Witamina C!" – pomyślałem i zerwałem garść młodych jasnozielonych igieł. Północnoamerykańscy Indianie od stuleci pijali wywar z sosnowych igieł jako środek przeciwkaszlowy i przeciwprzeziębieniowy, a poza tym – co dla mnie było równie ważne – to naprawdę smaczny i aromatyczny napój.

Nie do wiary, że wcześniej nie dostrzegłem potencjalnego zastosowania dla puszki po mleku skondensowanym, którą kilka dni wcześniej znalazłem na plaży. To był przecież doskonały garnek! Ktoś zrobił w wieczku dwa otwory, żeby dobrać się do jej zawartości, więc używając muszli jako przecinaka i kamienia jako młotka, podekscytowany powiększyłem nacięcie wzdłuż brzegu. Odgiąłem je do tyłu, dzięki czemu zyskałem uchwyt, nalałem wody i umieściłem

28 Inaczej czaszołka (łac. *Patella*) – rodzaj ślimaków morskich o muszlach w kształcie czarki, które odpływ pozostawia przyczepione do skał.

puszkę na rozżarzonych węglach. Wrzuciłem igły i patrzyłem, jak puszka robi się czarna, a moja pierwsza herbatka zaczyna naciągać.

Podczas gdy chłód, wilgoć i mrok pogłębiają lęk przed samotnością, ogień stanowi antidotum. Obserwowałem, jak czerwone i żółte płomienie defilują wokół puszki niczym wierni żołnierze, którzy przybyli mi na ratunek. Przyjemna świadomość, że coś mi się udało, że nad czymś panuję, bardzo podniosła mnie na duchu – jakby sam ogień emanował siłą, dobrym samopoczuciem i pewnością siebie. Gdy tak czekałem na pierwszy wywar, wszystkie stojące przede mną wyzwania z przerażających i przytłaczających przeszkód płynnie przeobraziły się w rozkoszne i ekscytujące przygody.

Bąbelków było coraz więcej i w końcu płyn zaczął się gotować. Chwyciłem puszkę i zdjąłem ją z ognia na tyle szybko, by nie poparzyć sobie miękkich, londyńskich paluszków. Patrzyłem na parującą herbatkę i zastanawiałem się, czy inni dorośli mężczyźni też zachowują permanentną zdolność odczuwania dziecięcej radości. Wystarczyła myśl o pierwszym łyku wywaru, żebym zaczął się uśmiechać i podśpiewywać głupawą piosenkę: „Parzy mi się herbatka. Parzy mi się herbatka”[29]. Dlaczego Afganistan nie zabił we mnie tego pobudliwego dzieciaka?

Myślę, że szaleństwo, które tam niekiedy panowało, mogło mnie w istocie uczynić **jeszcze bardziej** dziecinnym. Nie byłem już wtedy w armii i przebywałem tam w cha-

29 W oryginale „I got a brew on” – nawiązanie do sloganu reklamowego „Keep calm and get a brew on” (Zachowaj spokój i zaparz sobie herbatkę) będącego żartobliwą parafrazą hasła „Keep calm and carry on” (Zachowaj spokój i rób swoje) z plakatu propagandowego kolportowanego w 1939 roku przez rząd Wielkiej Brytanii.

rakterze konsultanta. W okresie poprzedzającym pierwsze wybory prezydenckie odpowiadałem za centrum dowodzenia w Heracie. Naszą bazę, która znajdowała się niedaleko lotniska, tworzyły liche mieszkalne kontenery otoczone drutem kolczastym i workami z piaskiem; poprzednią podczas zamieszek spalił rozwścieczony tłum.

Kiedy pewnego dnia razem z Jonnym – innym byłym wojskowym i konsultantem – siedzieliśmy w naszym kontenerowym centrum dowodzenia, ziemia zatrzęsła się od ogłuszającej eksplozji. Potem jeszcze raz i jeszcze raz. Talibowie ostrzeliwali nas z moździerzy, a ten sakramencki kontener nie dawał żadnej ochrony przed pociskami. Nie mogliśmy nic zrobić.

Ponieważ w naszym położeniu nie było sensownego rozwiązania – znaleźliśmy bezsensowne. Postanowiliśmy zrobić coś, co odwróci naszą uwagę od śmiertelnego zagrożenia. Równie dobrze można umrzeć z uśmiechem na twarzy. Szkoda, że nie przypomniałem sobie o tym, będąc na wyspie – łatwiej byłoby mi nabrać dystansu do tego wszystkiego. Co zrobiliśmy? Biegaliśmy po pokoju – oczywiście z rękami na głowie – krzycząc: „Tylko bez paniki, kapitanie Mainwaring! Tylko bez paniki!”[30].

Moją pierwszą herbatkę zaserwowałem sobie w szklanym słoiku „z odzysku”.

Rzeczywistość okazała się lepsza, niż przewidywałem. Gorący płyn spłynął z ust do gardła falą czystego sukcesu. Wyobraźcie sobie najsmaczniejszą filiżankę herbaty, jaką piliście w życiu – po długim marszu w zimnie i wietrze, albo tę, którą w dniu egzaminu mama przyniosła wam do łóżka na dobry początek. Zajęło mi to prawie dwa tygo-

[30] Kapitan George Mainwaring – jeden z bohaterów emitowanego przez BBC sitcomu „Dad’s Army” (Armia tatuśka).

dnie, ale w końcu miałem ogień, a więc i możliwość, której pozbawione są wszystkie inne zwierzęta na świecie – mogłem zrobić sobie herbatę.

Zaczęło mi burczeć w brzuchu – gorący płyn zrobił pobudkę żołądkowi, który po okresie głębokiej hibernacji domagał się gorącej strawy. Postanowiłem ugotować zupę ślimakową. Dotąd dzienną rację trzydziestu ślimaków zjadałem na surowo, ale teraz mogłem przeobrazić zimne, zapiaszczone kulki w gotowane mięso. Starannie usunąłem najdrobniejsze kawałki muszli i zebrałem ślimaki do tuby po żelu do włosów. Potem dziesięć golutkich ślimaczków powędrowało do garnka z deszczówką, którą osoliłem odrobiną morskiej wody.

Kiedy przyszło do próbowania, doświadczenie było nie tyle niezwykłe, ile po prostu podnosiło na duchu. Ślimaki były ugotowane: byłem w stanie wbić w nie zęby i mogłem je żuć. Potem mogłem jeszcze wypić zupę, która była lekko słonawa i miała w sobie odrobinę ślimaczego tłuszczu. Lekceważona wcześniej przeze mnie metalowa łyżka natychmiast urosła do rangi najcenniejszego ze znalezisk.

Ogień był tym elementem, który podczas całego mojego pobytu na wyspie w największym stopniu zmienił zasady gry. Byłem bardzo, **bardzo** szczęśliwy.

W najbliższym sąsiedztwie jaskini zebrałem trochę drewna na opał. Uświadomiłem sobie, że nie mam czym rąbać twardego drewna. Muszla była zbyt tępa, więc zabierałoby to za wiele czasu i energii. Byłem skazany na zbieranie chrustu, który mogłem łamać w rękach. Niewątpliwie czekało mnie oszczędzanie opału, co wiązało się z ograniczeniem wielkości ogniska.

Wczesnym popołudniem natknąłem się na kilka przerażonych krabów, dzięki czemu mogłem przyrządzić pierwszy wieloskładnikowy bulion. Skorupiaki błyskawicznie się chowały, ale jeśli byłem wystarczająco szybki, a one miały daleko do kryjówki, udawało mi się je nadepnąć na płaskim skalnym podłożu. Nalałem do puszki 300 mililitrów wody z wycieku – na tyle dużo, żeby przykryć kraby – i dodałem trochę morskiej wody do smaku. Wtedy zauważyłem niedojedzone czipsy taro, więc dorzuciłem je do garnka jako grzanki.

Kipiała ze mnie wesołość.

Kiedy zupa krabowa z grzankami bulgotała na ogniu, ogarnęło mnie przemożne uczucie ulgi. „Uff. Teraz mogę sobie odpocząć". Czułem, jak ustępuje napięcie. Zdjąłem zupę z ognia, odlałem bulion do słoika, a potem rozrywałem krabowe odnóża i wkładałem do ust kawałki białego mięsa.

Było niesamowicie smaczne.

Tak oto w świecie prostej funkcjonalności i przetrwania zagościła przyjemność. Przemknęło mi przez myśl, czy wszystkie części ciała krabów są jadalne, ale machnąłem na to ręką i zostawiłem tylko skorupę. Zupa też była pożywna, ale stwierdziłem, że następnym razem nie dodam taro, bo ma za dużo skrobi. Jakbym pił wodę z ziemniaków.

Martwiły mnie trochę dziury w stopach. Po jednej w każdej z nich, żeby być dokładnym. Nie chciały się goić, więc pokuśtykałem plażą do Zatoczki we Wraku, usiadłem na krawędzi i wymyłem je tak dokładnie, jak tylko potrafiłem. Rany były dość głębokie. Wepchnąłem do środka garść piasku, który miał odegrać rolę szczotki. Czyste wyglądały lepiej, ale jeśli miały się wygoić, musiałem je zabezpieczyć przed brudem pokrywającym dno jaskini. Były świeże i tkliwe, a przy tym narażone na kontakt ze wszystkim, na czym stanąłem. Tymczasem osadziłem na dnie pułapkę na ryby i obciążyłem ją kamieniem.

Możliwość gotowania była darem niebios, ale pociągało to za sobą zwiększone zapotrzebowanie na wodę. Przypomniałem sobie, że jedenastego dnia zostawiłem trochę wody w studni, postanowiłem więc wybrać się na drugą stronę wyspy. „Zjadłem ciepłe danie!” – rozmyślałem, uśmiechając się po drodze.

W Obozie Cytrynowym zerwałem trochę liści z drzewa cytrynowego. Wiedziałem, że będą doskonałą „herbacianą” alternatywą dla sosnowych igieł, a poza tym mogłem nimi przyprawiać wywar z owoców morza. Ogień otwierał mnóstwo nowych możliwości, które podnosiły moje morale, ilekroć zdałem sobie sprawę, że teraz stać mnie na coś jeszcze.

Czułem, jak przyspieszają myśli i ożywają zmysły. Gorące posiłki czyniły cuda. Zabrałem ze sobą wszystkie puste butelki, jednak w studni zamiast lustrzanego odbicia czekała na mnie matowa brunatna glina. Dno było suche. To był spory cios, ale natychmiast pojąłem, dlaczego tak się stało i że nic nie można było na to poradzić. Prawdopodobnie glina nie była całkowicie nieprzepuszczalna, a poza tym w ciągu ponad dwóch dni stojąca woda miała prawo wyparować. Nie przejąłem się tym zbytnio – tego dnia trudno było mnie czymkolwiek podłamać. Przypomniałem sobie o ogniu i szybko ruszyłem w stronę jaskini. Gdyby zgasł od razu pierwszego dnia, to **naprawdę** byłaby tragedia.

Wszystko, dla czego wcześniej nie znajdowałem zastosowania, teraz okazywało się bezcenne. Pojemnik z żelu do włosów stał się miską na zupę firmy Tupperware[31] – miał nawet właściwości termoizolacyjne! Wypłukałem go w morzu poniżej jaskini.

„O kurde – ogień!” – nawet nie sprawdziłem po powro-

---

31 Tupperware – znany amerykański producent naczyń do przyrządzania i przechowywania żywności oraz akcesoriów kuchennych.

cie. Spojrzałem w kierunku jaskini i nie zauważyłem najmniejszego śladu dymu. „Kurwa mać!". Sapiąc, wdrapałem się po skalnych stopniach. Nie było płomieni ani dymu, ale sytuacja była do uratowania. Zsunąłem patyki tak, żeby nadpalone końce stykały się ze sobą. Były jeszcze ciepłe. Ukląkłem, wziąłem głęboki wdech i dmuchnąłem. Jeszcze zanim skończyłem – PUFF! – pojawiły się płomienie. Uśmiechnąłem się zadowolony, że tak łatwo poszło i pogratulowałem sobie. Uff, udało się.

Następnego dnia kończył się drugi tydzień mego pobytu na wyspie, więc na plaży wykonałem przewidziane ćwiczenia. Wyniki były przeciętne. Nie mogły być wybitne, bo chorowałem, ale nie były też beznadziejne, ponieważ ogień dodał mi wigoru. Powiedziałem sobie: teraz już będzie z górki.

Nie chciałem w nocy zostać bez opału, więc zebrałem pokaźną wiązkę drewna. Kiedy niosłem ją na ramieniu, spojrzałem w górę, w kierunku jaskini. Uspokoił mnie widok pomarańczowych płomieni łagodnie oświetlających wejście, które witały mnie w domu.

Wziąłem popękany kubeł, w którym wcześniej próbowałem trzymać żywe kraby. Rozgrzałem w ogniu łyżkę i „odciąłem" dno, uzyskując zgrabny kempingowy talerz. Proste a pożyteczne.

Podobnie jak w poprzednich dniach po południu uszła ze mnie cała energia. Kończyny zaczęły mi ciążyć, a mózg wypełniła czarna smoła, skutecznie tłumiąc wszelkie przejawy życia. Osunąłem się na brudne dno jaskini, żeby odpocząć przy ogniu. Przywarłem do ziemi całym ciałem i cieszyłem się tym fizycznym oparciem – aż jęknąłem z przyjemności, jaką dała mi pozycja horyzontalna. Rzuciłem okiem na nowy talerz. Przez pancerz znużenia przebiło się spokojne zadowolenie i na mojej twarzy pojawił się szeroki uśmiech. Zamknąłem oczy.

Kiedy ognisko nieco przygasło, wstałem, żeby dołożyć drewna. Drzemka dobrze mi zrobiła. Strząsnąłem z twarzy i z ramion jaskiniowy pył. Nadchodził przypływ, więc wyjąłem pułapkę wraz z zawartością – niewielką ławicą niespecjalnie wyglądających ślizów. Po wyciśnięciu wnętrzności opłukałem rybki w morskiej wodzie i wrzuciłem do puszki, żeby przyrządzić je sobie na kolację. Chciałem je ugotować, ale ponieważ musiałem oszczędzać słodką wodę, postanowiłem użyć morskiej. To był eksperyment – wiedziałem, że nie będę mógł wypić wywaru, ale mięso powinno być słonawe i smaczne. Poza tym będę miał dość wody, żeby po jedzeniu wypić szklaneczkę herbatki z liści cytryny.

Na próbę dodałem też trochę miąższu kokosa – bardzo potrzebowałem solidnego zastrzyku energii. Danie składało się więc z morskiej wody, kokosowego miąższu, rybek i krabów.

Ognisko to naprawdę fajna rzecz. W dżungli nazywaliśmy je „dżunglową telewizją". Można się zebrać wokół niego i pogapić się w płomienie, czerpiąc z nich ciepło i otuchę. Jest na czym skupić uwagę. „Nie ma jak ognisko! Nic cię tak nie pocieszy i nie da poczucia bezpieczeństwa. Dzień trzynasty to był dobry dzień" – stwierdziłem do kamery.

Rybki po raz pierwszy smakowały jak prawdziwa gotowana ryba. Miały co prawda lekki posmak ostrej rybiej kupy, ale ogólnie rzecz biorąc, było to niezłe jedzenie. Parujące kraby rozpadały się w palcach, ociekały oleistym tłuszczem i były wyborne. Postanowiłem poświęcać więcej czasu na ich chwytanie – miały niepowtarzalny smak. Kokosowy miąższ był odporny na gotowanie i nadal smakował jak surowy. Nie sprawdził się i nie wzbogacił dania. Znowu dowiedziałem się czegoś nowego.

Napar z liści wypiłem już po zmroku. Jak bardzo jeden dzień może odmienić życie. Popijałem gorącą aromatyczną herbatkę, mając w żołądku trzeci w tym dniu ciepły posiłek, a ogień ogrzewał moją nieosłoniętą skórę i wyczarował spektakl, na którym mogłem skupić wzrok. W jaskini panowała zupełnie inna atmosfera. Pomarańczowy blask odpędzał nocne lęki. Chłodny mrok już nie mógł wkraść się do środka i zagonić mnie pod stertę trawy, gdzie – trzęsąc się z zimna – wyczekiwałbym świtu. Jaskinia stała się ciepłym domem, z którego mogłem wyglądać na świat, mając pewność, że jestem bezpieczny. Byłem cywilizowaną istotą i mogłem się odprężyć. Byłem bardzo, bardzo zadowolony z tego, co udało mi się osiągnąć.

𝍸 𝍸 ||||

Stwierdzenie, że obudziłem się czternastego dnia rano, mogłoby sugerować, że w ogóle spałem, a wcale nie jestem tego pewien. Po nocy eksperymentowania z ogniskiem byłem skołowany i zmęczony.

Początkowo miałem je obok głowy tylko dlatego, że w tym właśnie miejscu, w bocznej części jaskini, urządziłem sobie miejsce do gotowania. Szybko zrozumiałem, że w ten sposób nie ogrzeję całego ciała, bo wymagałoby to naprawdę dużego ogniska, a więc zużycia zbyt dużej ilości drewna. A poza tym spaliłbym sobie głowę! Pozwoliłem więc, żeby ognisko trochę przygasło. Nadal używałem mojej kołdry z trawy, ale od pasa w górę było mi trochę zimno. Wpadłem na pomysł, że przeniosę część płonących polan i rozpalę drugie ognisko, tym razem na wysokości pasa. Przy tym rozwiązaniu było mi ciepło, ale doszedłem do wniosku, że dwa ogniska to niedopuszczalna rozrzutność, więc przestałem dokładać do tego obok głowy i pozwoliłem mu wygasnąć, za to drugie ognisko wydłużyłem. Okazało się jednak, że kiedy układam patyki wzdłuż, spalają się za szybko i zbyt gwałtownie, przez co jest o wiele za gorąco. Kiedy natomiast pozwalałem mu przygasnąć, albo ryzykowałem, że zgaśnie całkiem, albo dokładałem drewna i powtarzałem cały cykl od początku. Jak buzował duży ogień, bałem się, że moje okrycie z siana się zapali, więc odrzuciłem je na bok i zdałem się na ciepło ogniska. Stos drewna topniał z zastraszającą szybkością, a ja nie zasnąłem głęboko ani na chwilę w obawie, że obudzę się, drżąc z zimna, a mojego pocieszyciela już nie będzie.

Kiedy zostało już tylko kilka gałązek, zaczęło się przejaśniać i swój poranny świergot rozpoczęła mieszkająca po sąsiedzku para szpaków (to dziwne, ale nigdy nie przyszło mi do głowy, że można by je skonsumować). Co za noc! Nadal oczywiście byłem zadowolony z tego, że mam ogień, ale czułem, że przysporzył mi dodatkowych zmartwień. Jaki zapas drewna mam mieć każdego wieczora? Ile czasu zabierze mi zbieranie? Miałem tyle innych zajęć! Czy – patrząc realistycznie – mam szansę na choćby jedną porządnie przespaną noc? Cholera jasna, kilka godzin po tym, jak po raz pierwszy rozpaliłem ogień, dopadł mnie stres cywilizacyjny.

Chciałem zacząć budowę nowego domu, ale miałem do zrobienia mnóstwo innych rzeczy. Musiałem natychmiast zebrać przynajmniej trochę drewna i zapewnić sobie zapas wody. Musiałem zebrać trochę krabów i ślimaków, bo spiżarnia świeciła pustkami. Potrzebowałem nowej tyczki na kokosy, bo ta, którą miałem, była za ciężka – no i musiałem zebrać więcej kokosów. W dodatku to był dzień „dostawy", więc przed zapadnięciem nocy musiałem dwukrotnie wyprawić się do Obozu Cytrynowego. Tyle roboty, **tyle roboty**!

Na śniadanie zjadłem trochę kokosowego miąższu, choć na sam widok (i zapach) robiło mi się niedobrze. Przyszło mi do głowy, że dławię się nim dlatego, że ma w sobie dużo wody i śliską konsystencję, więc przypiekłem kawałki na kamieniach otaczających ognisko. Efekt był więcej niż zadowalający, co bardzo poprawiło mi nastrój. Przypieczone kawałki kokosa były całkiem jadalne i przypominały smakiem przypalone kokosowe herbatniki. Były słodkie i o wiele łatwiej było je przełknąć. Ni stąd, ni zowąd miałem więc przekąskę, którą mogłem się posilać przez cały dzień i nie musiałem się martwić, że mi jej zabraknie, ponieważ na ziemi leżało mnóstwo dojrzałych kokosów. Choć ilość przyjmowanych przeze mnie kalorii znacznie się zwiększyła, większość pochodziła z nasyconych tłuszczów, więc nogi nadal miałem jak z ołowiu. Musiałem zamienić białko ze ślimaków i krabów, a także pochodzący z kokosów tłuszcz na glukozę, której potrzebował mój organizm. Obecna dieta świetnie nadawała się do zrzucenia wagi, natomiast była kiepskim źródłem energii.

Wyprawiając się w poszukiwaniu pożywienia, musiałem mieć coś, do czego mógłbym je zbierać. Pierwszą część poranka spędziłem zatem w jaskini, próbując po raz pierwszy w życiu wypleść kosz z liści palmowych. Wcześniej nie udało mi się to z kapeluszem i z koszem też miałem problemy. Musiałem zrobić koło przypominające pokrytą strzechą koronę, a następnie zapleść końce liści tak, by utworzyły spodnią część kosza. Teoretycznie nie było w tym nic trudnego, ale w praktyce – jak to najczęściej bywa – cała rzecz okazała się nieco bardziej skomplikowana. Pierwszy kosz był koślawy i miał kilka dziur. Optymistycznie założyłem, że następny będzie OK.

Ogień. „Cholera! Znowu!". Spojrzałem na kupę szarego popiołu. „Stafford, jakiś ty durny" – stwierdziłem na głos, dając susa na drugi koniec jaskini, żeby dokonać oględzin miejsca zbrodni. Zbliżyłem otwartą dłoń do popiołu. Był jeszcze ciepły. Gołymi rękami zgarnąłem na kupkę żarzące się jeszcze węgle i zacząłem dmuchać, robiąc długie, delikatne wydechy. Przy zwiększonej ilości tlenu natychmiast się rozżarzyły, a po chwili pojawił się niewielki płomień. Uff! „Ed, może już dość tej bezmyślności?!".

Dołożyłem do ognia i poszedłem po drewno. Na przylegającej do plaży, porośniętej lasem równince z drzew zwisało mnóstwo uschniętych gałęzi. Były doskonałym paliwem, ponieważ nie dotykały ziemi, więc były wyschnięte na wiór. Uskładałem kilka stert wielkości gigantycznych żółwi z Galapagos, które następnie przeniosłem do jaskini, trzymając drewno na rękach jak dziecko.

Kiedy miałem już dosyć drewna, by przetrwać noc, uznałem, że czas wybrać miejsce na szałas. Byłem spięty. Złapałem się na tym, że gnam do przodu na łeb na szyję, przeskakując od jednego zadania do drugiego. „Ed, w Anglii zrobiłbyś sobie przerwę". Uśmiechnąłem się do siebie. „Napij się herbatki, Stafford!".

Dałem sobie chwilę oddechu ze słoikiem cytrynowego wywaru w ręce. Znowu poczułem, jak od samego wpatrywania się w ogień przybywa mi sił. Taniec płomieni był urzekający, a ciepło dodawało pewności siebie.

Podczas drugiej rundy wokół wyspy, będącej dopełnieniem czasochłonnej procedury wymiany, zauważyłem kilka całkiem sporych ryb i postanowiłem zrobić sobie harpun. Po powrocie na zachodnie wybrzeże uciąłem trzy proste gałęzie ketmii. Drewno było lekkie i łatwo było je obrabiać, więc pomyślałem, że będzie w sam raz. Okorowałem je i przy okazji uzupełniłem prześwity, jakie zaczęły się pojawiać w moim ubiorze. Po wyschnięciu kory spódniczka nie zakrywała już bowiem wszystkiego tak dokładnie.

Zdechłe koźlę leżało nietknięte już kilka dni. Postanowiłem spróbować, czy jego kości nie nadałyby się na grot do harpuna. Pracowałem w lesie, ponieważ po południu w jaskini było za gorąco, a dwukrotna wędrówka na drugą stronę wyspy sprawiła, że i tak byłem już zbyt długo na słońcu. Wysuszona przez słońce padlina okazała się jednak zbyt krucha: delikatne kości od razu się łamały. Taki grot byłby jak koło zębate z balsy. Przyszło mi do głowy, że na szpic grota i na skierowane do tyłu zadziory nadałyby się kolce z drzewa cytrynowego, ale i tak potrzebowałem twardego drewna, żeby mieć je w czym osadzić. Kości były do niczego.

Wypróbowałem różne rodzaje drewna, ale żadne nie było wystarczająco twarde, a i tak jakakolwiek obróbka była prawie niemożliwa. Ograniczyłem się więc do odłamania i skręcenia kawałka drewna, który rozszczepił się na naturalne ostre odłamki. Efekt był marny, ale byłem pewien, że następnego dnia znajdę coś lepszego.

Kiedy otworzyłem wizjer kamery, płonący zachodem słońca pasek nieba tuż nad horyzontem znalazł się w uścisku między metalicznym, srebrnym oceanem a wypiętrzającymi się grafitowymi chmurami. „Wszystko jest OK. Zrobiłem harpun" – zacząłem bez przekonania. „Doszedłem do wniosku, że jeśli w ogóle mam budować szałas, musi to być coś trwałego, co przetrzyma burze, a ja będę się mógł w nim pomieścić razem z dobytkiem równie wygodnie jak w jaskini. Pod wieloma względami jaskinia jest bardzo dobra i nie mogę zadowolić się czymś gorszym. To będzie „dom na palach, tyle że zamiast pali będą drzewa".

Na pierwszy rzut oka wyprowadzka z jaskini była czymś nierozsądnym, ale dla mnie to nie był tylko surwiwalowy eksperyment. Chciałem sprawdzić, czy rzeczywiście zdołam osiągnąć poziom stabilnej i bezpiecznej egzystencji.

Chciałem przekonać sam siebie, że coś tego dnia osiągnąłem i że mam solidny plan, przy czym ani jedno, ani drugie nie było prawdą, a ja wiedziałem, że się oszukuję. Nadal najważniejsze były dla mnie własne dokonania. Nie mogłem przestać planować i zamartwiać się. Samoocenę opierałem na osiągnięciach, a nie na fundamentalnej znajomości samego siebie. Z dzisiejszej perspektywy widzę, że zamiast cieszyć się tym, co mam, przez cały czas starałem się coś zmieniać. Dlatego nawet mając ogień i jaskinię, jedzenie i wodę, przez cały czas kuliłem się w sobie z czołem pobrużdżonym zmartwieniami. Nadal byłem niespokojny.

ROZDZIAŁ 4

SCHRONIENIE

Nigdy dotąd nie byłem nocą zdany na ciepło ogniska. Podczas ekspedycji zawsze miałem hamak i śpiwór; w wojsku nie wolno było palić ognia ze względów taktycznych – mógł cię wypatrzyć wróg. W efekcie nadal opierałem się na dziecinnych rysunkach z książki Raya Mearsa, którą w panice przeczytałem w samolocie, w drodze na wyspę. Opisane przez niego długie i wąskie ognisko nocne, które miało ogrzewać całe ciało, wyglądało wspaniale – na papierze. Podobnie jak w wielu innych sytuacjach, byłoby znacznie lepiej, gdybym trzymał się tego, co znałem z doświadczenia.

Długie i wąskie ognisko oznacza, że ogień płonie w wielu miejscach jednocześnie na wąskiej i długiej powierzchni. Stąd duża ilość ciepła. Dwie pierwsze noce dowiodły jednak, że spala się przy tym ogromne ilości drewna, ponieważ polana należy układać wzdłuż, na wierzchu stosu, więc od razu zaczynają się palić na całej długości. Takie rozwiązanie jest być może odpowiednie w skrajnie niskich temperaturach i przy nieograniczonych zasobach drewna, natomiast na wyspie noce były jedynie chłodne, a ilość drewna – ograniczona.

Osobiście zawsze najbardziej lubiłem ognisko „w gwiazdę", które wykorzystuje się przede wszystkim do gotowania, i chyba dlatego dałem się zwieść ładnym rysunkom Raya. W istocie „gwiazda" jest bardzo prosta. Po rozpaleniu rozpałki układa się polana niczym szprychy w kole

– w ogniu znajdują się jedynie ich krańce. Każde polano spala się wtedy stopniowo od końca, jak papieros. Kiedy płomień przygasa, wystarczy zsunąć je do środka. Często w ogóle nie trzeba dokładać drewna, ponieważ spala się go znacznie mniej. Takie ognisko nadaje się doskonale do gotowania, ponieważ bez trudu można je kontrolować: aby zmniejszyć płomień, należy odciągnąć polana na bok, a żeby go zwiększyć – przesunąć je bliżej środka. Chcąc wygasić ogień, trzeba nieznacznie rozciągnąć polana na zewnątrz. Jeśli natomiast drewna jest dosyć i zostawiamy ognisko na noc, rano często wystarczy zsunąć do środka żarzące się końce polan i dmuchnąć, a płomienie pojawią się w kilka sekund bez użycia zapalniczki. Krótko mówiąc, jest to ognisko doskonałe.

Kiedy już więc wypróbowałem metodę, która mi się nie spodobała, wróciłem do tego, co już znałem i do czego miałem zaufanie. Ułożyłem „gwiazdę" na wysokości pasa mniej więcej metr od ciała. W warunkach względnie łagodnych, tropikalnych nocy nie trzeba było nic więcej – na całym ciele było mi dostatecznie ciepło, żeby spać. Jednocześnie podczas trzech na każde cztery nocne pobudki obywało się bez dokładania drewna – wystarczyło, że zsunąłem polana w środek ogniska. Spałem znacznie lepiej nie tylko dlatego, że było mi cieplej, lecz także dlatego, że to, co wymagało przerwania snu, mogłem teraz zrobić na pół śpiąc, bez obawy, że zużywam zbyt wiele drewna. Wiedziałem też, że jeśli obudzi mnie zimno – co oznaczałoby, że przespałem przypadającą co dwie godziny porę regulacji ogniska – należy zsunąć polana i dmuchnąć, a po sekundzie znowu pojawi się ogień. W końcu trochę zeszło ze mnie napięcie.

Obudziłem się, jak zwykle nie mając jedzenia, co było regułą przez większą część mojego pobytu na wyspie. Poprzedniego wieczora zjadłem cały przypieczony na kamieniach kokosowy miąższ, dlatego teraz musiałem wybrać się na poszukiwania.

Poziom oceanu był niski i nadal opadał, więc w skalistej niecce zainstalowałem pułapkę na ryby. Kiedy wracałem na brzeg, zauważyłem niewielki ciemny kształt znikający w wykopanej w piasku norze. Krab! Dotąd wszystkie kraby chwytałem na skałach – odmiana „piaskowa" była czymś nowym. Skoczyłem w kierunku nory i wsunąłem do niej rękę niczym weterynarz, który pomaga krowie podczas cielenia. Kraba nie było w głównym korytarzu, więc kopałem na boki, usiłując go zlokalizować. W końcu dotknąłem czegoś twardego i natychmiast poczułem ból w koniuszkach palców, na których zacisnęły się szczypce skorupiaka. Złapałem go i wyszarpnąłem z piasku, podczas gdy on nadal trzymał w uścisku moje palce, a potem instynktownie wbiłem mu przez skorupę kciuk w tył głowy. Uścisk zelżał. Niosąc zdobycz, rozglądałem się po plaży i zauważyłem szereg podobnych nor, z którymi sąsiadowały niewielkie kopczyki. Podbiegłem do kolejnej, padłem na kolana i niczym wygłodniała koparka zdemolowałem prymitywną kryjówkę. Po dwudziestu sekundach w piasku ziała dziura wielkości piłki do skakania. Niech to szlag... Przeniosłem się do kolejnej nory i powtórzyłem całą procedurę. Znowu nie zastałem gospodarza.

Sześć kolejnych nor przyniosło mi zaledwie jednego kraba, którego znowu sprawnie wysłałem na tamten świat, wbijając mu kciuk w mózg. Dwa kraby to już było coś – to było śniadanie. Po powrocie do jaskini umieściłem zdobycz w puszce, chroniąc ją przed zabrudzeniem, i wróciłem na skały z opakowaniem po żelu do włosów, żeby nazbierać ślimaków. Miałem już kraby, więc zadowoliłem się pięcioma małymi ślimakami, po czym mocno zakręciłem wieczko. Niecka w skałach dostarczyła dwóch kolejnych rybek, co oznaczało, że mam już wystarczająco dużo składników na przyzwoity posiłek.

Piana, która pokryła gotujący się w puszce wywar, wskazywała, że będzie to coś specjalnego. Chodziło o kolor – była zielona. Pierwszy łyk gorącego bulionu smakował wyśmienicie. Dodatek zielonych piaskowych krabów zmienił zupę ślimakową w bulion o cudownie bogatym smaku. Kraby były niewielkie – razem z odnóżami nie przekraczały wielkości sadzonego jaja – więc po prostu odgryzałem połowę i żułem w całości. Zewnętrzny szkielet był na tyle miękki, że dało się go pogryźć i połknąć. Już do końca mojego pobytu na wyspie zjadałem kraby właśnie w ten sposób. Żadnej zabawy ze skorupą – mieliłem je niczym rozdrabniarka do gałęzi.

Nie da się chyba opowiedzieć słowami, jak bardzo jedzenie może smakować, kiedy w zasadzie przez cały czas się głoduje. Co ciekawe, towarzyszy temu silna potrzeba objaśniania, jak niewiarygodnie to wszystko jest smaczne. Jedzenie pochłania bez reszty, ponieważ kubki smakowe są tak pobudzone, że każdy kęs jest czymś absolutnie nadzwyczajnym. Krab to było prawdziwe mięso i czułem, jak substancje odżywcze zasilają mięśnie i mózg. Rybki też okazały się cudownie inne – ich konsystencja i smak były bardziej rybne – a całe danie było tak pyszne, że nie umiałem znaleźć na to właściwych określeń. Kiedy wysiorbałem z „talerza" resztki bulionu, napełniłem puszkę gliniastą wodą na poranną herbatkę.

Zaczynał się trzeci tydzień. Nadal nie miałem dosyć wody, żeby móc się zająć tym, czym chciałem, a jednocześnie czuć się bezpiecznie. W efekcie nie opuszczał mnie niepokój. Studnia wciąż była pusta, a ja uświadomiłem sobie, że od piętnastu dni solidnie padało zaledwie przez niecały kwadrans. Chciałem się skupić na czymś, na co miałem wpływ, więc zacząłem planować. Miałem już ogień i uznałem, że czas na szałas. Postanowiłem, że stanie niedaleko jaskini, mniej więcej 150 metrów na południe, na skraju lasu, powyżej linii przypływu. Przy takiej lokalizacji pozostałbym w bardziej osłoniętej części wyspy, a drzewa zapewniałyby mi dodatkową osłonę przed zimnym nocnym wiatrem.

Mając żywo w pamięci to, jaką żałosną farsą okazała się moja poprzednia konstrukcja, próbowałem przemówić sobie do rozsądku. „Żadnego panikowania, codziennie po trochu".

Ustaliłem porządek dnia, co miało mnie przekonać, że wszystko jest pod kontrolą.

„Dziś zacznę budować dom. Oto, co zamierzam zrobić:

– cztery godziny na budowanie szałasu,

– dwie godziny na łowienie ryb,

– godzina na gotowanie, godzina na uzupełnienie zapasów wody,

– pół godziny na zbieranie drewna na opał,

– zrobię dwie piętnastominutowe przerwy, a pierwszą i ostatnią godzinę dnia chcę mieć tylko dla siebie".

Myślę, że nie chodziło mi tutaj o to, by bez przerwy koncentrować się na zadaniach związanych z surwiwalem. Chciałem raczej wydzielić więcej czasu na wyciszenie. W istocie miałem przecież dla siebie każdą chwilę. Choć z perspektywy czasu harmonogram może się wydać niedorzecznie sztywny i nadmiernie szczegółowy, wynikał z rzeczywistej potrzeby. Wiedziałem z doświadczenia, że gdy realizacja jakiegoś zadania jest rozciągnięta w czasie, a po drodze nie ma określonych celów cząstkowych, powstaje wrażenie dreptania w miejscu. Wyznaczenie ich sobie i określenie czasu przeznaczonego na ich realizację pozwalało później ocenić, czy wystarczająco się do nich przyłożyłem, niezależnie od tego, czy rzeczywiście udało mi się je osiągnąć – na przykład złowić rybę. Podobną taktykę przyjąłem, gdy przygotowywałem się do matury. Ustaliłem na przykład, że będę powtarzał materiał przez dziesięć godzin dziennie. W przypadku tego rodzaju repetycji z natury nie realizuje się każdego dnia jakiegoś konkretnego celu, musiałem zatem wyznaczyć sobie cel umowny, dzięki czemu zdołałem utrzymać wysoki poziom motywacji i przekonanie, że nie zmarnowało się czasu i sumiennie przepracowało się każdy dzień.

Taka przynajmniej była moja taktyka. W rzeczywistości obsesja planowania i obmyślania wszystkiego pociągała za sobą zbędną presję. Wszystko tak dalece wymykało mi się spod kontroli, że chciałem mieć zestaw reguł, których przestrzeganie dawałoby mi poczucie, że jestem panem własnego losu. Tak naprawdę to wszystko nie miało jednak większego znaczenia – zdołałem jedynie wytworzyć niepotrzebną presję i nadać mojej sytuacji nadmierny dramatyzm.

Wybrałem się na poszukiwanie twardego drewna na harpun. Moje wcześniejsze dzieło – miękka rozszczepiona gałąź – nie przebiłoby nawet meduzy. Na stromym brzegu górującym nad moją plażą znalazłem kraba pustelnika, który mieszkał w czymś, co wyglądało jak niebieski plastikowy nabój do śrutówki. Zastanawiałem się, czy to przypadkiem nie ten sam krab, którego wcześniej zmusiłem do ucieczki z muszli ślimaka. Może znalazł sobie nowocześniejsze mieszkanie? Wszystko jedno – teraz, kiedy miałem ogień, to było pożywienie. Nie chciałem go od razu zabijać, bo wtedy musiałbym go szybko przyrządzić, żeby mięso się nie zepsuło. Unieruchomiłem go więc, łamiąc mu nogi, i wrzuciłem do kosza. Takie postępowanie może się wydać brutalne i w normalnych okolicznościach nie przyszłoby mi nawet do głowy, ale kiedy walczy się o przetrwanie, nie mając pod ręką lodówki, najlepszym sposobem na zachowanie świeżości jest jak najdłuższe utrzymanie stworzenia przy życiu.

Ruszyłem przez zarośla w poszukiwaniu kóz. Nie miałem broni, ale postanowiłem je wytropić i przekonać się, jak bardzo będę mógł się do nich zbliżyć. Jak na złość, zwierzęta ruszyły na północ i biegły zbyt szybko, bym mógł za nimi nadążyć, więc dałem sobie spokój i wróciłem do jaskini, zahaczając po drodze o Odległe Drzewo.

Nylonowa żyłka, która posłużyła mi do zreperowania japonek, raniła mi skórę na podbiciu obu stóp, więc owinąłem ją kawałkiem niebieskiego materiału, który był przyczepiony do innego znalezionego przeze mnie klapka.

Choć nie miałem zadziorów z twardego drewna, zmontowałem mój pierwszy trójzębny harpun. Paskami kory uwiązałem trzy piętnastocentymetrowe drzazgi z miękkiego drewna na końcu najmniej pokrzywionej tyczki z gałęzi ketmii i już miałem broń myśliwską. Mimo że harpun był wykonany dosyć nieudolnie, mogłem go użyć do ćwiczeń. Postanowiłem pójść na ryby. Choć było pochmurno, wysmarowałem się gliną, żeby zabezpieczyć skórę przed promieniami słonecznymi odbijającymi się od wody. Miękka brązowa glina o konsystencji kremu utworzyła na skórze grubą i gładką warstwę i wiedziałem, że w przyszłości doskonale sprawdzi się w tej roli podczas polowań na ryby.

Kiedy pokryty gliną, w spódniczce z trawy, z koszem i nowym harpunem w ręku maszerowałem na brzeg, po raz pierwszy do końca wczułem się w swoją rolę, której teraz odpowiadał także mój wygląd. Po dwóch tygodniach nie byłem już niezdarnym, pucułowatym białasem rzucającym w desperacji kamieniami w palmy kokosowe. Miałem odzienie, a moja skóra była chroniona przed słońcem. I po raz pierwszy byłem uzbrojony.

Trzymając harpun w górze, wszedłem do spokojnej przybrzeżnej płycizny z wyrazem skupienia na twarzy. Miałem poczucie, że robię dokładnie to, co mam robić. Już nie siedziałem w jaskini, biadoląc. Zastygłem zanurzony po uda w krystalicznie czystej wodzie, gotowy uderzyć i zabić.

Niestety, dobre samopoczucie nie przełożyło się na pożywienie. Zerwał się wiatr i woda się nieco wzburzyła, więc już nie widziałem, co dzieje się pod powierzchnią. Harpun był źle wyważony – grot był bezwładny, a masa koncentrowała się z tyłu. Przymocowałem zęby do cieńszego końca tyczki w naiwnym przekonaniu, że harpun będzie lepiej zachowywał się w powietrzu, jeśli będzie je przecinał bardziej opływowym, wąskim końcem. Jak tylko uniosłem go nad głowę, stało się jasne, że to cięższy, tępo zakończony koniec powinien być z przodu, a cieńszy i zwężający się miał pełnić rolę lotki. Obróciłem harpun w dłoni i kiedy grubszy koniec znalazł się z przodu, natychmiast odczułem poprawę. Rzuciłem go do wody i rzeczywiście latał lepiej. Nadal jednak nie do końca wiedziałem, co tam właściwie robię, więc dałem sobie spokój i poczłapałem z powrotem na plażę. Nie zauważyłem ani jednej ryby.

Przed południem po raz kolejny zebrałem z wycieku jedną trzecią litra wody. Byłem usatysfakcjonowany, ale nadal potrzebowałem jej więcej, więc przyniosłem duży palmowy liść, który miał osłonić skalny rezerwuar przed bezlitosnymi promieniami popołudniowego słońca. Miałem nadzieję, że dzięki temu wyciek będzie dostarczał wodę także poza normalnymi godzinami pracy od zmierzchu do południa.

Polubiłem wędrówki, więc wyprawiłem się na drugą stronę wyspy. Chciałem zebrać trochę kolców z drzewa cytrynowego, a po drodze poszukać ślimaków i krabów. Kolce były długie i mocne, więc jeśli by je mądrze umocować, mogłyby stanowić fantastyczne uzupełnienie grotu harpuna. Przy okazji zebrałem trochę cytrynowych liści na herbatę i kiedy zrywałem młode, delikatne listki, uświadomiłem sobie, że mniejsze kolce, przypominające duże kolce róży, to doskonały materiał na haczyki do łowienia ryb.

Kiedy opuszczałem Obóz Cytrynowy, zauważyłem stos bardzo starych kokosowych skorup. Najprawdopodobniej wyspiarze otwierali je w tym właśnie miejscu. Pośrodku wystawał z ziemi pniaczek będący pozostałością po ściętym maczetą drzewku. Był zaostrzony i z dużą dozą prawdopodobieństwa służył miejscowym do otwierania kokosów. Natychmiast dotarło do mnie, że nareszcie udało mi się zidentyfikować choć jeden rodzaj twardego drewna. Za pomocą muszli odrąbałem kawałek, z którego po powrocie miałem zamiar wystrugać zęby do harpuna.

Ruszyłem w drogę powrotną do jaskini, żeby dołożyć do ognia. Każdego dnia – choć bardzo powoli – posuwałem sprawy do przodu. Wprawdzie wcześniej postanowiłem, że cztery godziny poświęcę na budowę szałasu, jednak zbieractwo i rybołówstwo zajęły mi tyle czasu, że było już po południu, a ja nie poświęciłem temu zadaniu ani minuty. Samo przetrwanie wymagało ode mnie każdego dnia mnóstwa pracy. Na plaży nie spotkałem krabów, co bardzo popsuło mi humor. Znowu powtórzyła się stara prawidłowość: dwa kroki do przodu, jeden krok w tył.

Kiedy wróciłem, ogień się jeszcze palił, więc postanowiłem zrobić sobie przerwę na późny lunch i zjeść kraba pustelnika z niebieskiego domku. To był krab wyższej jakości niż chude zielone z plaży czy zwykłe brunatne kraby, które zbierałem na skałach. Pożywienie pierwszego gatunku. Miał mocne, owłosione łapy i pulchny, mięsisty odwłok. W garnku zabarwił się na jasnoczerwono. Kiedy już pochłonąłem mięso, delektowałem się sokami, które wypływały z odwłoka. „Jest w nim pełno czegoś tłustawego – czy to łajno?" – zastanawiałem się głośno. Być może. Mimo to dziwny oleisty smak był bardzo pociągający. Odnóża chrupałem jak Twigletsy[32], ponieważ zawierały cenne proteiny. Kiedy kończyłem posiłek herbatką z liści cytryny, czułem, że wracają mi siły i mogę zabierać się z powrotem do pracy.

Kilka popołudniowych godzin poświęciłem na inspekcję znajdującego się na skraju lasu kawałka płaskiego terenu. Jeśli w ogóle miałem budować szałas, musiał być solidny. Nie miałem zamiaru marnować kilku dni na coś, co się zaraz zawali albo po dwóch tygodniach będzie wymagało gruntownego remontu.

To ja zaproponowałem kanałowi Discovery ten projekt. Sprzedałem im pomysł programu, który zakładał, że startując od zera, od poziomu prymitywnego, walczącego o przeżycie stworzenia, zdołam oswoić wyspę i osiągnąć poziom stabilnej i wygodnej egzystencji. Stwierdziłem nawet, że na koniec wybuduję domek na drzewie *à la* Tarzan, wyposażony w kołowrót do wciągania wody i werandę, na której będę siadywał wieczorami i doglądał mojej dziedziny. Wiedząc, co zasiałem w głowach redaktorów, którzy zdecydowali o moim kontrakcie, zdawałem sobie sprawę, jak wiele się ode mnie oczekuje.

32 Twiglets – marka zbożowych chrupek przypominających kształtem małe gałązki.

Dopiero teraz przekonałem się, ile wszystko zabiera czasu, gdy nie ma się narzędzi. Ścięcie drzewa o średnicy ośmiu centymetrów za pomocą tępego kawałka muszli to prawie dwie godziny pracy. Wybierając lokalizację dla szpanerskiego domku na drzewie, szukałem więc takich formacji drzew, które zaoszczędziłyby mi jak najwięcej pracy. Miałem nadzieję, że uda mi się znaleźć trzy drzewa rosnące w trójkącie, które mogłyby posłużyć jako filary, a w dodatku miałyby konary na odpowiedniej wysokości, pomiędzy które można by wpasować dźwigary podłogi.

Mimo żmudnych poszukiwań nie znalazłem grupy drzew, która pomogłaby mi zrealizować marzenie o wiszącym domu. Zaczęło do mnie docierać, że cały pomysł był zbyt optymistyczny – niedorzecznie optymistyczny. Samo skonstruowanie trójkątnej wiszącej platformy zabrałoby mi trzy dni ciężkiej pracy – i to bez gwarancji, że będzie wystarczająco mocna i stabilna. Przykrycie platformy dachem oznaczało pracę na znacznej wysokości bez drabin, lin czy zabezpieczeń. Zacząłem się poważnie obawiać, że to niewykonalne.

Przerwa.

Wróciłem do jaskini, usiadłem w kamiennym kręgu i wziąłem kilka głębokich oddechów. Kurczę, po co ja się w to pakuję? Spojrzałem na morze i głośno podziękowałem za to, że mam ogień. To jednak coś. Potem wróciłem myślami do projektu budowy domu i zadałem sobie pytanie, dlaczego tak naprawdę chcę się wyprowadzić z jaskini, która była ciepła, sucha i doskonale spełniała swoją rolę.

Odpowiedź była następująca. Gdybym chciał, mógłbym przez 60 dni spać w łajnie pokrywającym dno jaskini i jeść surowe ślimaki. Moim celem nie było jednak wyłącznie przetrwanie. Planowałem przejść ewolucję, uwieńczoną pełną stabilizacją, a zbudowanie domu miało być jej istotnym etapem. Przyjąłem to do wiadomości i zadałem sobie następne pytanie: dlaczego chcę budować dom na drzewie zamiast prostego i praktycznego szałasu na ziemi. Odpowiedź była prosta: chciałem dotrzymać naiwnych obietnic złożonych ludziom z Discovery Channel. Chciałem się popisać. Pragnąłem pokazać, że nie tylko jestem w stanie przeżyć, ale mogę zrobić to **z fasonem**. Teraz chciało mi się śmiać z siebie i z sytuacji, w którą zabrnąłem. Nie mogłem przewidzieć, jak trudny okaże się ten projekt – nikt nie mógł tego przewidzieć – zanim nie podjąłem próby jego realizacji. Dopiero wtedy zdałem sobie sprawę, że połączenie wielu rozmaitych czynników czyni to zadanie wyjątkowo trudnym do wykonania. Dlaczego więc nie pozwolić projektowi rozwijać się w sposób naturalny i nie zbudować takiego lokum, które uwzględniałoby to, co teraz wiedziałem?

Doszedłem do wniosku, że schronienie nie musi być wzniesione ponad poziom gruntu. Miałem do dyspozycji suchy i płaski kawałek lasu i zignorowanie tego faktu byłoby głupotą. Postanowiłem zbudować prosty szałas o dwuspadowym dachu przypominający pokryty strzechą namiot. Będzie mnie chronił przed wiatrem i deszczem, a co najważniejsze taka konstrukcja była w zasięgu moich możliwości.

Świadomość, że muszę przedefiniować cele nie napełniała mnie entuzjazmem. To oznaczało, że prawdopodobnie nie osiągnę poziomu domku na drzewie z wbudowaną wanną z ciepłą wodą. Pocieszałem się jednak, że przynajmniej będę mógł zamieszkać w lokum, które nie tylko zaadaptowałem, lecz które sam zbudowałem. W tych okolicznościach nie było mnie stać na więcej.

Nieco bardziej spokojny wróciłem do lasu, żeby dokładniej obejrzeć trzy lokalizacje o względnie płaskim podłożu z dwoma drzewami po bokach. Na nich właśnie miałby się wspierać mój szałas. Spokojnie przechadzałem się między nimi, zestawiając plusy i minusy. W końcu zdecydowałem się na tę, która znajdowała się zaledwie parę metrów od linii palm kokosowych wyznaczającej linię przypływu. Były tam dwa solidne drzewa z poręcznymi rozgałęzieniami nieco powyżej głowy, w których mogłem umocować żerdź pełniącą rolę kalenicy. Wracałem do jaskini w przekonaniu, że podjąłem właściwą decyzję, a cały plan jest wykonalny.

Wieczorem, żeby zaoszczędzić słodkiej wody, znowu gotowałem w wodzie morskiej i dlatego nie mogłem wypić pożywnego wywaru ze ślimaków, ale zapas wody pitnej był priorytetem. Pozwoliłem sobie na pół szklanki herbatki z liści cytryny i kiedy jej ciepło rozgrzewało jeszcze mój brzuch od środka, zwinąłem się w kłębek koło ogniska i zamknąłem oczy.

„Dzień dobry. To dzień szesnasty".

Rozbiłem o skałę skorupę kokosa i rozłożyłem wokół ognia nieregularne kawałki miąższu. Moja technika pieczenia także podlegała ewolucji. Najbardziej lubiłem obgryzać okopcony brzeg, gdzie miąższ był trochę przypalony. Przy każdym ugryzieniu spod skarmelizowanej skorupy eksplodował gorący słodki sok.

Do harpuna przymocowałem zęby wykonane ze znalezionego poprzedniego dnia twardego drewna, ale tym razem przywiązałem je do grubszego końca drzewca. „Nie jestem wędkarzem – naprawdę – ale patrząc na ocean, oceniam, że dziś niczego nie złowię. Fale są za duże" – stwierdziłem, wpatrując się w pokrywające lagunę białe grzywy. Doszedłem do wniosku, że przez długie okresy nie będzie się dało łowić ryb tą metodą. Powinienem postawić na polowanie? Szczury? Ptaki? Kozy? Znowu byłem na siebie wściekły za to, że nie poświęciłem wystarczająco dużo czasu na rozmowy z wyspiarzami. Nie wiedziałem, jak łowią ryby, gdzie je łowią i kiedy. Cały ten rybny interes nie wyglądał więc zbyt obiecująco – nie dlatego, że bałem się wody, ale nie miałem ochoty marnować czasu na coś, co i tak skazane jest na niepowodzenie.

Skupiłem się więc na szałasie, ponieważ w tym przypadku prawdopodobieństwo uzyskania pożądanych efektów było większe. Pierwszym elementem konstrukcji była kalenica, która jako kluczowy element nośny musiała być solidna. Odmierzyłem krokami odległość między drzewami i natychmiast uświadomiłem sobie, że nie zdołam ściąć odpowiednio długiego i mocnego drzewa.

Ponieważ akurat przepełniała mnie wiara we własne siły, zdecydowałem się na sprawdzoną metodę, którą stosowałem przy okazji projektów budowlanych w Belize (choć tam miałem do dyspozycji tarcicę i gwoździe). Postanowiłem wykorzystać dwie żerdzie związane korą ketmii. Dzięki temu mógłbym uzyskać wystarczająco długą kalenicę, bez konieczności ścinania dużego drzewa, co kosztowałoby mnie zbyt dużo energii.

Przeznaczyłem na ten cel tyczkę, której wcześniej używałem do zrywania orzechów kokosowych i która była za ciężka. Na drugą część kalenicy wybrałem drzewko, które udało mi się ściąć względnie łatwo po mniej więcej godzinie pracy. Pociągnąłem je w dół stromego zbocza do miejsca znajdującego się dziesięć metrów powyżej „placu budowy", gdzie zaczynał się niemal pionowy klif. Stamtąd zepchnąłem je do mojego przyszłego obozowiska, a sam ruszyłem w dół łatwiejszą drogą. Po obcięciu gałęzi ułożyłem obie żerdzie grubszymi końcami na zewnątrz, natomiast węższe złożyłem „na zakładkę", która miała mniej więcej metr długości. Następnie solidnie obwiązałem połączenie korą, otrzymując w efekcie bardzo mocną i bardzo długą kalenicę.

Moje nastawienie nadal było bardzo konstruktywne, ale zużyłem całą energię, jaką zapewniło mi śniadanie. Musiałem już tylko umieścić żerdź na naturalnych wspornikach, jakie tworzyły gałęzie drzew. „Chyba będzie dobrze – zaczyna się fajna zabawa" – stwierdziłem, kiedy zobaczyłem, że projekt idzie w dobrą stronę. Ostrożnie wsunąłem jeden koniec kalenicy w rozwidlenie gałęzi, a następnie uniosłem ją do poziomu i umieściłem drugi koniec we właściwym miejscu.

Zrobiłem dwa kroki w tył i podziwiałem własne dzieło.

Efekt pracy był widoczny od razu. Miałem zalążek przyzwoitego szałasu z bardzo solidną kalenicą rozpiętą między drzewami na wysokości mniej więcej dwóch i pół metra. Zabrało mi to około trzech godzin. Na skutek niedożywienia każda czynność kompletnie mnie wyczerpywała. „Jakbym budował dom po przedawkowaniu Valium" – stwierdziłem do kamery. „Ta kalenica dużo dla mnie znaczy – to początek mojego nowego domu".

Uświadomiłem sobie, że od dobrych dziesięciu minut podziwiam powstającą konstrukcję w całkowitej ciszy. Jedną z zalet tego miejsca było to, że od plaży odgradzał mnie gąszcz młodych palm. Mniej więcej pięciometrowa ściana zieleni nie przepuszczała wiatru wiejącego znad Pacyfiku. Im dłużej się nad tym zastanawiałem, tym bardziej wybór miejsca wydawał się sensowny. „Jestem bardzo odwodniony – ledwo mówię".

Wracając do jaskini, rozmyślałem o tym, co tego dnia zrobiłem. Zauważyłem, że najbardziej produktywny byłem wtedy, gdy koncentrowałem się na jednym zadaniu. Przewidywałem, że skonstruowanie szkieletu i pokrycie go strzechą zajmie mi około tygodnia – pod warunkiem, że skupię się wyłącznie na budowie. Nie chciałem, żeby ciągnęła się bez końca, więc cały dostępny czas postanowiłem poświęcić szałasowi. Musiałem rzecz jasna wykonywać codzienne prace zapewniające przeżycie, takie jak zbieranie drewna na opał i ślimaków czy chwytanie krabów, jednak większe przedsięwzięcia, takie jak polowanie czy łowienie ryb, trzeba było odłożyć na później.

Przestałem skrupulatnie pilnować, na jak długo pozostawiam ogień bez dozoru, więc kiedy wróciłem do jaskini, w masie lekkiego szarego popiołu żarzył się jedynie mikroskopijny węgielek. Nie przejąłem się tym jednak, bo „obsługa" ogniska nie miała już dla mnie tajemnic i wiedziałem, że wystarczy dołożyć kilka patyków i delikatnie dmuchnąć, żeby po kilku sekundach ponownie pojawił się płomień. Praktyczna kompetencja dawała mi pewność siebie.

Odgryzłem kilka kęsów taro i wyplułem do garnka, żeby ugotować na kolację. „To był dziwny dzień, Granville" – wyznałem memu najlepszemu przyjacielowi – kamerze – nawiązując do ostatniej sceny brytyjskiego serialu komediowego „24 godziny na dobę", który do pewnego stopnia odzwierciedlał moje codzienne zmagania i konieczność akceptacji życiowej monotonii. „Rano czułem, jak rośnie we mnie panika, ponieważ od rozniecenia ognia nie miałem na swoim koncie żadnych nowych osiągnięć. Skupiłem się więc na szałasie i powiedziałem sobie, że dopóki nie zbuduję porządnego domu, nie będzie żadnego łowienia ryb ani polowania.

Kiedy przestałem przeskakiwać od jednej rzeczy do drugiej i poświęciłem się tylko jednemu projektowi, natychmiast odczułem odprężenie i praca stała się łatwiejsza".

Kokosowe „herbatniki" upieczone na kamieniach wokół ogniska przez cały dzień dodawały mi energii. Zdjąłem moją zgrzebną spódniczkę i zawiesiłem na przypominającym wieszak występie skalnym. Nagi rozsiadłem się na cinesaddle.

Nieco wcześniej odbyłem dziesięciominutowy spacer do Zatoczki we Wraku, który przyniósł mi garść szprotek, a teraz ruszyłem na poszukiwanie bardziej jadalnych morskich form życia. Trzydzieści ślimaków było już teraz normą – dlaczego miałbym ograniczać się do dziesięciu, jeśli mogę zjadać trzydzieści? Zauważyłem kraba, który zmykał do kryjówki pod kamieniem, więc rzuciłem się, żeby schwytać biegnącą ile sił w nogach kolację.

„Mam go!" – odśpiewałem triumfalnie.

Na najniżej położonej skale, która tworzyła dosyć niebezpieczną rampę wiodącą do jaskini, porozbijałem muszle ślimaków, obrałem je i umyłem. Wraz z jedynym krabem stworzyły niezbyt solidną kolację.

Z gorącym posiłkiem w żołądku usiadłem w kamiennym kręgu, czekając, aż się zaparzy herbatka. Za dziesięć minut słońce miało sięgnąć niebieskiej linii horyzontu, by zaraz potem za nią zniknąć.

„Dziękuję, Amando. Dziękuję, Jeremy. Dziękuję, Haroldzie. Dziękuję…". Lista nie miała końca, a ja odczuwałem głęboką wdzięczność za wszystko, co wydarzyło się w ciągu ostatnich dni. Teraz bardzo doceniałem drobne wygody i znowu miałem poczucie, że ktoś się o mnie troszczy. Rozkoszowałem się własnymi osiągnięciami. Kiedy nastał wieczorny chłód, czułem na ciele ciepło ognia. Dojście tu, gdzie byłem, zabrało mi trochę czasu, ale bez wątpienia byłem na dobrej drodze.

Kiedy słońce dotknęło horyzontu, połączyłem się duchowo z Amandą. „Witaj, kochanie" – zacząłem. Wcześniej zastanawialiśmy się, jak będziemy sobie radzić z sześćdziesięciodniowym brakiem kontaktu. Ustaliliśmy, że o określonej porze będziemy myśleć o sobie nawzajem. Świadomość, że na dwóch końcach świata robimy dokładnie to samo, podnosiła na duchu. Mimo dzielącego nas ogromnego dystansu, coś nas łączyło. Jakbyśmy w milczeniu siedzieli ze słuchawką telefonu przy uchu. To, że w Wielkiej Brytanii Amanda myśli o mnie każdego ranka, oznaczało, że mimo przeszkód nadal jesteśmy razem.

Jestem pewien, że każdy, kto po śmierci ukochanej osoby czuł jej obecność, zrozumie moje pragnienie utrzymywania przez cały czas tego rodzaju kontaktu. Za nic w świecie nie chciałem dopuścić do tego, żeby sprawdziło się powiedzenie „Co z oczu, to z serca". Wybraliśmy porę mojego zachodu słońca, ponieważ nie byłem pewien, czy będę mógł trzymać się ściśle innej pory dnia, a tak wystarczyło, że Amanda wpisała do Google'a „godzina zachodu słońca na Fidżi" i już wiedziała, kiedy wypada tych kilka chwil przeznaczonych wyłącznie dla nas.

Nie obchodzi mnie, czy zyskam przez to opinię maminsynka albo dziwaka rodem z hipisowskiej alternatywy. Robiliśmy to z Amandą dla siebie i dla nikogo innego. To było potwierdzenie, że rozstanie będzie dla nas trudne i w ten sposób spróbujemy złagodzić jego dolegliwość. Dlaczego więc o tym wspominam? Ponieważ to właśnie sposoby radzenia sobie z przeciwnościami, z nieoczekiwanymi stresami i obawami czynią tę opowieść interesującą. Mógłbym oczywiście pisać wyłącznie o kokosach i ślimakach, ale kiedy człowiek jest sam na wyspie, zdany wyłącznie na własne siły, dociera znacznie głębiej i staje wobec znacznie większych wyzwań niż jedzenie i picie. Widzi wtedy, co jest w życiu ważne. To jest właśnie to, za czym tęskni i o czym myśli. Nieważne, że to sprawy prywatne, nieważne, czy wyjdę na macho, czy wręcz przeciwnie. Próba podtrzymania kontaktu z ukochaną kobietą była dla mnie czymś ogromnie ważnym, źródłem pozytywnego myślenia, bez którego nie przeszedłbym tej wymagającej próby.

„Dobranoc, kochanie, kocham cię z całego serca" – powiedziałem na głos. W ciemności kolejna łza stoczyła mi się po policzku.

Dzień numer siedemnaście. Dzień dobry. Mówiąc bez ogródek: jeszcze czterdzieści trzy dni". Ze świadomością, jak to długo, wydrapałem kredowy znak na ścianie jaskini. Poszedłem zastawić pułapkę na szprotki, aby utrzymać w organizmie poziom tłuszczów omega. W nocy zwaliła się palma kokosowa i na plaży leżało mnóstwo zielonych kokosów. Wystarczyło je pozbierać. Zadziwiająco pomyślny zbieg okoliczności w sytuacji, gdy tyczka, którą je strząsałem, była teraz częścią składową kalenicy przyszłego szałasu. Znowu ktoś o mnie zadbał.

Złapałem kraba pustelnika, który poszedł na łatwiznę i pałaszował leżące na ziemi orzechy. Chciałem go zachować na lunch, więc odruchowo złamałem mu szczypce, czyniąc stworzenie bezbronnym. Zbierałem też brązowe kokosy będące obecnie dla mnie głównym źródłem kalorii.

Kiedy poszedłem popracować przy szałasie, spotkałem kozy. Posuwały się wolno pod górę, oddalając się ode mnie. Pomyślałem, że przydałby się łuk albo dzida. W następnej kolejności musiałem się zająć polowaniem – a nie łowieniem ryb – ale teraz na pierwszym miejscu był szałas.

Wypiłem zawartość zielonego kokosa i zająłem się oczyszczaniem terenu z pędów i liści. Na kolanach, używając muszli, uporządkowałem 16 metrów kwadratowych. Musiałem też usunąć dużą gałąź, która zwisała tam, gdzie miał być dach. Odcięcie giętkiej gałęzi zabrało mi całą wieczność – uginała się pod każdym uderzeniem „siekiery" – lecz w końcu plac budowy był czysty. Pora na lunch.

Czterdzieści minut później zupa stała na ogniu. Zebrałem szprotki, ślimaki i kraby, zalałem je słodką wodą z odrobiną wody morskiej, którą dodawałem już teraz za każdym razem. „Gotowanie zajmie dziesięć minut, więc zanim zjem, minie godzinna przerwa na lunch" – marudziłem. Wtedy dotarło do mnie, że moja kalkulacja nie jest zbyt mądra. „Przecież w ogóle nie odpoczywałeś – przez cały czas zbierałeś pożywienie! Dopiero co usiadłeś. Spokojnie! Bez nerwów!".

Kiedy czekałem, aż zawartość „garnka" zacznie się gotować, uświadomiłem sobie, że podczas odpływu morze jest zawsze dużo spokojniejsze. Domyśliłem się, że powodem jest rafa, która wtedy wyżej wystaje nad wodę i skuteczniej osłania lagunę. Wniosek był prosty: właśnie podczas odpływu powinienem zapolować na ryby – w spokojnej wodzie łatwiej będzie je dojrzeć.

Palcami wyjadłem wszystko z plastikowej „miski", a resztki usunąłem, uderzając nią o kolano. W dnie pojawiło się pęknięcie, więc musiałem ją przechylać, żeby nie uronić ani kropli pożywnego bulionu, za którym tak przepadałem. „Nektar" – stwierdziłem, kiedy przełknąłem ostatnią kroplę. Moja dieta nie zmieniła się zasadniczo od czasu, gdy byłem chory. Podstawowa różnica polegała na tym, że teraz wszystko gotowałem. „Chyba do końca życia będę cenił dobre jedzenie. Teraz ślinka mi cieknie na myśl o wywarze z morskich ślimaków. Jest niewiarygodnie smaczny". Mówią, że głód jest najlepszym kucharzem. W domu z pewnością bym tego nie tknął, ale w świecie pozbawionym luksusów liczą się nawet najprostsze przyjemności. Ogromnie wiele radości dawało mi znajdowanie i gotowanie pożywienia – no i rzecz jasna samo jedzenie. Cieszył mnie każdy etap tego procesu, a wcześniej, jeśli w domu nie było nic innego, zadowalałem się makaronem i sosem z torebki.

Od czasu do czasu cieszyło mnie nawet własne towarzystwo – cisza i spokój. Byłem lata świetlne od tamtego faceta, którego dni wypełniały spotkania, trening, rozmowy telefoniczne, tweety i e-maile. Kiedy przyzwyczaiłem się do samotności, przestała mnie przytłaczać spoczywająca na mnie odpowiedzialność. Pozostała wolność – czysta i lekka.

Na szczęście drugi dzień prac budowlanych zawsze bywa dość nieskomplikowany. Potrzebowałem dwunastu drzewek na krokwie, które oparte o kalenicę utworzą szkielet usztywniający jedną połać dachu. Miała na nich spoczywać strzecha, więc musiały być względnie proste i, co ważniejsze, wystarczająco mocne, aby utrzymać ciężar kilkuset palmowych liści.

Wyruszyłem na poszukiwanie odpowiednich żerdzi. Piąłem się w górę przez dżunglę rosnącą za moim obozowiskiem, kierując się w stronę Highlands. W wysokopiennym, niezbyt gęstym lesie mogłem przebierać w młodych drzewkach. Pamiętając o tym, że muszę oszczędzać siły, szukałem takich, które spełnią swoje zadanie, a jednocześnie nie będą za grube. Palcami zmierzyłem obwód kilku drzewek i potem już na oko mogłem ocenić, które będą najlepsze.

Kiedy dokonałem wyboru, przyklękałem i przystępowałem do żmudnego wgryzania się w pień za pomocą „siekiery" z muszli. W każdym przypadku ścięcie zajmowało prawie czterdzieści minut. Po każdych kilku silnych uderzeniach odpoczywałem przez chwilę, ciężko dysząc.

Po południu miałem na placu budowy trzy żerdzie. Podczas krótkiej przerwy nastawiłem pułapkę na rybki i zjadłem trochę przypieczonego kokosa. Późnym popołudniem ściąłem jeszcze trzy drzewka i tak minął cały dzień. Zacząłem korygować szacunki dotyczące tego, ile zabierze mi zbudowanie szałasu.

Nadal nakrywałem skalny rezerwuar przy wycieku palmowym liściem, aby zwiększyć popołudniowy napływ, jednak nie zdawało się to na wiele. Skała wciąż mocno się nagrzewała, więc zdołałem jedynie zwilżyć usta łykiem ciepłej wody zalatującej plastikiem. Postanowiłem zrezygnować z herbatki na rzecz zupy ślimakowo-ślizowej. Gdy do gotowania użyłem słodkiej wody, posiłek był znacznie bardziej obfity i nie marnował się tłuszcz moich rybek.

Przekonywałem sam siebie, że oczyszczenie miejsca pod szałas, które zajęło mi cały ranek, było niezbędne, a ścinanie drzew po prostu zabiera dużo czasu. Miałem nadzieję, że tego samego dnia zetnę drzewka na wszystkie krokwie, ale musiałem się zadowolić sześcioma. To był postęp – fizyczny, namacalny postęp – ale ja nadal nie byłem do końca zadowolony.

Wycięcie trzech drzewek pozbawiło mnie sił i postanowiłem zrobić przerwę na lunch. Byłem zdołowany perspektywą kolejnego posiłku składającego się ze ślimaków i z kokosów. Nie, żebym nie lubił ślimaków czy kokosów, ale inne rzeczy też lubię, a różnorodność nadaje życiu smak, *et cetera*, *et cetera*.

„Jeśli mam zbudować ten szałas, nie mogę poświęcać więcej czasu na zdobywanie lepszego pożywienia" – powiedziałem sobie. „Mogę przeżyć na kokosach i ślimakach – ale nie chcę się nimi żywić do końca mojego pobytu. Po prostu nie chcę". Uznałem, że jadanie przez jakiś czas prostego pożywienia to cena, którą jestem gotów zapłacić za zbudowanie sobie nowego domu.

Po południu okazało się, że mój nieczynny mózg nie jest już dłużej w stanie spokojnie odbierać i przetwarzać huku rozbijających się o brzeg fal. Najwyraźniej próbowałem zagłuszyć ten nieprzerwany biały szum irytującymi piosenkami. Przypomniał mi się film „Czekając na Joe". Joego Simpsona, który wywleka swe poranione ciało z lodowej szczeliny, przez kilka dni prześladuje piosenka „Brown Girl in the Ring". „Cholera jasna – umrę przy Boney M" – myśli Joe. Mój przebój na to popołudnie nosił tytuł „Grandfather Clock". Ta monotonna i pozbawiona treści piosenka, która opowiada o tykaniu zegara, była jak przekręcenie noża w ranie, ponieważ bez przerwy myślałem o upływie czasu:

„My grandfather's clock was too large for the shelf,
So it stood ninety years on the floor;
It was taller by half than the old man himself,

Though it weighed not a pennyweight more.
It was bought on the morn of the day that he was born,
And was always his treasure and pride;
But it stopped – short – never to go again
When the old man died.

Ninety years without slumbering (tick, tock, tick, tock),
His life's seconds numbering (tick, tock, tick, tock),
It stopped – short – never to go again when the old man died"[33].

Po kilku godzinach zacząłem zazdrościć Joemu jego playlisty. Próbowałem nucić w myślach inne piosenki, ale gdy tylko przerywałem, natychmiast powracało natrętne „tick, tock, tick, tock".

W pewnym momencie musiałem wszystko odłożyć na bok. Mój mózg był na granicy szału. Musiałem usiąść i wsłuchać się we własne myśli. Kiedy przestałem utożsamiać się z głosami i neurotycznymi myślami – te odpłynęły, a ja nieco się rozluźniłem. Ale piosenki ciągle wracały. Może się wydawać, że to drobnostka, ale zapewniam, że wtedy tak tego nie odczuwałem. Stanąłem wobec bardzo niepokojącego faktu: nie potrafiłem zapanować nad własnym umysłem. To nie jest

33 Autorem tej napisanej w 1876 roku popularnej piosenki, której rzeczywisty tytuł brzmi „My Grandfather's Clock", jest Henry Clay Work. Przywołany przez autora fragment doczekał się poetyckiego przekładu na język polski autorstwa Marii Zofii Tomaszewskiej, który nosi tytuł „Zegar dziadka": W salonie jest zegar stojący, drewniany, / Kurantów nam nie wyśpiewuje. / To nasza pamiątka po dziadku kochanym, / Którego nam bardzo brakuje. / Zegar został kupiony, gdy dziadek rodził się, / To był skarb jego wielki i duma, / Stanął i już nigdy nie ruszył, / Przestał chodzić, gdy dziadek mój umarł. / Minął rok od tego dnia, / Zrobił stop, gdy dziadek zmarł. / I od chwili, gdy z dziadka uszła dusza, / Zegar już wskazówkami nie rusza. / (Transkrypt nagrania zamieszczonego na stronie www. edmuz.pl)

najlepsza wiadomość w kontekście 60 dni samotności na tropikalnej wyspie. Czy to oznaczało, że oszalałem? Jeśli chcę, żeby to ucichło, a to nie cichnie, to kto, do cholery, puszcza te piosenki wbrew mojej woli? Inny ja? Czy to schizofrenia? Do kogo należą te dwa głosy? Który jest rzeczywisty?

Po ścięciu kolejnych trzech drzewek miałem już sześć krokwi, które oparłem o kalenicę. Postanowiłem, że najpierw wykończę jedną połać dachu. Ta, która osłaniała przed dominującymi na wyspie wiatrami była bez wątpienia ważniejsza, więc uznałem, że najpierw pokryję ją strzechą, a dopiero potem zacznę się martwić o resztę. To miało sens, ponieważ mogłem zamieszkać w połowie szałasu, którą byłem w stanie zbudować w dwa razy krótszym czasie. Podczas gdy moja konstrukcja zaczęła nabierać kształtu, ja zacząłem się zastanawiać, dlaczego wybrałem właśnie taki typ szałasu.

Czekało mnie pokrycie strzechą wielkiej powierzchni i zacząłem się martwić, że zabierze mi to wiele dni. Musiałem przy tym wziąć pod uwagę kilka czynników. Gdyby szałas mieścił tylko moje legowisko, potrzebowałbym drugiego na ognisko, kolejnego na wielką stertę opału (który musiałem składować w suchym miejscu) i jeszcze jednego na sprzęt filmowy i zapasy. To nie miało najmniejszego sensu, ponieważ jaskinia była wystarczająco obszerna, by pomieścić to wszystko pod jednym dachem z litej skały. Jeśli więc w ogóle miałem się przeprowadzić, potrzebowałem podobnej powierzchni mieszkalnej.

Kolejny czynnik był następujący. Gdyby szałas przeciekał, oznaczałoby to, że nie tylko się nie rozwijam (a na tym przecież polegała misja moja i kanału Discovery), ale wręcz cofam się w rozwoju. Strzecha musiała więc mieć odpowiednio duży spadek, by dostatecznie szybko odprowadzać wodę. Woda gromadząca się na dachu oznacza przecieki. Przy takim spadku uzyskanie niezbędnej powierzchni mieszkalnej wymagało wzniesienia konstrukcji sięgającej wysoko ponad głowę – około 2,5 metra. Szałas musiał więc mieć około 3,5 metra długości i 2,5 metra wysokości, zatem długość krokwi od ziemi do kalenicy musiała wynosić także około 3,5 metra. Trzy i pół metra pomnożone przez 3,5 metra daje mniej więcej 12 metrów kwadratowych strzechy! Mnóstwo, jeśli wziąć pod uwagę, że nakrywamy w ten sposób zaledwie 5,5 metra kwadratowego podłogi. Szacowałem, że przy tych założeniach budowa wraz z pokryciem strzechą zajmie mi dziesięć dni. Jeśli każdego dnia na prace budowlane przeznaczę sześć godzin, metr kwadratowy mojej nieruchomości będzie kosztował około dziesięciu roboczogodzin. Cena wydawała się przystępna.

Było dopiero wczesne popołudnie, dlatego wybrałem się na drugą stronę wyspy w poszukiwaniu wody. Słońce prażyło niemiłosiernie, a ponieważ chciałem pójść brzegiem morza, znowu jako kremu ochronnego użyłem gliniastego osadu z zebranej wody. To była jedna z tych rzeczy, o których słyszałem wcześniej i których skuteczność potwierdzili mi Aborygeni, ale dopiero kiedy rozprowadziłem to kleiste błoto po własnym ciele, mogłem ocenić, jakie jest niezwykłe. Mogłem równomiernie rozsmarować glinę po skórze, nie twardniała, nie powodowała swędzenia, nie pękała i nie odpadała. Przez całe popołudnie pozostawała elastyczna i zachowywała własności ochronne, a ja miałem wrażenie, że działa na moją skórę niczym odżywka.

Niestety, poszukiwania wody okazały się bezowocne. Choć wcześniej spadł drobny deszczyk, w wykopie u stóp

„amfiteatru" znowu było sucho. Jeśli w przyszłości chciałem korzystać z tego źródła wody, musiałem się bardziej uwijać – zaraz po burzy wykop byłby wypełniony po brzegi. Wbrew wcześniejszym ocenom, to wcale nie było doskonałe rozwiązanie.

Na tyłach Obozu Cytrynowego wykopałem kilka różnych roślin w poszukiwaniu jadalnych korzeni. Ponad godzinę ryłem w twardej gliniastej ziemi, zastępując szpadel kamieniem i długim kijem. Zdołałem już zrzucić moją miejską, obwisłą nadwagę – byłem smukły i opalony, a na głowie miałem turban z zielonego T-shirta. Niestety kopanie też nic nie dało.

Wyrwałem taro, które wcześniej przesadziłem. Nie znalazłem bulw, ale uznałem, że główny korzeń też musi być bogaty w skrobię. Miał wielkość sporej rzepy, więc jako dodatkowe źródło węglowodanów był nie do pogardzenia. Włochaty korzeń wylądował w koszu.

Ponieważ nieustannie rozglądałem się za nowymi rodzajami pożywienia, postanowiłem spróbować liści taro. Były duże, zielone i wyglądały na jadalne. W końcu wyrastały z jadalnego korzenia.

Kiedy włożyłem go do ust, dziąsła i język od razu zaczęły mnie piec. To musiała być reakcja na jakieś szkodliwe substancje, ponieważ w ustach pojawiło się mrowienie, a wargi i język alarmująco spuchły. „Stafford, ty idioto" – rzuciłem do kamery. „Język mnie pali". A przecież doskonale wiedziałem, jak się sprawdza, czy coś jest jadalne, i nawet jeśli pominąłem etap wcierania w dziąsła, powinienem przynajmniej ograniczyć się do bardzo małej porcji. A ja zwinąłem cały liść i schrupałem go jak grubas pałaszuje kebab, kiedy zamykają restaurację.

Niedożywienie i odwodnienie, których efekty stale się kumulowały, zaczynały zbierać swoje żniwo. Stałem się nierozważny, podczas gdy mój organizm zjadał sam siebie od środka. Wyplułem wszystko, co miałem w ustach i przepłukałem gardło słodką wodą. Nadal oddychałem (OK) i mogłem mówić (OK). Kiedy objawy ustąpiły, pocieszałem się, że reakcja nie była zbyt gwałtowna, ale gdybym miał pecha i mój stan wymagał hospitalizacji, mogłem umrzeć.

W drodze powrotnej niczym rasowy śmietnikowy szperacz zbierałem do koszyka różności, które mogły mi się kiedyś przydać: linki przyczepione do pływaków od rybackich sieci, kilka kolejnych butelek (chciałem być dobrze przygotowany na wypadek pierwszego porządnego deszczu), a nawet wciśniętą między kamienie szczoteczkę do zębów. To ostatnie znalezisko oznaczało, że startym węglem drzewnym dotrę do szczelin między zębami niedostępnych dla moich grubych palców. „Fantastycznie – absolutnie fantastycznie". Wyszczerzyłem zęby w uśmiechu. A potem – co było niemal zbyt niedorzeczne, aby mogło być prawdziwe, i co mogło się wydarzyć tylko na archipelagu Fidżi – znalazłem piłkę do rugby.

Uśmiechałem się, ale do czego mogła mi się przydać? Nie była do końca napompowana, a szanse na znalezienie pompki rowerowej i igły do pompowania piłki były marne. Ale i tak wrzuciłem ją do kosza, a posiadanie przedmiotu, który dobrze znałem, od razu poprawiło mi nastrój. Piłka przypomniała mi o mojej miłości do tego sportu, o cotygodniowych potyczkach w towarzystwie starych przyjaciół, które pozwalały w zgodzie z prawem rozładowywać napięcia dnia codziennego. Świadomie nie obejrzałem wcześniej „Castaway – poza światem" z Tomem Hanksem, żeby nie pojawiła się pokusa naśladowania jakichś scen, ale z grubsza znałem treść tego filmu. Miałem więc teraz swojego

Wilsona – piłkę do siatkówki tej firmy znajduje w filmie Hanks – choć w moim przypadku był to raczej Gilbert (to nazwa wiodącego producenta piłek do rugby).

Jako doświadczony szperacz zauważyłem także długie i gładkie tyczki, które przypłynęły morzem z sąsiednich wysp. Wszystkie były przycięte maczetą i musiały wcześniej służyć wyspiarzom do przepychania łodzi przez rafy. Postanowiłem przenosić je po jednej do jaskini przy okazji każdej wizyty, ponieważ można z nich było zrobić spód bardzo równego i wygodnego łóżka.

Kiedy wbiłem harpun w piasek – złamał się. Natychmiast się pocieszyłem, że długość tej części, która znajduje się za miejscem chwytu, z punktu widzenia moich potrzeb jest z pewnością nieistotna. Kiedy jednak ponownie go wypróbowałem, okazało się rzecz jasna, że jest teraz źle wyważony. Odpowiednia waga tylnej części była niezbędna, by utrzymać go w poziomym locie. Zachichotałem na myśl, jak teraz zgrzytają trybiki w moim umyśle, który zmuszony jest rozwiązywać nowe dla siebie problemy. Moja wiedza dotycząca przetrwania w prymitywnych warunkach oraz doświadczenie rosły z każdym dniem.

Po powrocie do jaskini obiłem o skałę korzeń taro i przekonałem się, że w środku rzeczywiście przypomina ziemniaka i zawiera skrobię. Mogłem go zjeść! To odkrycie podwajało produktywność każdej rośliny i zupełnie mnie nie obchodziło, że tutaj być może się go nie jada. Ja miałem zamiar to zrobić. Poobrywałem mackowate korzonki przypominające pędy fasoli i zdecydowałem, że właśnie z nich przyrządzę sobie wieczorny posiłek.

Wieczór był cichy. Pokryte siwymi barankami niebo okrywało spokojną lagunę. Był odpływ. Trzeciego dnia prac budowlanych wykonałem zakładany plan. Jutro umocuję krokwie. Przy budowie mogłem pracować jedynie trzy i pół godziny dziennie, natomiast resztę czasu musiałem przeznaczyć na prace związane bezpośrednio z przetrwaniem – na zbieranie drewna, pożywienia i słodkiej wody – oraz na czynności administracyjne.

Oceniałem, że korzeń taro – jeśli będę go starannie racjonował – wystarczy na więcej niż tydzień. Zanim tu przybyłem, powiedziałbym, że będzie to zaledwie kilka posiłków. Tutaj życie było inne i wiele moich wcześniejszych poglądów także musiało ulec zmianie. „Wszystko gra" – podsumowałem. „Jem trzy gorące posiłki dziennie, a prace budowlane każdego dnia posuwają się do przodu. Nieźle, Staffs. Nieźle".

Odkryłem, że kiedy leżę na boku, mogę używać miękkiego Gilberta jako poduszki. „Ale nie zacznę do niej mówić, to tylko poduszka. No, tak naprawdę to jest piłka do rugby – ale to moja poduszka" – mamrotałem do kamery, najwyraźniej bawiąc się własnym obłędem. „Wiecie co? – wyznałem. – Każdego dnia muszę trzymać mój umysł w ryzach. Jakbym odpuścił, zaraz pojawiłyby się dziwne rozmowy i tym podobne rzeczy". Byłem przekonany, że nie mogłem się wcześniej przygotować do całkowitej samotności. Trzeba samemu doświadczyć izolacji, żeby zrozumieć, jak dziwaczne skutki może za sobą pociągać.

„Przetrwanie na tej wyspie w ogromnej mierze zależy od zachowania równowagi psychicznej. Trzeba się pilnować, żeby kompletnie nie odlecieć. Muszę o tym pamiętać".

Wyłączyłem kamerę i przy ognisku ułożyłem się do snu.

Nowa szczoteczka do zębów spisała się znakomicie. Na względnie płaskim kamieniu roztarłem węgiel drzewny i nabrałem trochę czarnego proszku na zwilżoną szczoteczkę. Znamionujące cywilizację rytmiczne ruchy odprężyły mnie. „Tego nie robi żadne inne zwierzę na tej planecie!” – rzuciłem do kamery, dowodząc tym samym, że nie znam zwyczajów makaków.

Choć nie było białej miętowej piany, w połączeniu ze szczoteczką węgiel drzewny czyścił skuteczniej niż nałożony na palec. Kiedy przejechałem językiem po zębach, czułem, że są gładkie i naprawdę czyste. W wizjerze kamery ujrzałem, jak błyszczą bielą na tle znużonej i ogorzałej twarzy.

Poranny zwiad w poszukiwaniu pożywienia zakończył się totalną klapą. Morze nie wyrzuciło w nocy nic, z czego dałoby się przygotować choć najskromniejszy bankiet. Kosz był pusty, więc postanowiłem poszperać pod większymi kamieniami. Pierwszy trafił się węgorz. Był szybki jak błyskawica i tylko mój pierwotny głód sprawił, że zdążyłem przydusić go stopą i ogłuszyć na tyle, by dał się spokojnie zabić. Wydawało mi się, że rozpoznaję kolejne znalezisko – morski ogórek; pamiętałem takie z letnich wakacji w Grecji. Wydzielał z odbytu lepki biały śluz. „Wezmę go, upiekę i… zobaczę, czy jest jadalny” – stwierdziłem. To była ważna lekcja: kiedy nie ma nic do jedzenia, trzeba szukać pod kamieniami. „Pod tym był węgorz i dziwaczne zwierzę, które trochę przypomina wielkie gówno”. Jak zwykle, kiedy los już się do mnie uśmiechnął, był bardzo szczodry. Znalazłem jeszcze sześć krabów, co oznaczało, że po raz pierwszy udało mi się zebrać pożywienie na dwa posiłki – na lunch i na kolację.

Węgorza położyłem na ogniu w całości – tak jak się piecze węże – i piekłem go, nie zdejmując skóry, żeby mięso nie wyschło. Efekt był lepszy, niż się spodziewałem: od kręgosłupa odchodziły duże kawałki białego kleistego mięsa. Ogryzałem go, trzymając w obu rękach niczym kolbę kukurydzy.

Z brzuchem pełnym węgorza nazbierałem dużo gałęzi ketmii. Ostatecznie wyszło z tego ze 150 metrów „wiązadeł", które w ciągu nadchodzących dni miały mi posłużyć do pokrycia dachu. Umocowałem przygotowane dzień wcześniej krokwie i zebrałem 12 palmowych liści, którymi począwszy od następnego dnia miałem pokrywać dach. Kiedy ciągnąłem po plaży wielkie pióropusze, przypomniało mi się, jak w Ameryce Środkowej razem z grupą ochotników zbieraliśmy palmowe liście do pokrycia domów. Teraz byłem zdany wyłącznie na siebie i trochę przerażała mnie skala projektu, do którego potrzebowałem setek takich liści. Moje rozmyślania przerwał pomruk burzy. Niebo pociemniało, a po chwili zaczęły spadać na moje ramiona pierwsze wielkie krople deszczu.

Po południu zaczęło regularnie lać. To była wspaniała wiadomość, jeśli chodzi o zapasy wody, ale zmiana pogody ujawniła nowe, niedostrzegane wcześniej przeze mnie problemy. Poszedłem do lasu, gdzie zebrałem przyzwoitą ilość drewna. Kiedy przytargałem je do jaskini, od stóp do głów pokrywał mnie brud: błoto, okruchy kory i wszelkie inne gówno. Wskoczyłem do morza, żeby się umyć, a potem wracałem biegiem, drżąc z zimna w wilgotnym powietrzu. Włożyłem do ust trochę skarmelizowanego kokosa i zamknąłem oczy z rozkoszy, kiedy między zębami eksplodowała gorąca słodycz. Teraz, kiedy miałem sposób na to, żeby kokosowy miąższ nie był taki zamulający, codziennie zjadałem zawartość jednego orzecha, a mój organizm doceniał każdą tłustą kalorię.

Do zapadnięcia zmroku brakowało jeszcze kilku godzin, jednak ze względu na deszcz zawiesiłem spódniczkę na kołku. Postanowiłem zrobić sobie wolne popołudnie. Usiadłem przy ognisku i rozmyślałem o życiu – o moim prawdziwym życiu, o Amandzie i dzieciakach. Ponieważ nie chciało mi się wracać na deszcz, uznałem, że zrobię sobie prezent i posiedzę przy ogniu, myśląc o rodzinie.

Było coś cudownie prostego w gotowaniu wody na ognisku w starej puszcze, podczas gdy na zewnątrz lało, a ja siedziałem w suchej i ciepłej jaskini. Myślę, że po prostu czułem, że wychodzi na moje, że jestem w stanie zapewnić sobie komfort nawet podczas niepogody. Kontrast między tym, co się działo na zewnątrz i jak było wewnątrz jaskini, sprawiał mi wielką przyjemność.

Wczesnym wieczorem woda spływała już strumieniem ze skał przed jaskinią, a ja zbierałem ją do miski i piłem kolejne herbatki z sosnowych igieł. Nie chciało mi się opuszczać mojego ciepłego schronienia i wychodzić na deszcz, więc postanowiłem zaufać muszlom. Byłem przekonany, że rano znajdę w nich pełno wody. Obiecałem też sobie dwa kubki herbaty zaraz po przebudzeniu.

Martwił mnie opał, ponieważ zebrane przeze mnie wcześniej drewno zamokło i obawiałem się, że nie zdołam podtrzymać ognia przez całą noc. Przysunąłem wilgotne drewno do ognia na tyle, żeby się suszyło, a jednocześnie nie zajęło się od ogniska. To było ostrzeżenie: w suche dni musiałem zbierać odpowiednio dużo drewna, by mieć zapas na deszcz. Kolejna lekcja. Postanowiłem, że rano moim priorytetem będzie zebranie dużego stosu suchego drewna. Moje ognisko nie mogło zgasnąć.

Kiedy do zapadnięcia zmroku została mniej niż godzina, obawy zaczęły brać górę i wypuściłem się w deszcz, żeby zebrać więcej drewna. Nie mogłem ryzykować. Ześliznąłem się w bezkresny, mokry mrok, ubrany tylko w GoPro (mocowana na głowie kamera HD typu point-of-view). Krótka misja uspokoiła mnie i mogłem przystąpić do suszenia drugiej wiązki drewna.

Kiedy robiło się już całkiem ciemno, przypomniałem sobie, że na dnie skalnej niecki nadal leży pułapka na szprotki. Zrugałem się za to, że po południu za bardzo się zrelaksowałem i pozwoliłem, żeby różne rzeczy wymknęły mi się z rąk. Nie miałem wyjścia – musiałem pobiec na plażę w zapadającym zmroku i w deszczu, który zdążył przejść w ulewę.

„Biegiem, Stafford! Biegiem!".

Sprint w deszczu bardzo mnie pobudził. Ekscytujący był już sam bieg, a w dodatku – ponieważ nie filmowałem – biegłem nago. Mam! Chwyciłem plastikową butelkę i ze zdziwieniem zobaczyłem, że połów był marny.

Teoretycznie powinienem rozpalić większe ognisko, żeby wysuszyć drewno, ale w praktyce okazało się, że zapas opału niknie w oczach. Przekonałem jednak sam siebie, że drewna na pewno wystarczy, co miało ten przyjemny efekt uboczny, że w jaskini było ciepło.

Jaskinia doskonale sprawdziła się w wietrznej i deszczowej pogodzie. Silny poryw wiatru zafundował mi lekki prysznic, lecz w sumie było sucho i bezpiecznie. Na zewnątrz była groźna i niespokojna noc, lecz ja obserwowałem chaos natury z ciepłej wnęki w brzuchu wyspy.

卌 卌 卌 卌

Rankiem ku memu zaskoczeniu nadal zacinał deszcz. Hmm, tego nie brałem pod uwagę.

„Dzień dobry! Dziś nie spałem najlepiej". Przez całą noc dokładałem do ognia i ani na chwilę nie mogłem przestać o tym myśleć. Pocieszałem się, że gdybym nie zebrał dodatkowego opału, zabrakłoby go. To była mądra decyzja. No dobrze, czas na plażę.

Zadrżałem, kiedy wiatr i deszcz brutalnie pozbawiły mnie nocnego ciepła, lecz niezrażony kucnąłem nagi na plaży i za pomocą słomki zacząłem przenosić wodę z muszli do butelek. Sześć i pół litra – nigdy wcześniej nie udało mi się tyle zebrać za jednym zamachem. Niby nic wielkiego, ale ja byłem wniebowzięty.

Dysponowałem teraz żelaznym – i nienaruszalnym – zapasem siedmiu litrów wody, który zmagazynowałem w tylnej części jaskini. Wraz z czterema litrami na bieżący użytek, które miałem zamiar regularnie uzupełniać, dawał mi poczucie bezpieczeństwa. Wiedziałem, że mam w jaskini tygodniowy zapas wody – litr dziennie – plus to, co każdego dnia zdołam uzyskać z wycieku.

„Wydaje się, że opanowałem mentalny problem wody. To dobrze, bo całkiem niespodziewanie woda okazała się dosyć stresująca".

„Niesamowicie wieje" – musiałem podnieść głos, żeby kamera mogła go nagrać.

Pierwszą godzinę poświęciłem na zbieranie drewna. Kiedy już miałem tyle samo co dzień wcześniej – zbierałem dalej. Poznosiłem też dużo plastikowych butelek – nie mogłem zmarnować takiej okazji do zrobienia dużych zapasów wody. Teraz miałem jej w bród, ale nie wiedziałem, kiedy znowu spadnie deszcz. Nie mogłem dać się zaskoczyć, więc byłem zdeterminowany, żeby zgromadzić duży zapas drewna i wody. Tylko w ten sposób mogłem zacząć odzyskiwać spokój.

Teraz widzę, że najwyraźniej nie byłem w stanie odzyskać spokoju nawet na chwilę – niezależnie od tego, jak bardzo się starałem. Myślę, że to ważna nauka na temat sytuacji, kiedy żyjemy z dnia na dzień. Jeśli nie dostarczają nam prądu ani gazu, w kranie nie ma wody i nie odprowadza się ścieków, jeśli nie ma supermarketu, w którym można kupić jedzenie, wszystko trzeba robić samemu. To niesamowite, jak postęp cywilizacyjny uwolnił nas od konieczności zabezpieczenia tych absolutnie fundamentalnych potrzeb i jak bardzo oczywiste wydaje się nam dziś ich zaspokajanie. Żebym mógł się zrelaksować jak przysłowiowy facet wyciągnięty przed telewizorem z piwkiem w ręku w sobotnie popołudnie, wcześniej musiałem dać z siebie wszystko. W świecie mojej wyspy zapłatą za „usługi komunalne" było przygotowanie i niewdzięczne prace „domowe", a gdybym stał się leniwy, wszystkie zostałyby wstrzymane bez ostrzeżenia.

Uprzątnąłem palenisko. Nagromadzony popiół zaczął się już przesypywać przez kamienie i brudził pieczone kokosy, które były coraz bardziej szare. Oskrobałem wszystkie kamienie muszlą i poodwracałem je w taki sposób, aby ich górna powierzchnia była płaska, ponieważ wtedy można było na nich ułożyć większą ilość kokosa. Super.

Nie chciałem, żeby pogoda spowolniła tempo prac w dniu, w którym miałem zacząć pokrywać dach strzechą – zwłaszcza że miałem za sobą tak produktywny okres. Bezczynne siedzenie też nie było dobrym pomysłem. Poza tym, jeśli palmowe liście zbyt długo poleżałyby na ziemi, poszczególne listki by się pozamykały. Tak stało się z liśćmi, którymi nakryłem moją trawiastą „kołdrę", chroniąc się przed wiatrem. Przez dwie pierwsze noce wszystko było w porządku, ale potem listki zaczęły się zamykać jak liście pułapkowe muchołówki[34], a przez powstałe szerokie szpary znowu zaczął przenikać wiatr. Uznałem więc, że nie mam wyjścia i muszę pracować w deszczu.

Wróciłem myślą do mojej pierwszej ekspedycji w dżungli. To było w Belize w Parku Narodowym Mayflower. Przez sześć tygodni bez przerwy lało. Nasze obozowisko tonęło w błocie oblegane przez komary. Dopiero co wyszedłem z wojska i byłem zastępcą szefa wyprawy. Wziąłem na siebie zadanie motywowania grupy: ludzie mieli wierzyć, że pogoda nie zdoła pokrzyżować nam szyków. Nie było wyjścia, trzeba było pracować, bo musieliśmy się przebić przez dwudziestodziewięciokilometrowy szlak i wzięcie sobie wolnego dnia nie wchodziło w rachubę. Wkrótce zdałem sobie sprawę, że istnieje jeszcze inne niebezpieczeństwo: warunki mogą wpływać na ludzi. Frustracja i złość niemal zawsze biorą się ze sprzeciwu wobec tego, co się dzieje. W przypadku pogody to nie ma najmniejszego sensu – warunki i tak się od tego nie poprawią, natomiast pogarsza się samopoczucie. Każdego dnia wychodziliśmy więc do ciężkiej pracy w deszczu z uśmiechem i śpiewem na ustach. Szybko zapominaliśmy, że pada. Byliśmy przemoknięci, brudni – i zadowoleni z życia. O tym z grubsza mówi znana „Modlitwa o Pogodę Ducha":

---

34 Muchołówka amerykańska (łac. *Dionaea muscipula*) – roślina mięsożerna z rodziny rosiczkowatych występująca w naturze wyłącznie w Karolinie Północnej i Karolinie Południowej.

„Boże, użycz mi pogody ducha,
abym godził się z tym,
czego nie mogę zmienić,
odwagi,
abym zmieniał to, co mogę zmienić,
i mądrości,
abym odróżniał jedno od drugiego”[35].

Jeśli to konieczne, pomińcie słowo „Bóg” i wtedy usłyszycie, o co mi chodzi. Nie osiągnie się pogody ducha, jeśli powodem naszej frustracji jest – *nomen omen* – pogoda, wiek lub upływ czasu. To bezsensowne marnotrawienie energii. Odpuśćcie to, nad czym nie macie kontroli – właśnie dlatego, że jej nie macie. To proste. Natomiast powinniście wpływać na to, na co możecie. Wiem z doświadczenia, że chwila namysłu pozwala stwierdzić, z którą ewentualnością mamy do czynienia (to właśnie nazywamy mądrością) i zaoszczędzić mnóstwo niepotrzebnego gniewu.

Po tak długim okresie użalania się nad sobą wdrożenie tych prostych reguł zajęło mi trochę czasu. To deprymujące: nie ma na kogo ani na co zrzucić winy. Izolacja wymusza weryfikację negatywnych zachowań, które w normalnym życiu jakoś by uszły, ale tu trzeba się zmagać z konsekwencjami swego myślenia. Samemu trzeba się pozbierać.

Usiadłem na kamieniu w lejącym deszczu i próbowałem zapleść pierwszy liść. Nigdy wcześniej tego nie robiłem, ale udało mi się podpatrzeć, jak robią to wyspiarze. Tylko tak mogłem zapobiec zamknięciu się listków. Pierwsze próby były oczywiście bardzo amatorskie, więc zwolniłem

35 Autorem „Modlitwy o pogodę ducha” jest amerykański teolog protestancki Reinhold Niebuhr. Cyt. za: http://pl.wikipedia.org/wiki/Modlitwa_o_pogodę_ducha.

ruchy mokrych palców i postawiłem na dokładność. Kiedy przypomniałem sobie, że tylko ode mnie zależy, czy jestem radosny, czy ponury, zacząłem podśpiewywać rozmaite piosenki. Oczywiście „Angels" Robbiego Williamsa i kilka innych, które znałem, bo na okrągło puszczali je w radiu, kiedy byłem malarzem-tapeciarzem. Jak każdy absolwent angielskiej szkoły z internatem (i z codziennymi nabożeństwami w kaplicy) w końcu doszedłem do hymnów. Zanim skończyłem „Bread of Heaven", który wyśpiewałem koronom drzew, drąc się na całe gardło, już kochałem moje deszczowe rękodzieło. Samo wyplatanie, kiedy już się je opanuje, jest dosyć proste. Wytworzenie dużej zielonej „dachówki", która nie przepuści wody i wytrzyma lata, wymaga jedynie trochę podstawowej wiedzy. Kiedy wszystko wyjdzie jak należy, człowiek ma ogromną satysfakcję, więc manipulując liśćmi z coraz większą wprawą, nie przestawałem śpiewać.

Gdy późnym rankiem wróciłem do jaskini na herbatkę, uświadomiłem sobie, że w środku jest dość miejsca na mój warsztat. Przyciągnąłem więc liście z powrotem i mogłem przyglądać się nawałnicy, siedząc w cieple pieczary. „Na niewygody stać byle głupka" – stwierdziłem, sącząc wywar z cytrynowych liści.

Ponieważ pragnąłem mieć namacalny dowód, że prace postępują, postanowiłem na bieżąco mocować na dachu gotowe „dachówki". W Belize pokryłem w ten sposób wiele prymitywnych konstrukcji, więc znałem podstawowe – dość proste – zasady. Musiałem zacząć od ułożenia dolnego rzędu, a kolejny umocować tak, by powstała spora zakładka, dzięki czemu woda mogła swobodnie spływać w dół. Im większe zakładki, tym mocniejszy i bardziej szczelny dach.

Za pierwszym podejściem udało mi się wykonać dwa i pół rzędu. Choć część, która pozostawała jeszcze do pokrycia, wydawała się teraz jeszcze większa, ułożone „dachówki" robiły wrażenie solidnych i bardzo profesjonalnych.

„Jak wiele może zmienić jeden dzień!". Zrobiłem dwa kroki w tył i podziwiałem nową strzechę. „Wczoraj, kiedy szalał wiatr, czułem się samotny i bezbronny, a kiedy rano nie zobaczyłem słońca, bardzo długo zbierałem się do wstania. Musiałem popracować nad nastrojem i, żeby podnieść morale, zacząłem śpiewać". Przerwałem, rozkoszując się smakiem sukcesu, który tak zbawiennie wpłynął na mój nastrój. „Potem wyplatanie szło coraz lepiej i ostatnie »dachówki« wyszły naprawdę dobrze. Na dachu wyglądają fantastycznie!".

Najpierw myślałem, że po raz kolejny podniósł mnie na duchu niewielki sukces. „Niezły dzień. Dach na pewno nie będzie przeciekał" – przechwalałem się. Wtedy jednak zdałem sobie sprawę, że to coś więcej niż tylko satysfakcja z własnego dzieła. Humor mi się poprawił, zanim jeszcze ukończyłem zadanie. Zamiast jak zwykle obwiniać się, że marnuję na to zbyt wiele czasu, wziąłem się w garść i poprawiłem sobie nastrój śpiewem. W istocie to dziecinnie proste i być może nie powinienem przywiązywać do tego aż takiej wagi, jednak w tych okolicznościach to naprawdę było ważne. To był sygnał, że zaczynam nad sobą panować i staję się dla siebie bardziej wyrozumiały. Wcześniej z pewnością uznałbym, że śpiewanie to niepotrzebna strata czasu. Zacząłem dostrzegać, jak ważną rzeczą jest zadowolenie. Zacząłem się o siebie troszczyć.

Rankiem na zacienionej plaży wykonałem ćwiczenia zaplanowane na koniec trzeciego tygodnia. Poziom morza był tak wysoki, że woda niemal zalała moją „bieżnię" wiodącą do skały. Kiedy dyszałem do kamery, słona piana obmywała mi pięty.

„Nieźle – choć kiepsko z wyciskaniem" – recytowałem. Jednak w Obozie Cytrynowym udało mi się podciągnąć na drążku 16 razy. „Szesnaście razy! Super!". Byłem zachwycony, że jestem coraz silniejszy i przypisywałem to włączeniu krabów do mojej diety.

Nie musiałem pracować nad siłą – byłem w stanie robić wszystko, co niezbędne – ale lepsze wyniki sprawiły, że moje morale poszybowało ostro w górę. To był namacalny dowód, że moja fizyczna kondycja się nie pogarsza, że nie walczę już tylko o przetrwanie, lecz zbliżam się do poziomu stabilnej egzystencji.

Trzy kroki rozbiegu i – hop! Skoczyłem ze skały, a moje bose stopy wylądowały miękko na piasku. Na plaży pojawiły się nowe krabie kopczyki, więc pobiegłem sprawdzić, czy któregoś z gospodarzy przypadkiem nie ma w domu.

Po śniadaniu składającym się z dwóch krabów, przez godzinę zbierałem drewno na opał. Wolałbym poświęcić ten czas na budowę szałasu, więc – co było do przewidzenia – to relaksujące skądinąd, proste zajęcie w tym przypadku okazało się stresujące.

Uzupełnieniem przeprowadzonych dzień wcześniej testów był pomiar tętna spoczynkowego. Średnia wyniosła 60. „Niech to szlag! Podnosi się! To nie jest zbyt dobra wiadomość".

I wtedy, zanim jeszcze zacząłem pracować, dostałem okropnej biegunki (bez problemu przeleciałaby przez ucho igielne). Brunatne kleksy na piasku były większe od krowich placków. „Za dużo słońca?". Nie – przecież padało. „Zatrucie pokarmowe?". Po namyśle odrzuciłem i tę ewentualność, bo nie wymiotowałem. „Woda jest skażona?". Tylko, jeśli butelki były brudne, spekulowałem. Tak czy owak, jeśli chciałem uniknąć poważnego odwodnienia, musiałem pić więcej wody.

Zbieranie palmowych liści to najnudniejsza z prac przygotowawczych. Nie daje żadnej satysfakcji, a nie można jej pominąć. Gdyby to było w wiosce, zapłaciłbym jakimś dzieciakom, żeby tę monotonną pracę odbębniły za mnie, a potem usiadłbym sobie w chacie i zajął się tym, co daje o wiele więcej satysfakcji – zaplataniem. Jednak w tym pierwotnym świecie nie było takiej opcji. Musiałem być wszystkim: od architekta do pomocnika murarza. No więc zbierałem i zaplatałem te liście. Ścięcie dużego palmowego liścia maczetą z przyzwoitym ostrzem nie jest rzeczą trudną. Są dość miękkie i maczeta wchodzi w nie jak w masło. Kiedy natomiast ma się w ręku odłamek muszli, sprawa nie jest już taka prosta. Miękkie łodygi mają ostre krawędzie, więc kiedy walnie się w nie kłykciami (a zdarza się to bardzo często), zajęcie staje się równie przyjemne jak wbijanie gwoździ z przepaską na oczach. Najpierw wieszałem się na liściach, co zwiększało prawdopodobieństwo, że odłamią się równo, a potem ukręcałem, łamałem i miażdżyłem pozostałe włókna, aż w końcu liść lądował na ziemi. Na odsłoniętym miąższu były zwykle ślady mojej krwi. Obłamane liście trzeba było zaciągnąć na plażę, ułożyć w stos, a potem dowlec się z nimi do szałasu, dźwigając po cztery pod każdą pachą.

Po dotarciu na miejsce padałem z wyczerpania. I żadnej satysfakcji – nie mogłem stanąć i podziwiać, bo to był jedynie surowiec. Dopiero teraz można było zasiąść do rękodzieła.

Na lunch była zupa ze złapanych dzień wcześniej krabów. Trochę zalatywały, a ponieważ przez cały dzień mnie goniło, napomniałem się, żeby wszystko, co złapię, zjadać jeszcze tego samego dnia.

Trzeciego dnia pracy wspaniale prezentujący się dach już sporo ważył. Wtedy pojawił się nowy problem. Kalenica wyraźnie się wygięła i byłem pewien, że nie utrzyma ciężaru całej strzechy. Musiałem ją czymś podeprzeć, więc potrzebowałem grubej, rozwidlonej żerdzi.

Po całym dniu ciężkiej pracy nie miałem nic na kolację. Z ciężkimi nogami snułem się po plaży w wieczornej zorzy, apatycznie rozglądając się za ślimakami i krabami. Czasem osiąga się taki poziom wyczerpania, że człowiekowi jest już wszystko jedno. Najchętniej posiedziałbym przy ogniu i pooszczędzał energię, jaka mi jeszcze została, ale lenistwo, choć bez wątpienia jest doskonałym sposobem oszczędzania energii, bardzo szkodzi morale. Wbrew sobie powlokłem się więc na poszukiwania czegoś do jedzenia.

Zauważyłem dużego kraba w solidnym pancerzu, który chował się do skalnej szczeliny. To nie był zwykły krab piaskowy, którego można pogryźć i połknąć w całości. To był prawdziwy krab – spora bestyjka – więc odłożyłem kamerę oraz cinesaddle i zacząłem się rozglądać za kijem, którym mógłbym go wyciągnąć. „Pójdziesz ze mną – żywy lub martwy” – zacytowałem Robocopa. Po wielu pchnięciach wyciągnąłem go z nory. Był dosyć martwy.

Moje stopy cierpiały katusze, mimo że chroniły je wspaniałe terenowe japonki. Były zmęczone, posiniaczone i nadal pokrywały je rany. Bolały, jakbym skakał po gwoździach.

Szacowałem, że przez cały dzień dostarczyłem organizmowi 600 kalorii. Musiałem bardzo się starać, żeby nie zacząć się nad sobą użalać. Niedyspozycja z pewnością mnie osłabiła i pogorszyła nastrój. Uderzyłem się otwartą dłonią w policzek i przetarłem podrażnione dymem oczy. Cholera, dalej było ciężko. Do końca było jeszcze 38 dni. Kurde, naprawdę miałem wątpliwości, czy mi się uda.

Zbieranie opału zabierało mi coraz więcej czasu. Ognisko paliło się nieprzerwanie już od dziesięciu dni i w najbliższym sąsiedztwie jaskini nie było już ani kawałka przyzwoitego suchego drewna. Postanowiłem, że z każdej wyprawy w głąb wyspy postaram się przynieść solidny kawał uschniętego drzewa, a jeśli będę wracał brzegiem morza – drewna wyrzuconego na brzeg przez fale. Życie z dnia na dzień coraz bardziej wytrącało z równowagi – marzyłem o butli gazowej i dobrym palniku. To było jak ratowanie tonącej łodzi: nawet jeśli wybierałeś wodę jak szalony i zdołałeś osuszyć kadłub, i tak było wiadomo, że już niedługo będzie to trzeba powtórzyć – i nie można się wycofać.

Brak okazji do poleniuchowania zaczął mnie wnerwiać. Chciałem wolnego, chciałem tylko jeść i nabierać sił. Gdybym jednak przestał gromadzić wodę i zbierać drewno na opał, gdybym przestał szukać pożywienia, nie miałbym co jeść i pić. No i straciłbym bezcenny ogień. Nie mogłem sobie na to pozwolić. Nawet przerwa w pracy przy szałasie wzbudziłaby u mnie poczucie winy. Tak więc nie było szans na prawdziwy relaks. Co ciekawe, najbardziej relaksujące były monotonne czynności, które dawały mi poczucie zadowolenia. Choć to też była praca, umysł się wyciszał, a efekty nie budziły zastrzeżeń. Wreszcie byłem produktywny.

Nadarzyła się okazja, by nieco urozmaicić dietę, jednak „danie” wykazało się ogromną czujnością. Zbierając kraby i ślimaki, natknąłem się na rzadki smakołyk. „Przestań gryźć!” – zaprotestowałem głośno, kiedy moje znalezisko przekręciło łeb i wbiło mi zęby w rękę między kciukiem a palcem wskazującym. Ostatecznie wylądowało jednak w koszu z głową roztrzaskaną kamieniem. Trzeba przyznać, że węgorze potrafią walczyć. Myjąc ręce w morskiej wodzie, zastanawiałem się, czy bez środków antyseptycznych warto chwytać je gołymi rękami i ryzykować infekcję.

Według moich kalkulacji (będących połączeniem pomiarów „na oko” i zwykłego zgadywania) każdego dnia pokrywałem mniej więcej 35 centymetrów dachu. Dziś był piąty dzień i przewidywałem, że całość ukończę w dziewięć dni. Te szacunki łączyły się z poczuciem rezygnacji. To była przecież jedynie **część** planowanego szałasu – bazowy szałas „jednospadowy". Musiałem wkroczyć bardziej zdecydowanie i odpędzić zbliżającą się depresję dużym kijem.

„O co chodzi? Przecież będziesz miał wodoszczelny szałas. Musi być lepszy niż jaskinia, nie?" – przekonywałem sam siebie. „Kiedy się pracuje samemu, nie można tego zrobić szybciej".

卌 卌 卌 卌 卌

Szóstego dnia prac w ogóle nie pracowałem przy dachu. To był dzień „dostawy", a poza tym padało, więc poza wyprawami do Obozu Cytrynowego cały poranek spędziłem w jaskini. Zebrałem trochę cytrynowych liści oraz dwa i pół litra wody z muszli. Chciałem więcej.

Zwyciężyło pragnienie poleniuchowania, więc cały dzień przeznaczyłem dla siebie. Żeby zebrać się w sobie. Żeby się zrelaksować. Ponieważ obawiałem się, że dostępne na wyspie zasoby drewna opałowego mogą się wyczerpać, rozważałem zastąpienie go kokosowymi skorupami, jednak paliły się za szybko i dawały zbyt wysoką temperaturę. Postanowiłem więc pozostać przy tradycyjnym opale, zbierając go w coraz odleglejszych częściach wyspy. Miałem już mnóstwo butelek i mogłem zmagazynować ogromny zapas wody.

Kiedy w drodze powrotnej szedłem w dół stromego zbocza, dostrzegłem dwie kozy – matkę i koźlę – które obgryzały kokosa **w moim szałasie**. Z odległości 20 metrów patrzyłem z niedowierzaniem na bezczelność tych głupich stworzeń, ale uświadomiłem sobie, że to ja sam jestem powodem mojej irytacji. „Dlaczego jeszcze nie znalazłem sposobu, żeby je zabić? Czyste szaleństwo". Byłem tu już trzy tygodnie, a nie zrobiłem sobie nawet prostej maczugi. „Muszę wymyślić jakieś narzędzie do zabijania kóz".

Wolne dobrze mi zrobiło. W pogodnym nastroju siedziałem sobie w jaskini i rozmyślałem, jak to kokosami zwabię kozy do pułapki, w której uśmierci je opadający zaostrzony bal.

Na lunch zjadłem kawałek korzenia taro ze ślimakami, a do tego całkiem sporego kraba pustelnika. Jego odwłok jest tłusty i pyszny. Nadal nie byłem pewien, czy jest jadalny, ale tłuszcz i fantastyczny smak sprawiły, że zjadłem go całego.

Oprócz siedmiu litrów żelaznego zapasu miałem teraz sześć litrów słodkiej wody, a udane zbiory z poprzedniego dnia dały mi butelki na kolejne szesnaście litrów. Wyplatałem „dachówki", siedząc wygodnie w ciepłej jaskini, a po południu wybrałem się, żeby umocować je na dachu mojego nowego domu.

Odszedłem dwa kroki, żeby zlustrować szałas. Strzecha sięgała już powyżej głowy i uznałem, że jeśli następnego dnia wszystko pójdzie dobrze, będę mógł się wprowadzać. Nie doprowadziłem dachu tak wysoko, jak planowałem, ale byłem już śmiertelnie znudzony tą pracą i jeden dzień musiał wystarczyć.

Tego dnia przypływ osiągnął najwyższy poziom od początku mojego pobytu. Zalana plaża oznaczała brak krabów. Ognisko ledwie się tliło, więc zsunąłem polana, żeby pojawił się płomień. Dmuchnąłem. Łatwizna. Na kolację znowu korzeń taro i ślimaki – wspaniały, dobrze przepracowany dzień.

Najwyższy poziom morza, jaki dotąd widziałem. Woda, która sięgnęła podnóża jaskini, wypłukała mocz i skrawki palmowych liści.

„Ostatnia noc w jaskini" – pomyślałem. „Będę za nią tęsknił? Musiałbym chyba ochujeć!". Fajnie było ostro sobie przekląć. Dać wyraz rozdrażnieniu zamiast ciągłego wydawania z siebie tego pokrętnego i nijakiego bełkotu. Tak naprawdę jaskinia była wspaniała i czułem się w niej bezpieczny nawet podczas najbardziej gwałtownej tropikalnej burzy. Ten wybuch złości mogło wywołać cokolwiek innego, choć myślę, że właśnie jaskinia była w tym momencie najbardziej jaskrawym przykładem tego, jak wolno wszystko mi idzie. Był już najwyższy czas, żeby opuścić inkubator i wkroczyć do realnego świata, gdzie sam będę musiał zadbać o swoje bezpieczeństwo. Poza tym moje mieszkanko już mnie znudziło i pragnąłem zmiany otoczenia.

Czwartego dnia prac zauważyłem, że rozwidlona podpórka, na której wspiera się kalenica, jest za słaba, więc musiałem się tym zająć. Strzecha osiągnęła już kolosalną wagę. Żeby zrozumieć, jak bardzo była gruba, musicie wiedzieć, jak się ją kładzie. Nie można tego porównać z układaniem zwykłych dachówek, ponieważ materiał, z którego wykonana jest strzecha, nie jest wodoszczelny. Można co najwyżej powiedzieć, że jest do pewnego stopnia odporny na działanie warunków atmosferycznych. Ponieważ każda kolejna warstwa strzechy odprowadza tylko nieco więcej wody, całkowicie szczelna strzecha z liści palmy kokosowej musi mieć około 30 centymetrów grubości. W efekcie miało się wrażenie, że dach jest w stanie wytrzymać wybuch bomby, ale mimo starannie wykonanej konstrukcji całość rozpadłaby się, gdybym nie podparł kalenicy mocnym wspornikiem.

Już dzień wcześniej zacząłem ścinać grube, odpowiednio rozwidlone drzewko, ale mając do dyspozycji tylko muszlę, musiałem rozłożyć pracę na dwa dni. Ponieważ nie było sensu dalej kłaść strzechy przed podparciem dachu, ruszyłem w górę po zboczu, żeby dokończyć ścinkę.

Pień tego „wielkiego" drzewa miał 10–12 centymetrów średnicy, ale drewno było relatywnie twarde. Oceniłem zaawansowanie prac. Wokół pnia widoczne już było wyraźne wyżłobienie, jednak czekało mnie jeszcze sporo „dziabania", zanim zdołam go złamać.

Zmęczony na samą myśl o czekającej mnie pracy przyklęknąłem obok drzewa. To pozwalało oszczędzić trochę energii, a jednocześnie zniżyć się do odpowiedniej wysokości. Lewą ręką objąłem pień, żeby nie stracić równowagi, a prawym przedramieniem machałem niczym styliskiem siekiery, której ostrze stanowił spoczywający w dłoni odłamek muszli.

Czułem, że zaczynam migać się od pracy, używając wymówki, że muszę oszczędzać siły. Takie myślenie nie zbliżało mnie ani trochę do realizacji zadania, więc zamiast odpoczywać, musiałem przekonać samego siebie, że ciężka praca to fantastyczny zestaw ćwiczeń, które pomogą mi zachować kondycję. Każde ścięte drzewo i każda wiązka drewna na opał to sposób na utrzymanie się w dobrej formie. Jednocześnie już się tak nie martwiłem o to, że marnuję zbyt wiele energii. Upiekłem dwie pieczenie przy jednym ogniu.

Przy ścinaniu drzewa zestaw ćwiczeń obejmował rąbanie na klęczkach, ściskanie pnia służące utrzymaniu równowagi i jego osłabieniu, i w końcu próby jego złamania. To ostatnie „ćwiczenie" polegało na silnym napieraniu na pień ramieniem w pozycji pochylonej – jak w młynie podczas gry w rugby. Siła naporu *de facto* pochodziła z nóg, ale drzewo i tak na ogół nie reagowało na moje wysiłki.

Powtarzałem uparcie cały cykl, aż po jednym z pchnięć wewnątrz pnia pękły jakieś włókna i usłyszałem ciche trzeszczenie. Wykorzystując całą posiadaną siłę, stopniowo zwiększałem natężenie tego dźwięku, aż w końcu w całym lesie rozległ się trzask pękającego drewna.

Duże drzewo ścięte. „Tak – dziękuję" – wyraziłem uznanie tym siłom, które najwyraźniej stwierdziły, że włożyłem już w to dostatecznie dużo wysiłku. Dzięki Bogu.

Poobłamywałem gałęzie i, trzymając pień za grubszy koniec, pociągnąłem go w dół po zboczu. Kiedy znalazłem się powyżej szałasu, tam gdzie zaczynała się największa stromizna, zepchnąłem go w dół. Przeleciał dziesięć metrów i wylądował niecały metr od mojej strzechy. Jednym nieprzemyślanym ruchem niemal zmiotłem szałas z powierzchni ziemi. „Stafford, następnym razem najpierw pomyśl!". Zmęczenie i bezmyślność mogły w jednej sekundzie zaprzepaścić wiele dni ciężkiej pracy.

Potem, jakby ignorując lekcję, jaką przed chwilą otrzymałem, postanowiłem w ten sam sposób zrzucić trochę drewna na opał. Zapomniałem, że obok szałasu zasadziłem dwie rośliny taro. Moje gapiostwo skończyło się połamaniem łodyg, które musiałem usztywnić patykami i obwiązać cienkim pnączem. Wyprostowały się, ale nie byłem pewien, czy rośliny przeżyją. „Zwolnij" – napomniałem się, trąc brudnymi palcami spocone czoło.

Ponieważ poprzednia tyczka do strząsania kokosów stała się elementem kalenicy, a ja zdążyłem już wypić zawartość wszystkich owoców palmy, która tak szczęśliwie przewróciła się kilka dni wcześniej, potrzebowałem tyczki numer trzy. Choć frustracja związana z posługiwaniem się drugą, ciężką tyczką, wryła mi się w pamięć jako jeden z najtrudniejszych momentów podczas całego pobytu na wyspie, stała się jednocześnie motorem rozwoju moich narzędzi, skłaniając mnie do ponownego przemyślenia ich koncepcji. Kolejna tyczka nie mogła być tak ciężka. Jeśli już, to powinna być dłuższa, choć te dwa wymogi wydawały się wzajemnie wykluczać. Dokonałem przeglądu najdłuższych spośród gładkich i wysuszonych przez słońce tyczek do pchania łodzi, które znalazłem na linii przypływu. Jedna z nich była wystarczająco długa, a zarazem na tyle lekka, by dało się nią swobodnie operować. Nie była jednak rozwidlona, a bez widełek nie da się podważyć wiszącego na palmie kokosa. „Nie ma problemu" – uznałem. Mogłem przecież przywiązać odpowiednią poprzeczkę korą ketmii.

Wtedy doznałem objawienia: jeśli i tak mam przywiązać widełki – czemu ich nie odwrócić? Hak byłby o wiele wygodniejszy – mógłbym go przyłożyć powyżej nasady kokosa i ciągnąć w dół, zamiast pchać do góry. To był jeden z tych pomysłów, o których wiemy, że są trafione w tej samej chwili, gdy przyjdą nam do głowy. Kiedy przywiązałem solidny hak, przekonałem się, że tyczka jest tak lekka i poręczna, że można się nią posługiwać, nawet siedząc na drzewie! Otwierała się perspektywa góry kokosów, a ich zrywanie, które wcześniej było frustrującą i wyczerpującą katorgą, stawało się zabawą. Czułem, że wystarczy wyciągnąć rękę, żeby dosięgnąć każdego orzecha, którego sobie upatrzyłem – jakbym je zdejmował z górnej półki w spiżarni. „To właśnie jest rozwój!". Szczerzyłem zęby w uśmiechu dumny niczym dzieciak, który po raz pierwszy przejechał kilka metrów na rowerze bez podpórek.

Wielką podporę kalenicy wpasowałem we właściwym miejscu i kilka razy walnąłem w dolny koniec, żeby mieć pewność, że się nie przesunie. Efekt wyglądał krzepiąco solidnie i nie miałem wątpliwości, że konstrukcja jest teraz wystarczająco mocna, by udźwignąć ciężar strzechy. Przez pozostałą część poranka zaplatałem i mocowałem kolejne palmowe liście.

Wczesnym popołudniem – a miałem za sobą już osiem bitych dni pokrywania dachu – zbierałem opał na wielką przeprowadzkę. Na plaży najbardziej wysuniętej na północ znalazłem ogromny kloc wyrzucony przez morze. Miał około dwóch metrów długości, a ja zarzuciłem go sobie na ramiona niczym wielki krzyż i zadowolony z siebie wlokłem się do obozowiska, dźwigając olbrzymi ciężar. Był wyschnięty na wiór, niewiarygodnie ciężki i zapewniał opał na wiele dni.

Lubiłem wyzwanie, jakim było znoszenie tych wielkich kloców na mój odcinek plaży. Kiedy miałem już dosyć drewna na całą noc, położyłem się w szałasie, żeby zaplanować, jak będę spał. Martwiła mnie ciasnota. Miejsce na ognisko musiałoby się znajdować blisko krawędzi dachu i gdyby spadł deszcz, z pewnością zgasiłby ogień. Po długim namyśle przyznałem się sam przed sobą, że nie wszystko jest tak, jakbym chciał, po czym wyznałem do kamery: „Wiecie co? Jeszcze za wcześnie na przeprowadzkę – tu jest za mało miejsca. Jak się zaczną deszcze, będzie za ciasno. Jestem wykończony. Wracam do jaskini".

Przyznanie się do porażki było dla mnie wielkim ciosem i po powrocie do jaskini byłem bardzo zdołowany. „Nie do wiary, jak mało mam siły. Jestem odwodniony, niedożywiony i przez cały czas muszę wykonywać monotonne i nudne zajęcia. Dlatego musiałem trochę ze sobą powalczyć, żeby porzucić negatywne myślenie".

Negatywne myślenie oznacza postrzeganie siebie jako ofiary. „Wciąż prześladuje mnie myśl, że mnie tu porzucili i wszyscy mają to gdzieś. Bardzo brakuje mi towarzystwa. Jestem bardzo, bardzo samotny. Każda moja cząstka pragnie towarzystwa, chce z kimś pogadać".

Kto mnie tu zostawił? Oczywiście ja sam. Cały projekt był **moim** pomysłem, wyzwaniem które **ja sam** przed sobą postawiłem. Jednak w najtrudniejszych chwilach nie chciałem wziąć na siebie odpowiedzialności za sytuację, w jakiej się znalazłem. Projekcja winy i użalanie się nad sobą sprawiały, że wszystko jeszcze bardziej wymykało mi się z rąk, ale wtedy było mi po prostu wszystko jedno. Chciałem się nad sobą poużalać i miałem nadzieję, że wszyscy będą mi współczuć. „Bardzo ciężko jest robić to wszystko samemu". Choć dostrzegłem to u siebie już wcześniej, nadal poddawałem się destrukcyjnej samotorturze. Najwyraźniej trudno zmienić głęboko zakorzenione nawyki.

Wtedy jakby jasny promień słońca, który przebił się przez chmury, oświetlił drogę i zobaczyłem, jak dojść do celu. Nadal wierzyłem w siebie. Była to wiara żałosna i złachmaniona, ale żyła, gotowa stoczyć w moim imieniu kolejną bitwę.

„Ale się nie poddam. I nie oszaleję”. W moich oczach znowu pojawiła się nieustępliwość. „Po prostu jest ciężko”.

Niewiele spałem, bo smagał mnie wiatr, który szalał po jaskini. Czajnik z puszki stał już jednak na ogniu i zaraz miałem się napić herbatki. Nie ulega najmniejszej wątpliwości, że herbata to sposób na wszystkie życiowe problemy.

Opanowałem desperację, która ogarnęła mnie poprzedniego wieczora i czułem, że znowu jestem w stanie nad wszystkim zapanować i samemu napisać tę opowieść. Byłem pewien, że kluczem jest skoncentrowanie się na bieżącej chwili, na tym, co się właśnie robi, i niedopuszczenie do tego, żeby rozbiegany umysł płatał głupie figle.

Wyplatając „dachówki”, koncentrowałem się na ruchach rąk. Rozluźniłem ramiona i patrzyłem, jak moje palce – teraz już bardzo sprawnie – zaplatają liście, a na moich kolanach powstaje małe dzieło sztuki. Odetchnąłem głęboko i rozejrzałem się dookoła. Z miejsca, w którym siedziałem między drzewami, widziałem plażę. Chłodny cień stwarzał przyjemne warunki do pracy, a nad moją głową, pośród pnączy i gałęzi widać było refleksy jasnego nieba. Słyszałem wszechobecny huk fal, który chyba po raz pierwszy przyjmowałem jako uspokajającą ścieżkę dźwiękową doświadczenia, którego nigdy nie zapomnę.

Czułem, że wyszedłem na prostą.

Przyłapałem się na tym, że uśmiecham się sam do siebie. Chłonąłem chwilę, żyłem nią bez reszty i cieszyłem się tym, że jestem na pacyficznej wyspie i w dodatku wykonuję bardzo wyspiarską czynność – zaplatam palmowe liście. Jest taki spokój, który pochodzi z umysłu. Jest taka energia, która uwalniana wewnątrz może wprawić w euforię, a mnie każe zastanowić się, dlaczego częściej nie oddaję się medytacjom i bardziej się do nich nie przykładam. Możecie sobie myśleć, że to jakieś czary mary, ale dla mnie to po prostu kolejne narzędzie i to takie, które masz przy sobie, nawet będąc nago.

W tym momencie tak właśnie było. Kiedy siedziałem wśród drzew, byłem naprawdę szczęśliwy.

Ostatnie wyplecione „dachówki" mocowałem, siedząc na gałęzi biegnącej równolegle do kalenicy, ponieważ z ziemi nie mogłem tam sięgnąć. Strzecha zachodziła daleko poza kalenicę i teraz w szałasie było naprawdę mnóstwo miejsca. Do pokrycia pozostał już tylko kawałek z prawej strony.

Było już dobrze po południu i musiałem wybrać się na drugą stronę wyspy po rzeczy ze skrzynki kontaktowej. W porywistym wietrze, który nękał Obóz Cytrynowy, podciągnąłem się na drążku osiemnaście razy. Słońce nie oświetlało już obozu ani plaży w tej części wyspy. Kończył się czwarty tydzień, a moja siła wprawiła mnie w euforię. „Dobry bicek" – rzuciłem, napinając biceps i puszczając oko do kamery.

Podczas popołudniowego spaceru znalazłem kolejne taro. Musiałem już koło niego przechodzić, ale wcześniej go nie zauważyłem. Z uśmiechem na twarzy palcami wydłubywałem z ziemi węglowodany. „Raz kartofel (no, to w zasadzie taro...), dwa kartofel, trzy kartofel, cztery; pięć kartofel, sześć kartofel, siedem kartofel...". Wyszarpnąłem całą roślinę z głównym korzeniem i położyłem przed kamerą – „od cholery…”[36].

Nagły ruch zdradził obecność kraba pustelnika, który przebiegał przede mną. Zgarnąłem go bez zbędnych ceregieli z przeznaczeniem na główne danie wieczoru.

„To zabawne, jak wiele przychodzi samo, kiedy jesteś spokojniejszy”. Bez zwykłej kakofonii myśli i obaw była to najbardziej owocna wycieczka od kilku dni. Byłem teraz bardziej świadomy tego, co się wokół mnie dzieje, i dostrzegałem to, co zawsze tam było, ale ja byłem zbyt zajęty, by to zauważyć.

Wiedziałem, że muszę po prostu dać się ponieść nurtowi: odprężyć się i zaakceptować to, co jest. W innym razie, jeśli przez cały czas pragnąłbym czegoś, czego nie mam, byłaby to strata czasu i energii. Było to, co było. Proste. Powtórzyłem sobie zapomnianą lekcję na temat pogody ducha. „Ed, przestań stawać okoniem. Odpuść”.

„To działa… teoretycznie!” – burknąłem do kamery. „Ale pracuję nad tym”. Wiedziałem, że do opanowania sztuki przyjmowania ze spokojem życiowych wzlotów i upadków jeszcze mi bardzo daleko.

Wracając, zauważyłem na morzu łódź rybacką. Była biała, na dziobie i na rufie miała zadaszenie, a po środku nadbudówkę. Było na niej pełno masztów i czegoś, co wyglądało jak anteny. Według mojej oceny musiała być co najmniej milę od rafy. Dziwaczna była myśl, że są tam normalnie ubrani ludzie, którzy jedzą i piją normalne rzeczy. Dziwnie się czułem, widząc ją, i zadawałem sobie pytanie, czy jeszcze jakąś zobaczę.

---

36 Ang. „One potato, two potato, three potato, four; five potato, six potato, seven potato, more”. Wyliczanka, a zarazem refren dziecięcej piosenki (w przekładzie tekst został nieco zmodyfikowany).

Kilka ostatnich godzin przeznaczyłem na dokończenie strzechy, którą wyprowadziłem daleko powyżej kalenicy.

„Gotowe". Słońce było już nisko i przez drzewa przenikało łagodne światło, które padało na wewnętrzną stronę strzechy. Po dokładniejszych oględzinach od zewnątrz byłem z siebie bardzo zadowolony i dumny ze swego dzieła.

„To ogromna strzecha! Jestem z niej bardzo zadowolony!".

Rzeczywiście, przyjemnie było na nią patrzeć. Miała prawie 30 centymetrów grubości i tyle warstw liści, że robiła wrażenie docieplonej i dobrze zaizolowanej. Biorąc pod uwagę, że powstała bez żadnych narzędzi, była wielka. Byłem uszczęśliwiony, że nie poszedłem na skróty: trzymałem się planu i wytrwałem.

Było już za późno na przeprowadzkę, a ja byłem zbyt zmęczony, ale to nie miało żadnego znaczenia. Właśnie zakończyłem bardzo ambitny projekt i już do końca życia nie będę musiał zaplatać palmowych liści.

Czas na kolację. Trzeba zjeść kilka ślimaków, kraba pustelnika i trochę korzenia taro, a potem pójść spać z uśmiechem na twarzy.

„Mam przed sobą cztery i pół tygodnia w szałasie. Budowałem go jedenaście dni. Od przyjazdu nie byłem tak zadowolony". Wyrzucałem z siebie krótkie, urywane informacje, bo mój umysł był już po fajrancie. „Więcej siły i pozytywnego myślenia. Mam wodę i jestem porządnie nawodniony. Teraz mam w zapasie dwadzieścia osiem litrów. Jak mam wodę, o nic się nie martwię. Ciągle jestem głodny, ale przynajmniej mam wodę, więc wszystko w porządku. No właśnie – kubek herbaty, a potem spać".

ROZDZIAŁ 5

POLOWANIE

To był dzień przeprowadzki. Do skrzyni ze sprzętem filmowym wrzuciłem jeszcze zieloną bluzę i szczoteczkę do zębów, po czym zamknąłem plastikowe zatrzaski.

Kiedy na plaży zbierałem ślimaki na śniadanie, znalazłem 5,5 metra nylonowego sznurka. Był kiepskiej jakości i podejrzewałem, że przy większym napięciu może pęknąć, ale mimo to zacząłem przemyśliwać o zrobieniu łuku. Wkrótce plan był gotowy. Po śniadanku przeprowadzka do szałasu i zagospodarowanie w nowym miejscu. Po południu biorę się za łuk i strzały. Zacząłem fantazjować o grillowanej koźlinie i uznałem, że czas przejść na kolejny poziom i zostać myśliwym.

Zostawiłem w jaskini żelazny zapas wody – siedem litrów, a także zapas suchego drewna na jedną noc i nową hubkę. Gdybym podczas huraganu lub burzy tropikalnej musiał awaryjnie wycofać się do jaskini, nie musiałbym niczego ze sobą zabierać. Czułem się jak *preppers*[37] zawsze przygotowany na najgorszą ewentualność, ale dobrze było wiedzieć, że mam awaryjną bazę, w której zawsze będzie sucho.

„Dziwnie się czuję z powodu przeprowadzki, jestem trochę niespokojny. W jaskini jest ciepło, sucho i bezpiecznie, a przenoszę się w nieznane".

Wiedziałem, że tak trzeba, po prostu czułem się nieswojo. Przeprowadziłem się na trzy razy: raz – skrzynia z ka-

37 Ang. „prepared persons" – osoby przygotowane na wybuch wojny lub kataklizm, posiadające odpowiednie schrony, zapasy żywności itp.

merą, dwa – kosz z palmowych liści pełen słoików i muszli, i trzy – ogień. Kiedy szedłem po raz trzeci, trzymając płonące głownie z dala od nieosłoniętych nóg, pozostawiałem za sobą na plaży smugę dymu. W szałasie połączyłem żarzące się końce, dodałem trochę suchego drewna i zacząłem delikatnie dmuchać. Długa, powolna resuscytacja. Życie (płomienie) zostało przywrócone w niecałą minutę.

Akurat dzisiaj mogłem się trochę zrelaksować. Uznałem, że jako Anglik muszę „ochrzcić" moją nową siedzibę... kubkiem herbaty. Ciągle na fali pozytywnego myślenia (miałem nadzieję, że tak już będzie do końca) opisałem krążącą wokół energię i radosne podniecenie. To, że nie jestem już w jaskini pełnej koziego łajna, bardzo wiele dla mnie znaczyło. Siedziałem w zbudowanym przez siebie domu i odprężony rozprawiałem o swych marzeniach.

Kiedy położyłem się tam, gdzie miałem spać, zrozumiałem, że muszę przesunąć ognisko – znowu upiekłbym sobie głowę. W pozycji horyzontalnej poczułem się jak na krótkich wakacjach i ustąpiłem przed zmęczeniem moich ciężkich jak ołów kończyn. „Poleżę sobie z pięć minut" – uznałem, ziewając.

Następne półtorej godziny spędziłem na kolanach, wycinając za pomocą muszli splątane korzenie leśnego poszycia. Ponieważ korzenie uginały się i zapadały w miękkim gruncie, musiałem pod nie wsunąć jakąś twardą podkładkę. Płaski kamień doskonale sprawdził się w tej roli. Kiedy w szałasie pozostała już tylko czysta i równa ziemia, byłem wykończony.

Przed lunchem znalazłem nową skałę do łupania ślimaków. Wędrowanie do jaskini na każdy posiłek oznaczałoby stratę cennego czasu. Nowym blatem kuchennym stała się kamienna półka na Ślimaczej Skale – skalnej wychodni, która dzieliła plażę na dwie części i znajdowała się zaraz za progiem mojego nowego domu. Półka była na wysokości pasa i mogłem na niej łupać ślimaki w promieniach wczesnopopołudniowego słońca. Wyglądałem na człowieka w niezłej formie. Po oponkach w talii i na biodrach nie został nawet ślad i w organizmie musiało być znacznie mniej tkanki tłuszczowej, a mimo to nie czułem w sobie siły – byłem jedynie szczuplejszy. Wielkie zielone ślimaki, które zebrałem podczas porannego odpływu, u wejścia do skorupy miały coś w rodzaju białej klapki albo okrywy. „To duża porcja białka – przynajmniej dla mnie!”. Była pora lunchu.

Żeby zabić kozę, musiałem wprawić w ruch jakiś ostry przedmiot z dostateczną siłą, aby przebił skórę. Mogłem spróbować zastawić pułapkę ze spadającym ciężarem, ale doszedłem do wniosku, że koza jest na nią za duża – spadający obiekt musiałby być równie duży, jak do zabicia człowieka. To chyba trochę przekraczało moje możliwości. Wybrałem więc łuk i strzały. To miał być krótki łuk – nieco ponad metr długości – który mógłbym nosić po lesie, o nic nie zaczepiając.

Pierwszy kawałek drewna, który podniosłem z ziemi, miał jedynie pełnić rolę rekwizytu (chciałem na jego przykładzie wyjaśnić przed kamerą, jakiego kawałka drewna szukam). Okazał się jednak tak dobry, że zabrałem się do zakładania cięciwy. Pamiętałem, że niebieski nylonowy sznurek wydał mi się słaby, więc postanowiłem go wzmocnić. Usiadłem w szałasie i na kolanie skręciłem cięciwę z dwóch kawałków. Kiedy była gotowa, umocowałem ją na drzewcu i oceniłem swój wyrób. Bardziej prymitywnego rękodzieła chyba świat nie widział, ale najważniejsze, że miałem łuk. Cięciwa była tak napięta, że ledwie ją naciągałem. To dobrze, dzięki temu strzała mogła uderzać z większą siłą. Znowu musiałem się położyć – byłem wyczerpany.

Leżąc przy ognisku, zjadałem termity, które uciekały przed ogniem ze spróchniałej kłody. Nie jadłem ich dlatego, że potrzebowałem kalorii – nie dawały ich zbyt wiele – ale z nudów. Po prostu chciałem się czymś zająć. Jak człowiek je termity, żeby się rozerwać, to znaczy, że naprawdę się nudzi.

Było już późne popołudnie – złota godzina – kiedy przymocowałem łyżkę do wyciętego z gałęzi ketmii kijka i poszedłem na plażę sprawdzić, jak zachowuje się ta zaimprowizowana strzała. Łuk do lewej ręki – ręka wyprostowana, łokieć zablokowany. Prawą ręką ułożyłem prymitywną strzałę na palcach lewej dłoni i docisnąłem jej koniec do nylonowej cięciwy. Kiedy napiąłem łuk, cięciwa ześliznęła się ze strzały, a ta żałośnie wylądowała na ziemi. „Przeładowałem", tym razem mocniej zaciskając palce prawej ręki, ale gdy rozluźniłem uchwyt, cięciwa znowu się zsunęła. Widziałem, że łuk ma duży potencjał mocy, jednak nie potrafiłem go zamienić na prędkość strzały. Skończyłem próby, a jednocześnie zacząłem obmyślać, jak obrobić koniec strzały, by zapobiec ześlizgiwaniu się cięciwy i do końca kontrolować jej energię.

Wokół ogniska piekły się kawałki kokosowego miąższu, które karmelizowały się, strzelając i sycząc. Kończył się dzień numer dwadzieścia dziewięć, a mój dziennik wideo potwierdza, że tego dnia szamotałem się sam ze sobą. Zrobiłem łuk, ale wbrew temu, co wcześniej sądziłem, nie podniosło mnie to na duchu.

„Nie wiem, dlaczego ten dzień był taki trudny. Nie mam siły, choć zjadłem dwa razy tyle kokosa co zwykle, a na lunch nawet parę krabów".

Najwyraźniej nawet wtedy, gdy robiłem postępy, musiałem pielęgnować w sobie optymizm i utrzymywać wysoki poziom motywacji. Pozwoliłem, żeby przytrafił mi się jeden taki dzień, i już byłem w dołku. Musiałem przejść przez procedury przywracania pozytywnego myślenia, beztroski i dobrego humoru. To miała być dla mnie przygoda. Powtarzałem sobie, że to nie jest sprawa życia i śmierci, że przeżyję, nawet jak nie upoluję kozy. Miałem przed sobą 31 dni i nie mogłem sobie pozwolić na mentalne dołki. Jutro połowa pobytu – kamień milowy. Dobry moment, żeby zrobić bilans.

„Ed, nawet jak z łukiem nic nie wyjdzie, wszystko co robisz, czegoś cię uczy. Dzisiaj ze słabego sznurka zrobiłeś mocny, nadający się do użycia (choć brzydki). Jest mnóstwo pozytywów. Masz nowy dom, jest ładna pogoda, świeci słońce. Jutro trzydziesty dzień i na pewno będziesz z niego o wiele bardziej zadowolony, niż z dzisiejszego – OK?”.

Choć mój wewnętrzny instruktor bez wątpienia miał rację, ja i tak nie dałem się przekonać. Musiałem pójść do jaskini i usiąść w kamiennym kręgu. Skąd się brał ten niepokój? Dlaczego nie mogłem dojść do ładu sam ze sobą? Co, do kurwy nędzy, było ze mną nie tak?

Wszedłem do kręgu bezpieczeństwa. Cmoknąłem gołym tyłkiem brudną ziemię i objąłem rękami przyciągnięte do piersi kolana. Wpatrywałem się w gasnące światło nad horyzontem.

„Ed, weź głęboki oddech” – poinstruowałem siebie. I wtedy rzeczywiście powrócił spokój. Krąg izolował mnie od wyspy. Byłem tam tylko ja, a jednak w jakiś sposób złączony ze wszystkim (i wszystkimi), co było dla mnie ważne. Na twarzy miałem ten znaczący uśmiech, który rzadko pojawiał się poza tym miejscem. Tu miałem dobry humor, tu potrafiłem osiągnąć spokój i dystans.

Kiedy noc okryła wszystko kotarą mroku, otarłem tyłek z pyłu i spojrzałem w górę na gwiezdny pył rozsypany po niebie. Noce na wyspie były niesamowite, zapierały dech w piersiach. Tu zrozumiałem, jakie znaczenie dla duchowych doświadczeń człowieka ma samotność. Pod tym niebem można było odczuwać jedynie pokorę.

Podniosłem się przy akompaniamencie trzeszczących kolan i ruszyłem z powrotem do mojego leśnego domu, w którym miałem spędzić pierwszą noc. Dołożyłem do ognia i wyciągnąłem się na ziemi. W migotliwym blasku płomieni zauważyłem, że na ziemi coś się rusza. **Mnóstwo** czegoś.

Kiedy przełączyłem kamerę na noktowizję, ujrzałem armię zabieganych krabów pustelników, które załatwiały jakieś nocne interesy. Były malutkie – wielkości niewielkich ślimaków. Po omacku odnalazłem puszkę i, nie zmieniając pozycji, napełniłem ją do połowy i postawiłem na ogniu. Czas na kolację.

Zaraz po przebudzeniu zrobiłem wielką kupę. Poprzedniego dnia zjadłem dwa całe kokosy i to było widać. Noc nie była tak przyjemna, jak przewidywałem, głównie z powodu biegających po mnie przez cały czas niewielkich szczurów. Na szczęście takie rzeczy bardzo mi nie przeszkadzają, choć z drugiej strony nie mogę powiedzieć, że sprawia mi to przyjemność.

Pozbierałem trochę małych ślimaków, a przy okazji zabrałem z plaży dwa płaskie kamienie, żeby móc rozłupywać skorupy przy ognisku, zamiast sterczeć na plaży w ostrym słońcu. Jeden z nich, o bardzo równej powierzchni, przypominał kamienie, na których amazońscy Indianie ostrzą swoje maczety.

Już jakiś czas wcześniej znalazłem okrągły kawałek metalu – była to pewnie część silnika łodzi – i używałem go do kawałkowania taro. Był tępy, więc przypominało to krojenie plastikową linijką. Przyszło mi do głowy, że można by go naostrzyć. Od kilku dni nie tylko dysponowałem kawałkiem metalu, lecz nawet używałem go jako prymitywnego noża, ale z jakiegoś powodu pomyślałem o tym dopiero teraz.

Naplułem na płaski kamień i zacząłem przeciągać po nim krążkiem, rysując ósemki. Starałem się cały czas trzymać go pod kątem około 30 stopni. Krawędź nabrała jaśniejszego, metalicznego połysku i rzeczywiście była coraz bardziej ostra. Jeśli udałoby mi się dorobić rękojeść, miałbym nóż, który mógłbym ze sobą wszędzie zabierać i używać do różnych celów. Nóż! Natychmiast doszedłem do wniosku (zaledwie po trzydziestu dniach pobytu na wyspie!), że jest mi absolutnie niezbędny. Zrobiłem go jeszcze tego samego ranka.

Musiałem na tyle oszlifować krążek z obu stron, aby ścięte ukośnie powierzchnie utworzyły ostrą krawędź. Przejechałem palcem w poprzek ostrza i oceniłem, że jest OK. Zamknąłem jedno oko i spojrzałem pod kątem (kierując ostrze od siebie), żeby sprawdzić, czy nie odbija się od niego światło. Zaostrzyłem mniej więcej jedną trzecią krawędzi, więc ostrze miało około pięciu centymetrów.

Rękojeść zrobiłem z kawałka twardego drewna, który okorowałem i ociosałem za pomocą naostrzonego właśnie krążka. Nim także rozszczepiłem koniec rękojeści na tyle głęboko, by można go było w niej osadzić. Z powodu sęka szczelina nie była idealnie prosta, ale można było zignorować tę niewielką niedokładność. Część, za którą miałem trzymać, pozostawiłem w całości. Wyjąłem krążek ze szczeliny, po czym osadziłem go ponownie – tym razem z ostrzem na zewnątrz.

Całą rękojeść ciasno owinąłem wąskimi paskami kory ketmii namoczonymi w wodzie. Zacząłem od tej części, za którą miałem trzymać, aby zapobiec jej dalszemu rozszczepieniu. Następnie, trzymając rozszczepiony koniec w zaciśniętych zębach, owinąłem część nad ostrzem, które w efekcie było osadzone pewnie i mocno. Przez nieuwagę w owijkę zaplątał się kawałek brody, jednak utrata kilku włosów nie zmniejszyła entuzjazmu, jakim napełniła mnie moja sprawność.

Kawałek korzenia taro, jaki przeznaczyłem na dwa posiłki, był wielkości pudełka zapałek. Obrałem go i pokroiłem nowym nożem na kawałku sklejki, który wcześniej znalazłem na plaży. „Panie Oliver[38], może się pan schować" – zachichotałem. Nóż dobrze leżał w dłoni. Dawał wiele nowych możliwości, nie byłem już skazany na to, by łamać, rozdzierać i ścierać – mogłem ciąć i kroić. Podobnie jak ognisko czy szałas, posiadanie noża dowodziło, że się rozwijam.

Po lunchu musiałem zrobić kilka strzał. Wcześniej, kiedy pozyskiwałem korę ketmii do wiązania konstrukcji i pokrycia szałasu, wybrałem kilka prostych gałęzi. Łyżka była zbyt cenna (a przy tym trochę toporna), by z niej zrobić grot. Do najbardziej prostego kawałka ketmii przywiązałem (znowu za pomocą zwilżonych śliną wąskich pasków kory) jedyny zdatny gwóźdź. Całość prezentowała się całkiem nieźle.

Podczas gdy ręce wykonywały automatyczne czynności, ja rozmyślałem nad kozami. Ponieważ uważa się je za zwierzęta udomowione, automatycznie wyciąga się wniosek, że wystarczy pobiec za kozą – jak na podwórku – żeby ją zła-

38 Jamie Oliver – brytyjski kucharz, autor wielu książek kucharskich i gospodarz licznych programów kulinarnych.

pać. Potem trzeba ją tylko uwiązać na łańcuchu, wydoić i zrobić ser. Nic prostszego. Potem przyszło mi do głowy, jak ważne jest w tym przypadku słowo „zdziczały". To nie były kozy udomowione – to były kozy **zdziczałe**. Zbliżyć się do tych dzikich zwierząt było trudniej, niż można to sobie wyobrazić. Były nieufne – nie chciały, żeby ktoś je złapał i nie miały zamiaru nikomu dostarczać sera.

Kiedy strzały zaczęły nabierać kształtu, oznajmiłem: „Do tygodnia jedna koza będzie martwa".

Potem na końcu strzały zrobiłem nożem nacięcie. Uznałem, że tylko w ten sposób zapobiegnę jej zsuwaniu się z cięciwy. Dzięki wycięciu strzała będzie się stykać z cięciwą przez cały proces jej wypuszczania, a uwolniona siła zostanie przeniesiona na lot strzały. Teoretycznie. Stałem w lesie, obok szałasu, otoczony gęstą roślinnością, i jedyna przestrzeń nadająca się na test nowej broni znajdowała się nad moją głową. Wymierzyłem w górę, w kierunku koron drzew, i naciągnąłem cięciwę, która tym razem spoczywała w nacięciu na końcu strzały. Delikatnie puściłem cięciwę, a strzała pofrunęła do góry ponad korony drzew. Dopiero kiedy zwolniła, zaczęło ją nieznacznie znosić na boki. „To działa!" – wykrzyknąłem i wyszczerzyłem zęby w uśmiechu, zaskoczony niespodziewanym sukcesem. To naprawdę było bardzo obiecujące. Może dlatego poprzedniego wieczora, kiedy miałem wątpliwości, czy łuk okaże się sprawny, byłem taki przygnębiony. Teraz dzięki nacięciu mogłem wykorzystać całą energię cięciwy. Strzała potrzebowała już tylko lotki, dzięki której nie będzie jej znosić w locie na daleki dystans.

Zająłem się kolejną strzałą. Miałem jeszcze kilka gwoździ, które powyjmowałem z wyrzuconych przez morze kawałków drewna, ale nie byłem w stanie usunąć ich dużych płaskich łebków. Wypróbowałem zardzewiałe wieczko od puszki, którym wcześniej kroiłem taro, ale było za lekkie i za słabe na grot. Kamera przez cały czas pracowała, filmując długie przerwy, podczas których starałem się znaleźć jakieś rozwiązanie.

Od przetestowania wszystkiego, co miałem pod ręką, odciągnęła mnie myśl, żeby zrobić włócznię. Pomysł pojawił się zapewne w związku z problemami z grotem drugiej strzały. Przetestowałem kilka długich żerdzi, unosząc je nad głowę i rzucając nimi do celu. W końcu wybrałem sympatyczną, ponad dwumetrową tyczkę i zacząłem się zastanawiać, jak zahartować w ogniu jej czubek.

Kończył się trzydziesty dzień, czekała mnie druga noc w szałasie. Miałem za sobą połowę pobytu i postanowiłem to uczcić. Zagotowałem w puszce trochę wody i zaparzyłem herbatkę z cytrynowych liści. Pogratulowałem sobie postępów. Miałem poczucie, że przebyłem bardzo długą drogę. Dobrze się odżywiałem, miałem wystarczający zapas wody i zbudowałem sobie dom. Siedziałem w cieple ogniska i robiłem herbatkę. Miałem sprzęt do polowania: nóż, łuk i niedokończoną włócznię. Wraz z pojawieniem się tych namacalnych symptomów rozwoju poprawił się także stan mego umysłu. Znacznie wydłużyły się okresy wewnętrznego spokoju. Przystosowałem się do nowych warunków i z optymizmem myślałem o kolejnych trzydziestu dniach.

Pomyślałem także o najbliższej przyszłości i o szczurach, które biegały po mnie ostatniej nocy. Bardzo mi nie dokuczały, ale nie dawały zasnąć. Drażniły mnie też termity, które przez moje ciało uciekały z palącego się drewna. Były niegroźne, ale na tyle dokuczliwe, że nie mogłem należycie wypocząć.

Każdy dzień uczył mnie, że na tej wyspie nie opłaca się udawać. Byłem tu sam i doskonale widziałem własne gierki. Konstruktywne myślenie przynosiło owoce tylko wtedy, gdy nie próbowałem przed sobą ukrywać albo unikać tego, co naprawdę nie spełniało moich oczekiwań. Kluczem do wszystkiego była uczciwość wobec samego siebie. W związku z przeprowadzką do szałasu żałowałem, że nie mogę podziwiać zachodów słońca. Ciemność zapadała tu szybciej, a brak wieczornego świetlnego spektaklu powodował, że czułem, jakby odcięto mi połączenie ze światem zewnętrznym, a w to miejsce wlazły szczury i termity. „Nie wrócę do jaskini, budowałem to jedenaście dni!” – żartowałem, choć wcale nie było mi do śmiechu.

Muszę zrobić łóżko!”. Przez całą noc podgryzały mnie szczury. Było ich jeszcze więcej niż poprzedniej nocy. Najpierw słyszałem szelesty, potem coś ganiało w tę i we w tę, aż wreszcie któryś zdobywał się na odwagę i przebiegał po mnie albo mnie skubał, jakby chciał sprawdzić, czy nadaję się do jedzenia.

Nożem zaostrzyłem koniec włóczni. Musiałem go co chwila ostrzyć, ale umieściłem „osełkę” na ziemi, między nogami, więc nie było problemu. Kiedy czubek był już dostatecznie zaostrzony, wzmocniłem go blachą, którą obwiązałem korą ketmii (dzięki temu szpic stał się jeszcze bardziej ostry).

Kiedy byłem zajęty pracą, od strony plaży przytruchtały kozy nieświadome tego, że właśnie przygotowuję broń, od której mają zginąć. Podreptały na Ślimaczą Skałę, a potem wzdłuż ostrogi na górę, gdzie zniknęły pośród drzew. Nie chciałem, żeby stały się jeszcze bardziej płochliwe, ponieważ mogły zacząć unikać tego rodzaju bliskich spotkań. Nie mając broni gotowej do użytku, jedynie je obserwowałem, starając się wychwycić, jakimi chadzają ścieżkami.

Wyprawa wokół wyspy przyniosła rekordowe żniwo. Węgorz – największy, jakiego dotąd złapałem – zginął od ciosu noża w tył głowy. Największy ogórek morski, jakiego widziałem w życiu. Gigantyczny małż[39]. Nie miałem pojęcia, czy jest jadalny, ale nic nie wskazywało, że jest inaczej. Bez wątpienia był żywy, bo kiedy go szturchnąłem, zamknął się z trzaskiem. Do tego cztery kraby, kilka omułków i dwa słoiki ślimaków. Królewska uczta z owoców morza.

„O rety, ale sobie podjem. Czeka mnie obfity lunch, kolacja i śniadanie. Ty jeszcze żyjesz, więc pójdziesz na kolację" – poinformowałem kraba, który usiłował zbiec.

Gawędziłem do kamery w zielonej bluzie na głowie (w słońcu było bardzo gorąco), próbując poupychać gdzieś moje łupy. W koszu nie było już miejsca i część pożywienia musiałem nieść w wielkiej muszli. Wszystko umyłem i obrałem ze skorup. Najwyraźniej uśmiech losu ma właściwości magnetyczne – przyciąga kolejne. Wszystko szło w dobrym kierunku.

Ponieważ nie miałem dużego naczynia do gotowania, małża i kraby upiekłem na węglach. Węgorza, którego chciałem zjeść na kolację, zawiesiłem po dachem, żeby dym chronił go przed muchami. Po wyschnięciu owoce morza zaczęły skrzypieć. Bez trudu otworzyłem muszlę martwe-

39 Ang. „giant clam" to także nazwa gatunkowa przydaczni olbrzymiej (*Tridacna gigas*), największego małża na świecie, jednak autor najprawdopodobniej nie używa tego określenia w tym właśnie znaczeniu.

go już małża. Zawartość przypominała ogromny mięsień, który skonsumowałem z pewną rezerwą. Trudno go było pogryźć, ale to było mięso. Kiedy czynnik nowości przestał działać, kubki smakowe stały się bardziej szczere wobec samych siebie. „To była guma. Wiecie co? Nawet psu nie dałbym tego do żarcia".

Omułki były wspaniałe i swym wyszukanym smakiem przypominały prawdziwe jedzenie. Najważniejsze było to, że w końcu zjadłem coś innego. To mnie ożywiło i pobudziło moje zmysły. Byłem bardzo zadowolony. W restauracji drugi raz bym tego nie zamówił, ale tutaj ten posiłek urastał do rangi przełomu.

Zanim wszystko zjadłem i sfilmowałem, było już dobrze po południu i znowu byłem zestresowany tym, jak dużo czasu schodzi mi na codzienne czynności, w tym na jedzenie. Poszedłem na plażę poćwiczyć rzucanie włócznią i strzelanie z łuku. Ustawiłem plastikową butelkę do połowy wypełnioną piaskiem i wystrzelałem do niej całą amunicję. Strzałom niewątpliwie brakowało lotek, natomiast włócznia sprawowała się całkiem nieźle, choć trzeba było jeszcze wzmocnić i zaostrzyć szpic. To była całkowicie konstruktywna reakcja, a ja cieszyłem się, że broń jest coraz doskonalsza. Postanowiłem, że następnego dnia zajmę się lotkami z liści palmowych i udoskonalę włócznię.

Kończył się dzień numer trzydzieści jeden. „Ed, jak dorobisz lotki, będziesz mógł polować" – powiedziałem, zastanawiając się jednocześnie, dlaczego zwracam się do siebie w drugiej osobie. Mówienie do siebie stało się niemal parodią wewnętrznego dwugłosu autorefleksji. Wiedziałem, że to brzmi dziwacznie, ale w ten sposób przekazywałem rozmowy, które rzeczywiście musiałem ze sobą przeprowadzić. Jak się nie ma żadnego towarzysza, to można go sobie wymyślić, ale w tym przypadku oba głosy należały do mnie, a rozmowy i spory wydawały mi się dostatecznie autentyczne.

„Będzie fajnie. Dziś naprawdę dobrze sobie podjadłem” – świadomie wróciłem do pierwszej osoby. „Najadłem się tym, co znalazłem. Jestem pełny. Ostatnio nie miałem zbyt wielu okazji, żeby to powiedzieć”. Nie chciałem się jednak ograniczać do zbieractwa. „Jutro idę na polowanie, a w menu pojawi się koźlina”.

Powędrowałem na drugą stronę wyspy, żeby zostawić wyładowane baterie i pełne karty pamięci. Po raz pierwszy szedłem uzbrojony we włócznię, śmiały i pełen życia niczym jaskiniowiec gotowy zaatakować, kiedy tylko nadarzy się okazja.

Kiedy mijałem taro, które musiałem kiedyś „opatrzyć”, zauważyłem, że rośliny doszły do siebie i wypuściły nowe liście. Ucieszyłem się – zostałem lekarzem roślin.

Kiedy wróciłem, kozy stały bezczynnie w moim obozowisku. Z jakiegoś powodu skojarzyły mi się z grupą młodocianych dresów palących papierosy pod wiatą przystankową. Może była w tym pogarda, a może zazdrościłem im nieskomplikowanego życia. Kiedy się zbliżyłem, w grupie się zakotłowało i kozy się rozproszyły, a ja po raz pierwszy ruszyłem za nimi, próbując je dopaść. Byłem zaskoczony, z jaką łatwością zostawiły mnie z tyłu. Wszelkie nadzieje uleciały, kiedy zwierzęta znikły w gęstych zaroślach, w których nie byłem już w stanie ich ścigać. Kiedy tak stałem z nieużywaną włócznią w ręku, zrozumiałem, że muszę uśpić ich czujność, dać im fałszywe poczucie bezpieczeństwa. Nie mogły się mnie bać. Musiałem się do nich zbliżyć, żeby zadać śmiertelny cios.

Kiedy wróciłem do szałasu, doleciało do mnie odległe beczenie. Podczas polowania jakaś koza musiała oddzielić się od stada. W jej głosie słyszałem strach. Ponieważ doszedłem do wniosku, że nie uda mi się na tyle zbliżyć do zwierząt, bym mógł użyć mojej prymitywnej włóczni, powróciłem do udoskonalania strzał.

Kiedy pokrywałem szałas strzechą, z niektórych liści musiałem usuwać pojedyncze listki. Przy wyplataniu ich liczba musi być parzysta. Co jakiś czas odrzucałem więc niepotrzebne, nieparzyste listki i zauważyłem, że w powietrzu zachowują się jak papierowe samolociki.

Naturalną koleją rzeczy to z nich właśnie postanowiłem zrobić lotki do strzał. Mając nóż i podkładkę, łatwo było im nadać pożądany kształt, a ich mocne łodyżki obwiązywałem paskami kory, mocując w ten sposób lotki do strzał. Podczas tych wymagających precyzji czynności złapałem się na tym, że znowu się uśmiecham. W pół godziny zrobiłem porządną strzałę z trzema lotkami.

Pieczołowicie włożyłem ją między krokwie, żeby przypadkiem na niej nie stanąć, i zająłem się przeróbką włóczni. Zrozumiałem, że w tym stanie zaawansowania po prostu odbiłaby się od kozy. Zdjąłem blachę, zrobiłem wgłębienie na gwóźdź z dużym łebkiem, a następnie obwiązałem zarówno gwóźdź, jak i blachę. Praca zajęła mi kolejne dwie godziny, ale nie chciałbym nią teraz dostać – wyglądała na cholernie zabójczą broń.

Właśnie strzelałem z łuku do plastikowej butelki, kiedy moją uwagę przyciągnęły kozy, które całym stadem w liczbie siedmiu sztuk także pojawiły się na plaży. Miałem w ręku łuk i strzały, więc natychmiast dostrzegłem okazję do polowania. Pobiegłem w ich kierunku na tyle szybko, że zanim mnie zauważyły, byłem już dosyć blisko. Kiedy dzieliło mnie od nich jakieś pięć metrów, dostrzegł mnie Czarny Pas – wielki stary kozioł. Zabeczał, ostrzegając pozostałe zwierzęta, które natychmiast zrobiły w tył zwrot i uciekły. Strzeliłem, celując w środek stada, ale strzała pofrunęła w zarośla, a kozy zniknęły wysoko w lesie.

Poirytowany przez pół godziny bezskutecznie szukałem strzały. Poddałem się po kilkukrotnym przeczesaniu całego terenu. To był prawdziwy cios. Pracowałem nad nią przez pół dnia i poświęciłem jedyny dostępny na tej wyspie prosty gwóźdź bez dużego łebka tylko po to, żeby stracić ją przy pierwszym oddanym pochopnie strzale! Od niej zależała moja przyszłość. Mogłem poczekać. Kozy były za daleko. „To cholernie dołujące” – stwierdziłem, gapiąc się w kamerę z rozpaczą w oczach.

Znalazłem strzałę”. Obudziłem się, obszedłem szałas i ruszyłem lasem, mając po lewej ręce pnące się do góry strome zbocze, a po prawej – ocienioną plażę. Po prostu na nią wszedłem. Nie była ukryta w zaroślach ani zakopana w stercie liści. Musiała się od czegoś odbić i zmienić kierunek. Wszystko jedno. Znalazłem ją i to była bardzo dobra wróżba na resztę dnia.

Wczesnoporanne znalezisko bardzo podniosło moje morale, a utrata strzały zaowocowała refleksją: zamiast tropić kozy, lepiej poczekać na dogodną okazję. Jeśli się nad tym głębiej zastanowić, rezygnacja z aktywnego polowania na jedyne zwierzę, jakie chciałem tu upolować, i czekanie, aż samo do mnie przyjdzie, była szaleństwem. Stwierdziłem do kamery, że moim zdaniem nie opłaca się tropić kóz, bo zwierzęta zaczną się mnie bać. Postanowiłem, że zawsze muszę mieć pod ręką broń, żeby wykorzystać okazję, kiedy podejdą bliżej. Dzisiaj wiem, co mnie do tego skłoniło: rozumowanie było logiczne, a czekanie na kozy nie wymaga wydatkowania energii. Miałem przekonującą wymówkę, żeby nie polować: nie powinienem tego robić, bo efekt będzie przeciwny do zamierzonego.

Jednak moje prawdziwe lęki tkwiły głębiej i potrafię je wskazać dopiero dziś, po głębokim namyśle. Bałem się marnować czas. Bałem się marnować energię. Bałem się niepowodzenia. Bałem się, że wyjdę na głupka. Budując szałas i konstruując narzędzia, niczym nie ryzykowałem. Wiedziałem, że uzyskam namacalny efekt mojej pracy. Powstanie coś, czego można dotknąć, konkret będący potwierdzeniem sukcesu. Z polowaniem było inaczej. Nie miałem kwalifikacji, byłem niezgrabny, osłabiony i powolny. Panikowałem na myśl o całych dniach zmarnowanych na bezowocne polowanie. Chcąc myśleć konstruktywnie, musiałem się zająć czymś, co może przynieść łatwe do przewidzenia efekty.

Zabrałem się za drugą strzałę, ale zużyłem już jedyny zdatny gwóźdź. Inne – na przykład ten, który przymocowałem do włóczni – miały duże łebki, których nie byłem w stanie usunąć, więc tych gwoździ nie dało się przymocować do cienkich strzał. Kiedy przeglądałem moje skarby, wpadł mi w oko kawałek metalowej taśmy wygięty w kształt litery U, który wcześniej był przynitowany do krążka, z którego zrobiłem nóż. Wyprostowałem go, bijąc kamieniem, i otrzymałem prostokąt o długości 15 i szerokości jednego centymetra. Taśma była za szeroka, a jednocześnie za miękka. Używając gwoździa o płaskim łebku jako dłuta, a kamienia jako młotka, delikatnie wklepałem ją w tworzące kąt prosty obrzeże skrzyni na kamerę, nadając jej w ten sposób profil litery V. Potem już łatwo było złożyć taśmę wzdłuż na pół, dzięki czemu miała teraz pół centymetra szerokości, a co ważniejsze, była dwa razy mocniejsza.

Na mojej osełce zaostrzyłem ją w długi cienki szpic. W drzewcu zrobiłem nacięcie na cięciwę i zamocowałem lotki. Kiedy skończyłem, strzała numer dwa wyglądała świetnie. Była mistrzowską repliką oryginału, a może nawet go przewyższała, ponieważ jej grot był dłuższy i cięższy. W ten sposób podwoiłem zapasy amunicji.

Siedziałem w szałasie, chroniąc się przed niewielkim deszczem, i kręciłem młynka nową strzałą w brudnych i popękanych palcach. Postanowiłem, że zbuduję pułapkę na kozy. Wiele przemawiało za tym, że powinienem to zrobić. Zwiększyłoby się prawdopodobieństwo schwytania zwierzyny. W przeciwieństwie do polowania, pułapka byłaby niczym wypoczęty żołnierz na polu walki: zawsze czujny, odwalałby za mnie robotę nawet wtedy, gdy ja bym spał. Poza tym pułapka nie męczy się i nie traci cierpliwości.

Postanowiłem, że po lunchu, kiedy już zbiorę drewno na

opał i wodę, skonstruuję pierwszą część pułapki – bramę-zapadkę, która po zwolnieniu blokady spadnie i zamknie wyjście. Po południu szukałem najdogodniejszych miejsc do ustawienia pułapki i zacząłem konstruować drewniany kojec zdolny pomieścić nawet najbardziej dorodną kozę. Chciałem powielić konstrukcję pułapek na małe ssaki, do których łapie się żywcem myszy czy nornice: ogrodzony fragment terenu zamykany zapadką, która zatrzaskuje się, kiedy zwierzę znajdzie się w środku. Praca fizyczna i rozważania z zakresu mechaniki pochłonęły mnie bez reszty. „To będzie proste. Dobrze zainwestowany czas” – powiedziałem sobie.

Kontynuując pracę przy bramie, uzmysłowiłem sobie, że skonstruowanie tego, co obmyśliłem, będzie bardzo czasochłonne. Sam zadałem sobie tę torturę i tylko siebie mogłem za to winić. Obdzierając z kory gałęzie ketmii, ścinając drzewka i łącząc je ze sobą wiązaniami, robiłem wszystko ze świadomością, że pochłania to zbyt wiele czasu. Jak to możliwe, że mając do zagospodarowania dwa miesiące, nieustannie czułem presję czasu, a jednocześnie angażowałem się w wielkie projekty konstrukcyjne, które prawdopodobnie nie były najlepszym sposobem jego wykorzystania? Najwyraźniej miałem potrzebę konstruktywnego działania w dosłownym tego słowa znaczeniu, przez co nie byłem w stanie wyluzować i nieustannie uganiałem się za jakimś namacalnym celem, którego osiągnięcie miało mi zapewnić spokój ducha, jednak ten cel stale się ode mnie oddalał.

Był piątek – czas cotygodniowych ćwiczeń. Przebywałem na wyspie już od pięciu tygodni i ostatnio zupełnie przyzwoicie się odżywiałem, a mimo to nie miałem siły. Dziś sądzę, że były to początki depresji. Nie miałem w niczym oparcia, a rozchwianie emocjonalne skutkowało gwałtownymi zmianami nastroju. Często musiałem się wyciągać z głębokiego dołka. Od kiedy zacząłem się dobrze odżywiać, czułem, że przybieram na wadze – brak sił musiał w takim razie być następstwem stanu mojego umysłu.

Podciągnąłem się na drążku tylko dziesięć razy. Kiedy rozluźniłem chwyt, spadłem na ziemię. Czułem się nędznie. Wszystkie ćwiczenia wykonałem mniejszą liczbę razy niż na koniec pierwszego tygodnia.

Poszedłem na plażę poćwiczyć strzelanie z łuku. Jeśli z nowej broni miał być jakikolwiek pożytek, musiałem dobrze nią władać.

Późnym popołudniem wyruszyłem na poszukiwania krabów i ślimaków; wróciłem zaledwie pięć minut przed zapadnięciem zmroku. Apatia zaburzyła u mnie poczucie czasu, więc musiałem gotować w ciemnościach. Zebrałem dwanaście krabów, co było teraz normą, więc nie miałem się na co skarżyć. Osiem ugotowałem na dwie raty i zjadłem na kolację, a cztery zostawiłem na śniadanie. Potrzebowałem deszczu, bo w przeciwnym razie groziło mi, że będę musiał sięgnąć do żelaznego zapasu przechowywanego w jaskini. Podstawowa obawa dotycząca wody powróciła ze zdwojoną siłą i podobnie jak pierwszego dnia czułem, że nie mam na nic wpływu.

Wraz z depresją pojawiły się panika i gorączkowe poszukiwanie alternatywnych rodzajów pożywienia, takich jak ryby. Mówiłem do kamery coś o bogatej w ryby rafie i o tym, że próbując schwytać kozę, tylko marnuję czas, bo kozy są za szybkie i za sprytne. Zrobiłem przedstawienie na temat niebezpieczeństw związanych z budową tratwy i znowu ogarnęło mnie przemożne uczucie, że absolutnie na nic nie mam wpływu.

Dziś widzę, że uzależniłem się od sukcesu jako środka zwiększającego pewność siebie i dlatego unoszony jego przypływami i odpływami przeżywałem gwałtowne psychiczne wzloty i upadki. Nie byłem wsparciem sam dla siebie. Zadręczałem się oskarżeniami o złe zarządzanie czasem i własną osobą, i tylko ja mogłem położyć temu kres. Najwyraźniej jednak nie potrafiłem wyrwać się z niekończącego się dramatu pod tytułem „moja trudna sytuacja". Sam siebie doprowadzałem tym do szału.

Zrugałem się też za to, że nawet nie zacząłem robić łóżka. Gdybym je miał, nie musiałbym spać na ziemi, wśród szczurów, ale byłem tak zapracowany przy pułapce na kozy, zajęty ćwiczeniami łuczniczymi i szukaniem pożywienia, że nie byłem już w stanie wcisnąć do harmonogramu kolejnego punktu. Kiedy szczury rozpoczęły swoje harce, ogarnęło mnie skrajne przygnębienie i zapadłem w półsen przybity myślą, że nie umiem zbudować nawet łapki na szczury.

Obudziłem się z przekonaniem, że nie ma sensu zajmować się wszystkim po trochu i nigdy niczego nie doprowadzić do końca. Moim celem na ten dzień było dokończenie bramy-zapadki.

Wlokąc się pod górę noga za nogą, znowu zacząłem marzyć o maśle orzechowym z mnóstwem prawdziwego masła na kipiącym od konserwantów białym chlebie tostowym. Od przybycia na wyspę nie miałem niestrawności, które wcześniej stale mi dokuczały, więc po jej opuszczeniu mógłbym utrzymać trawienny spokój, pozostając przy diecie bez kofeiny, cukru, pszenicy, nikotyny, nabiału i alkoholu. Teraz jednak myślałem tylko o tym, że kiedy wreszcie się stąd wydostanę, będę sobie dogadzał i objadał się wszelkim tanim, niezdrowym jedzeniem, jakie tylko znajdę. Miałem gdzieś niestrawność – feta byłaby jej warta.

Do południa ukończyłem bramę składającą się z trzynastu pionowych sztachet. Byłem półżywy – lepiej, żeby się nie okazało, że coś z nią jest nie tak. Po południu padało, więc wstrzymałem prace konstrukcyjne, by uzupełnić zapas wody w organizmie. Mocno odczuwałem jej deficyt.

Półtoragodzinny deszcz dał mi czternaście i pół litra wody. „Dobre i to!" – wyszczerzyłem zęby w uśmiechu, gapiąc się w ciemne niebo z nadzieją, że znowu się rozpada. Nocny deszcz byłby sprawdzianem dla szałasu, ale byłem dość spokojny, że strzecha nie będzie przeciekać. Na plaży było chłodno, więc usiadłem przy ciepłym ogniu. Słyszałem, jak na brzegu wzmaga się wiatr i strąca kokosy. Wrzuciłem do garnka garść dużych ślimaków, a szałas i ognisko były dla mnie pocieszeniem: tylko tutaj miałem wszystko pod kontrolą. Z suchego i ciepłego miejsca z przyjemnością obserwowałem rozkręcającą się burzę.

Ostatnią rzeczą, jaką zrobiłem przed zapadnięciem zmroku, był test bramy. Schwytanie kozy gwarantował jedynie szybki i mocny mechanizm. Kiedy z pozycji horyzontalnej swobodnie opadła do pionu, prawy słupek pękł, jakby był zrobiony z kruchego toffi. Niepowodzenie sprawiło, że znowu dopadły mnie samotność i smutek, ale przed kamerą robiłem dobrą minę do złej gry, udając, że nic się nie stało: „Po prostu to wymienię”. Tak naprawdę chciało mi się płakać. Chciałem, żeby ktoś przybył na ratunek, żeby ktoś się o mnie zatroszczył. Nie wspomniałem o tym do kamery – moja desperacja była zbyt duża i nikt nie musiał wiedzieć, co się we mnie dzieje. Etap użalania się nad sobą powinienem mieć już dawno za sobą.

Przy braku innych alternatyw szukałem pociechy w jedzeniu. Kokos, którego upiekłem przy ogniu, dał mi chwilę słodkiego pocieszenia. Próbowałem myśleć konstruktywnie, ale nieustannie gnębiła mnie myśl, ile czasu zmarnowałem na pułapkę.

Trzydziestego siódmego dnia wstałem wcześnie i obszedłem wyspę. Nagrodą za pilność było dziewiętnaście krabów i dwa słoiki ślimaków. Tego dnia znowu mogłem sobie podjeść.

Właśnie wtedy los postanowił wykręcić mi rękę i dać kopa w tyłek: puszka pełniąca rolę garnka zaczęła przeciekać. „To katastrofa” – oznajmiłem do kamery – i była to ponura prawda. Do gotowania została mi jedynie malutka puszeczka, o ponad połowę mniejsza od tamtej, bardziej przypominająca metalowy kieliszek niż sagan do gotowania. Pomyślałem, że użyję muszli – na pewno dłużej się rozgrzewała, ale warto było spróbować. Przypomniałem sobie, że ktoś mi mówił, że muszle lubią pękać na ogniu. Wierny garnuszek wytrzymał dwa tygodnie gotowania – chyba nieźle, jeśli się weźmie pod uwagę ilość pitej przeze mnie herbaty. Jak obliczyłem, to musiało być ponad sześćdziesiąt kubków herbaty i czterdzieści dwa posiłki.

Wypiłem pół słoika herbaty z liści cytryny. Wodę zagotowałem w niepraktycznej, małej puszce. Jeszcze tylko dwadzieścia trzy dni, powiedziałem sobie. Już dawno zacząłem odliczać dni, które zostały, zamiast tych, które już minęły.

Lunch próbowałem ugotować w muszli, ale tak jak się obawiałem, pękła, zanim woda zawrzała. „Szkoda, że garnuszek skończył swój żywot. Wielka szkoda" – ponuro spoglądałem w rozkładany wizjer kamery, doprowadzony do desperacji prześladującym mnie pechem.

Ręce nadal pokrywały rany, a językiem wyczułem na zębie jakąś chropowatość. Pewnie wypadł kawałek plomby. „Po prostu ekstra. Tylko tego mi brakowało" – z rezygnacją pokręciłem głową.

Po południu wymieniłem złamany słupek mojej rustykalnej uchylnej bramy-zapadki i podparłem ją dwumetrową rozwidloną tyczką. Ciężka brama sprawiała wrażenie dostatecznie mocnej, by zatrzymać uwięzione zwierzę. Musiałem wymyślić, jak połączyć ją z mechanizmem zwalniającym blokadę. Związałem ze sobą kilka solidnych pasków kory i poprowadziłem linkę od dolnej poprzeczki bramy w górę, ponad wysoką, gładką gałęzią, a następnie w dół do znajdującego się w głębi planowanej zagrody mechanizmu spustowego. Miała to być płyta naciskowa, na której jako przynętę chciałem umieścić kokos. Musiałem wspiąć się na drzewo, co przywołało wspomnienia z dzieciństwa: podrapane kolana i łokcie, dreszczyk wywołany świadomością, że jestem na wysokości, na której każdy fałszywy ruch oznacza paskudny upadek. Znowu coś sprawiało mi przyjemność.

Kiedy wszystko było na miejscu, uzbroiłem pułapkę, podszedłem do drewnianej płyty i delikatnie ją nacisnąłem. Drewniana przetyczka została uwolniona i wystrzeliła w powietrze, gdy ciężka brama opadła, z hukiem zatrzymując się na słupach. Wszystko działało bez zarzutu: brama była cała, a mechanizm spustowy sprawny! Pozostało już tylko zbudować coś w rodzaju zagrody dla owiec.

Dziecinny dreszczyk związany z konstruowaniem pułapki napędzał mnie do działania, ale siły miałem nadal tyle, co kot napłakał. Maszerując w górę, a nawet wracając w dół do obozowiska, miałem wrażenie, że poziom glikogenu w mięśniach wynosi zero, a ja czerpię energię, zjadając własny organizm. Ale wysiłek się opłacił – miałem mechanicznie sprawną pułapkę.

Postanowiłem zrobić eksperyment i spróbować zagotować wodę w plastikowej butelce zawieszonej powyżej płomieni na lince z kory ketmii. Ogrzanie wody do temperatury jako tako odpowiedniej na herbatę trwało całe wieki. Zrezygnowałem z prób doprowadzenia jej do wrzenia w obawie, że plastik się stopi. Gdzieś przeczytałem o tej metodzie, ale jak większość tego rodzaju surwiwalowych porad wydawała się niepraktyczna i podejrzewam, że sformułowano ją tylko po to, żeby zrobić wrażenie na czytelnikach. To nie było rozwiązanie na dłuższy czas.

Przy letniej herbacie wpadłem na pomysł, żeby ulepić trzy gliniane garnki. Któryś mógł pęknąć podczas wypalania, więc uznałem, że zrobię od razu kilka, żeby mieć czym pokryć ewentualne straty technologiczne. Odstawiłem smętny napój, zebrałem broń i sprzęt filmowy i poszedłem poszukać czegoś na kolację. Na plaży musiałem zmrużyć oczy w ostrym słońcu. Po całym dniu pracy w lesie przyjemnie było objąć wzrokiem rozległą przestrzeń.

Lekka wieczorna bryza działała kojąco na skórę; uspokajał marsz znanymi ścieżkami, podczas którego uważnie wypatrywałem owoców morza. Wróciłem z siedemnastoma krabami i dwoma słoikami ślimaków – kolejny obfity zbiór. Postanowiłem poświęcić kolejną muszlę, żeby je ugotować, choć wiedziałem, że pęknie. Spełniła jednak swoje zadanie i kiedy słońce zaszło, zdrowo sobie podjadłem.

Pułapka, do której ma się złapać żywe zwierzę, musi być mocna i nie może mieć słabych punktów. Do zbudowania drewnianego ogrodzenia potrzebowałem dużej liczby drzewek i – co już nie tak oczywiste – dużej ilości materiału, którym można by je było ze sobą powiązać.

Zanim z czterech dużych ketmii pozyskałem stertę mocnych wiązadeł, było już przedpołudnie. Zanim zaniosłem je na górę i podzieliłem na węższe, bardziej poręczne paski, dawno minęła pora lunchu. Najwyższy czas poszukać czegoś do jedzenia. Podczas obchodu znalazłem plastikowy kanister, który świetnie nadawał się do zbierania wody z bambusowej rynny, którą mógłbym zamocować na dachu szałasu. Miałem już wiadro, ale było pęknięte i przeciekało, a nowy pojemnik był w idealnym stanie. Dzięki niemu mogłem zbierać wodę z 12 metrów kwadratowych strzechy. Nie musiałbym już wysysać przez słomkę wody zebranej w muszlach, a to oznaczało postęp na drodze do wygodnej i stabilnej egzystencji. Projekt ten nie należał jednak do moich priorytetów, więc jego realizację odłożyłem na później.

Po południu zebrałem dwadzieścia dwa drzewka, z których miało powstać ogrodzenie pułapki. Dwadzieścia dwa! „Kurcze, ale jestem wypluty" – z wrodzoną elokwencją dałem wyraz zmęczeniu, kiedy w drodze powrotnej do obozowiska oczyszczałem poranione kłykcie ze sterczących skrawków skóry.

Przed szałasem, mniej więcej sześć metrów od miejsca, w którym spałem, zawisło na pnączach wielkie uschnięte drzewo. Było poskręcane i szpeciło widok z fajnego szałasu, który sobie zbudowałem, a poza tym zapewniłoby mi opał na kilka dni, więc mimo zmęczenia postanowiłem zwalić je na ziemię.

Kiedy stanąłem pod tym *ngan duppurru* (przypomnę: słowo to znaczy „popieprzony" lub „zawikłany"), pomyślałem o moich aborygeńskich przyjaciołach. Co by sobie o mnie teraz pomyśleli? Na pewno z uśmiechem gratulowaliby mi tego, czego już udało mi się dokonać. Dobrze było sobie przypomnieć, że to ja sam jestem swoim najsurowszym krytykiem – oni prawdopodobnie nie szczędziliby mi pochwał.

Widziałem, na których pnączach zwieszających się z koron otaczających drzew, mocnych i grubych jak liny, to wszystko się trzyma. Próbowałem szarpać je z ziemi, ale nic to nie dało. Potem wdrapałem się na tę masę martwego drewna w nadziei, że pod moim ciężarem część pnączy popęka. Trząsłem wszystkim jak rozwścieczony pawian, który na szczycie drzewa daje pokaz siły. Serce gwałtownie mi przyspieszyło, bo wiedziałem, na co się narażam: chciałem strącić i roztrzaskać o ziemię to, na czym właśnie siedziałem. Na szczęście wiatrołom ani drgnął. Byłem wykończony i skazany na ten popieprzony obraz świata. Buzująca we mnie adrenalina spowodowała, że wybuchnąłem śmiechem na tę niezamierzoną dwuznaczność.

Tego dnia trudno było zachować pozytywne myślenie, a jednak udało się – co samo w sobie było pozytywne. Nie wiedziałem dlaczego po tych wszystkich krabach, które wydalałem ku chwale Wielkiej Brytanii, mam tak mało sił. „Po prostu wisiałem" – zauważyłem, nawiązując do wojskowego wyrażenia „wisieć na pasku pod brodę", którego znaczenie jest dosyć oczywiste: jesteś tak zmęczony, że przewróciłbyś się, gdyby pasek twojego hełmu o coś nie zaczepił. Mówi się też „zaczepiony za brodę".

Całe doświadczenie nadal było o wiele trudniejsze, niż wcześniej oczekiwałem.

卌 卌 卌 卌 卌 卌 卌 IIII

Dzięki ognisku przez całą noc było mi ciepło i przytulnie. Leżałem w pozycji embrionalnej twarzą „do ściany", a ciepło promieniujące z ognia ogrzewało moje nagie plecy. Poza tym, że musiałem wstać, żeby dołożyć do ognia, spałem głębokim snem, który bardzo mnie wzmocnił. Dotarło do mnie, że gdzieś niedaleko beczą kozy. Otworzyłem oczy i wyciągnąłem szyję (reszta ciała pozostała nieruchoma), żeby zobaczyć, gdzie są. Rozproszone stadko wolno schodziło na plażę dokładnie przez moją werandę. Przez chwilę leżałem nieruchomo i patrzyłem, jak ta zżyta rodzina spokojnie się przechadza, od czasu do czasu co nieco podjadając. Trasę spaceru najwyraźniej wyznaczały jadalne rośliny – kozy wyszły na śniadanie. Kiedy główna grupa znalazła się na plaży, cicho uniosłem się z mojego kącika, spod strzechy wyjąłem łuk i strzały, i pełen morderczych intencji zacząłem się za nimi skradać.

Na plaży było o wiele jaśniej, więc kozy dostrzegły mnie, gdy tylko wyszedłem na otwartą przestrzeń. Stado, które w tym momencie obgryzało trawę na szczycie Ślimaczej Skały, poderwało się i ruszyło w głąb cypla, w kierunku linii drzew. Zwierzęta nie były wystraszone, a jedynie przezorne i, oddalając się, nie przerywały jedzenia. Kiedy dotarły do skraju lasu, podążyły na północ, po chwili znalazły się poza zasięgiem strzału, by zaraz potem zniknąć z pola widzenia.

Kiedy moje oczy ponownie dostosowały się do półmroku panującego pod koronami drzew, zauważyłem, że dwie kozy nadal były w obozowisku. „Dawaj, Ed – dopingowałem się – obserwacja ma sens, ale teraz masz broń i musisz korzystać z okazji". Kiedy zbliżyłem się na tyle, na ile moim zdaniem mogłem, pozostając niezauważonym, nałożyłem strzałę, naciągnąłem cięciwę i wycelowałem w pierś najbliższego zwierzęcia. Strzała bezgłośnie pofrunęła w powietrzu i trafiła w zwierzę. Niestety, odbiła się od jego twardej skóry. Strzeliłem z odległości 12 metrów i najwyraźniej było to zbyt daleko. Strzała, lecąc do celu, wytracała prędkość. Jej lot przypominał ścięcie w tenisie stołowym: po szybkim starcie zwalniał, a na koniec przechodził w niegroźne szybowanie. Mój wewnętrzny komputer przeanalizował eksperyment w czasie rzeczywistym i wypluł wyniki. Należało strzelać z mniejszej odległości, a strzały musiały być cięższe. Z tej odległości, tymi strzałami, mógłbym przy odrobinie szczęścia przebić napełniony wodą balon.

Sen dobrze mi zrobił, a konstruktywna reakcja na nieudaną próbę polowania sprawiła, że w nowy dzień wszedłem pełen werwy. Fajnie. Trafiłem w kozę! To duży krok we właściwym kierunku.

Szukając czegoś na śniadanie, znalazłem mniej więcej dziesięciolitrową puszkę po japońskim oleju sojowym i natychmiast zobaczyłem w niej doskonały, wielki garnek. Patrząc na nią, roześmiałem się na myśl, że tak długo wystarczała mi mała zardzewiała puszeczka. Po powrocie do szałasu gwoździem zrobiłem perforację w połowie wysokości jej ścianek, żeby odciąć górną połowę. Otrzymałem kwadrat zbliżony wielkością do jednej z tych luksusowych puszek z mieszanką angielskich herbatników. Puszka była w idealnym stanie, a wewnątrz pozostała nawet resztka oleju. Smażone ślimaki! Nie mogłem się na nie doczekać – smażona potrawa była dla mnie luksusem. Chwila nieuwagi skończyła się paskudnym rozcięciem dłoni ostrą jak brzytwa, ząbkowaną krawędzią puszki. Natychmiast opatrzyłem ranę, używając do tego materiału odzyskanego z japonek. To nie mogło mnie zdołować – nie tego dnia – ale była to ważna nauka i byłem wdzięczny za sygnał ostrzegawczy.

Po usmażeniu na oleju mniej więcej pięciu ślimaków delektowałem się nimi, wolno przeżuwając każdy kęs. Były wyśmienite i przywoływały bardzo odległe skojarzenie z bekonem. Po południu pracowałem przy ogrodzeniu mojej pułapki, wiążąc ścięte dzień wcześniej drzewka. Po jedenastym skończył się dzień. Nie zrobiłem tyle, ile bym chciał, ale tylko uniosłem w górę brwi, przyznając, że już wiem, ile wszystko musi trwać. Odsunąłem się trochę i oceniłem postęp prac. Udało mi się zbudować dwie trzecie jednej ściany, zostały jeszcze dwie. Poirytowany powlokłem się w dół, do obozu.

Radość z posiadania nowego garnka przesłoniła niedogodności związane z raną dłoni. Na kolację po raz pierwszy od kilku dni zjadłem zupę krabową i z radością powitałem powrót tłustego bulionu. Nie ograniczała mnie już pojemność naczynia, więc było go teraz więcej niż wcześniej. To odkrycie kazało mi po raz kolejny zadać sobie pytanie, czy przypadkiem ktoś się o mnie nie troszczy. Może nie zostałem tak do końca porzucony na pastwę losu?

Szczury także uznały, że należy mi o czymś przypomnieć: zrobienie łóżka to w którymś momencie mógłby być niezły pomysł. Przynajmniej miałem jakieś towarzystwo.

Poranna mżawka przypomniała mi o potrzebie wyposażenia szałasu w rynny i zbiornik na deszczówkę. Zbliżała się pora deszczowa i kilka drobnych usprawnień mogłoby mi zapewnić o wiele lepszy system zbierania wody, który dostarczałby mi ją wprost do domu, prawie jak wodociąg. W deszczu dokończyłem drugą ścianę ogrodzenia pułapki, jednak w toku pracy stało się jasne, że będę musiał jeszcze dodać tylną ścianę i dach.

„Ed, skończ wreszcie tę pułapkę. Bawisz się z nią już siódmy dzień – prawie tyle samo, co z budową szałasu!".

Więc harowałem jak cholera bez przerwy na lunch i przez całe popołudnie – wiązałem, łamałem i ciąłem, dopóki nie miałem gotowej tylnej ściany i dachu. Kiedy słońce było już nisko nad horyzontem, przeciągnąłem się, rozciągając zesztywniałe plecy i ramiona. Gotowe. Postanowiłem jej jeszcze nie zastawiać. Chciałem być pewien, że kiedy brama opadnie, zatrzaśnie się na dobre. Nie mogłem ryzykować, że koza ją otworzy albo rozwali. Następnego dnia mogłem ją dopracować i zastawić, a na razie byłem dumny ze swego zaangażowania. I kompletnie zajechany. Ruszyłem w dół.

Byłem z siebie zadowolony, a nagrodą okazał się piękny pomarańczowo-różowy zmierzch. W tym świetle czułem płynące od Amandy wsparcie. Nie potrafię tego wyjaśnić, ale miałem poczucie, że podczas wszystkich moich zmagań z oddaniem trzyma mnie za rękę.

W czterdziestym pierwszym dniu poczułem, że jestem już na ostatniej prostej, że widać koniec. Oczyściłem ziemię wokół dwóch uratowanych przeze mnie kiedyś roślin taro, które rosły obok szałasu, więc teraz wyglądało, jakbym miał niewielki warzywnik. Estetyka musiała jednak ustąpić przed głodem i postanowiłem wykopać jedną z nich. Czułem, że brakuje mi węglowodanów, przez co – jak zwykle – brakowało mi sił.

Obolałymi i zniszczonymi palcami usunąłem miękką ziemię i delikatnie wyciągnąłem gruby korzeń. Położyłem roślinę na ziemi i zacząłem rozkopywać żyzną glebę w poszukiwaniu pożywnych bulw. W miarę kopania zaczęła do mnie docierać smutna prawda: pod rośliną była tylko jedna przypominająca kartofel bulwa. Rzuciłem okiem na drugą roślinę. Powodowany bardziej zaskoczeniem niż głodem, chciałem się przekonać, czy tu zbiór będzie większy. Skrobałem i ciągnąłem, ale – nie do wiary – tu też był tylko jeden niewielki ziemniaczek.

„Nie wiem, co powiedzieć – czuję się tak, jakby mnie ktoś okradł" – wyjąkałem. „Niedobrze. To jedyne oprócz kokosów źródło węglowodanów. Te dwa malutkie warzywka to wszystko, co mam na następne dziewiętnaście dni!".

Lubiący znęcać się nad młodszymi uczniami dyżurny ze starszej klasy znowu z szyderczym uśmieszkiem na gębie wykopał mnie z kolejki po obiad. Kolejny raz stałem się bezsilną ofiarą pecha. „Nie tego było mi dziś trzeba". Choć robiłem, co mogłem, nie byłem w stanie odpędzić od siebie uczucia, że zostałem skrzywdzony przez zły los.

Odkroiłem pięć cienkich plasterków taro i dodałem je do bulionu ze ślimaków. Był mizerny, ale przynajmniej żołądek wypełnił gorący płyn.

Miałem już dość marnowania czasu na wyszukane rękodzieło, więc w ciągu dziesięciu minut za pomocą mojego okrągłego noża skleciłem prymitywny harpun. Mógł się złamać albo stępić – wystarczyło, że spełni swoją rolę i będę miał z czym pójść na ryby. Kiedy zbliżyłem się do skalistej zatoczki, o której wiedziałem, że jest zasobna w ryby, zauważyłem węgorza, który usiłował czmychnąć z płycizny w stronę otwartego morza. Instynktownie uderzyłem go u nasady łba, posługując się harpunem jak szpicrutą. Ogłuszone stworzenie wylądowało w koszu z przeznaczeniem na lunch.

Wydałem z siebie ni to westchnienie, ni tłumiony chichot, kiedy zdałem sobie sprawę z tego, jakie to było proste. Ponieważ nowy harpun nie kosztował mnie dużo pracy, po prostu waliłem nim o dno, a zasięg drzewca sprawiał, że trafienie w węgorza nie było zbyt trudne.

Mimo udanego połowu nie zdołałem się otrząsnąć z porannej tragedii w warzywniku. Czułem, że jestem w kiepskiej formie. Byłem oklapnięty i miałem wydęty brzuch. Musiałem pozyskać jeszcze trochę kory i dokończyć pułapkę. Zacząłem apatycznie robić to wszystko, co sobie zaplanowałem.

W czterdziestym pierwszym dniu pobytu wiedziałem już, że nie chcę, aby pochłaniały mnie fluktuacje życia codziennego. Wiedziałem, że najlepiej poddać się naturalnemu biegowi życia i po prostu akceptować to, co jest. Czasem wszystko idzie dobrze, a czasem nie. Natomiast u mnie poczucie, kim jestem, odzwierciedlało aktualne drobne wzloty i upadki. Jakbym był pozbawiony jakichkolwiek głębszych korzeni. Jakbym nie miał w sobie ani krzty pewności siebie, która mogłaby mnie uodpornić i przeprowadzić przez ten trudny czas. Moja labilność przyprawiała o zawrót głowy, ale za każdym razem, kiedy coś poszło nie tak, czułem się tragicznie.

Kiedy w moje myślenie wkradł się pesymizm, rozpoznałem znany już katalizator: zaczęło do mnie docierać, że jestem chory. Depresja gwarantowana. Pułapkę wystarczyło nastawić, ale czułem się już na tyle fatalnie, że nie potrafiłem wspiąć się pod górę. Miałem wzdęty brzuch, potem zaczęły się skurcze i boleści. Przypomniała mi się apteczka mamy i węgiel drzewny, który podawała mi na wiatry, więc zjadłem trochę zimnych węgli z ogniska.

Szybko zrezygnowałem i wyciągnąłem się przy ogniu. Skurcze żołądka były tak mocne, że zwijałem się z bólu. Zacząłem szukać jak najdogodniejszej pozycji, ale każda mi doskwierała, więc bez przerwy przewracałem się z boku na bok.

W przypadku projektu, który ma wykazać, że zdołam przetrwać zdany wyłącznie na siebie, jest dość oczywiste, że powinienem radzić sobie w każdych okolicznościach. Kiedy ból się nasilił, zacząłem jednak dopuszczać myśl, by sięgnąć po pomoc z zewnątrz. Skąd mogłem wiedzieć, że to nie jest nic poważnego? Co, do cholery, się ze mną działo? Rozważałem dostępne możliwości. Miałem telefon satelitarny, który pozwalał mi połączyć się z lekarzem w Wielkiej Brytanii. Może by mnie uspokoił, gdybym opisał mu symptomy. Każda interwencja oznaczałaby jednak, że nie poradziłem sobie sam. Że wyspa mnie pokonała. Że zawiodłem. Nie mogłem być taki miękki. Uznałem, że nie ma podstaw do użycia telefonu.

Ataki bólu były coraz częstsze i coraz bardziej intensywne. Bardzo mnie bolało – co do tego nie było wątpliwości. Wraz z bólem rosły obawy; zacząłem naprawdę martwić się stanem swego zdrowia. Co to mogło być? Pasożyt? Może połknąłem coś, co rosło mi teraz w brzuchu i właśnie osiągnęło takie rozmiary, że zacząłem to czuć? Może to od surowych ślimaków? Jeśli tym, co zjadałem, odżywiały się dwie formy życia, to wyjaśniałoby brak sił. To mógł być wirus albo wewnętrzne zakażenie. Przeklinałem siebie, że nie zdobyłem większej wiedzy medycznej, przez co teraz nie umiałem się zdiagnozować. Przeklinałem siebie, że nie byłem ostrożniejszy, jeśli chodzi o jedzenie surowego mięsa.

Wtedy podjąłem decyzję: muszę przestać być upierdliwy dla samego siebie; nie ma sensu narażać zdrowia dla programu telewizyjnego.

Uczciwość często każe mi burzyć obraz mojej osoby. Teraz także muszę przyznać, iż miałem pełną świadomość, że interwencja oznacza bezpośredni kontakt z kimś, kogo zadaniem było mi pomóc. Dziś sądzę, że ta perspektywa musiała być szczególnie kusząca dla kogoś w mojej w sytuacji, kto od tak dawna był sam. Miałem porozmawiać z kimś, kto mnie wysłucha, kto być może znajdzie jakieś rozwiązanie, z kimś, kto miał się o mnie troszczyć.

Rozerwałem folię bąbelkową, którą był oklejony telefon satelitarny i brudnymi palcami przytrzymałem włącznik. Aparat wyglądał obco. W każdych okolicznościach pierwszy telefon miałem wykonać do rezydującego na Komo Stevena. Wkroczyłem więc do osobliwego cyfrowego świata menu mojego telefonu, potem do kontaktów i w końcu znalazłem jego numer.

– Steven, tu Ed.

– Wszystko w porządku? – zapytał, mimo że doskonale wiedział, że telefonu mam użyć wyłącznie w stanie wyższej konieczności.

– Tak, stary, myślę że tak – odparłem i natychmiast poczułem, że znowu zaczynam nad wszystkim panować – ale bardzo boli mnie brzuch i chciałbym porozmawiać z jakimś lekarzem w Anglii, wiesz, tak na wszelki wypadek.

– OK, zajmę się tym. Nie wyłączaj telefonu, doktor Sundeep do ciebie zadzwoni.

Rozłączyłem się i w zasadzie wyczołgałem się na plażę, ponieważ tam nie było drzew. Używałem telefonu Iridium, który współpracował z satelitami poruszającymi się po niskiej orbicie. W przypadku połączeń przychodzących nie mogłem mieć nad głową niczego, co zakłócałoby odbiór, więc pozostanie w lesie byłoby ryzykowne.

Nie wiem, jak długo leżałem na piasku, ale kiedy zadzwonił telefon, było już ciemno. Zielona bluza dawała mi trochę ciepła, ale byłem bez spódniczki, bo była niewygodna, a poza tym nie miałem nastroju na głupie przebieranki. Podczas sporadycznych przerw w bólu konsultowałem się z doktorem Sundeepem Dhillonem, znanym specjalistą w dziedzinie medycyny wyprawowej. Leżąc na piasku, przedstawiłem mu swój stan, podczas gdy ból to się nasilał, to słabł. Zaczęło kropić.

– Osiem w dziesięciostopniowej skali – odpowiedziałem na pytanie o nasilenie bólu.

Sundeep nie owijał w bawełnę.

– Nie ma powodu, dla którego nie mógłbyś dostać zapalenia wyrostka albo nawet niedrożności jelit.

Fantastyczna wiadomość, pomyślałem z sarkazmem, ale sama świadomość, że ktoś o mnie myśli, przyniosła ogromną ulgę.

– Gdybyś był w Anglii, zapakowałbym cię do szpitala, podłączyłbym kroplówkę i zrobiłbym badania krwi. Niemniej rozumiem twoją sytuację: tylko ty sam możesz zadzwonić i poprosić o ewakuację.

Nie wiedziałem, co odpowiedzieć. Chciałem, żeby to on zadzwonił, a on najwyraźniej nie miał zamiaru tego zrobić. Wiedziałem, że jak będę naciskał, wykaże się przezornością i zabierze mnie z wyspy. Tego nie chciałem. A może jednak chciałem? Potrzebowałem czasu, żeby to przemyśleć, więc poprosiłem, żeby zadzwonił za pół godziny. Obiecał, że zadzwoni.

Do bólu dołączyły teraz równie dotkliwe katusze psychiczne. Perspektywa filiżanki gorącej herbaty, szpitalnego łóżka ze świeżo wyprasowaną pościelą i profesjonalistów dbających o to, aby mi niczego nie zabrakło, była bardzo kusząca. Ale to byłby koniec mojego eksperymentu i w ostatecznym rozrachunku moja porażka. Skurcze znowu przybrały na sile. W głębi ducha czułem, że muszę coś z tym zrobić.

Po długich czterdziestu minutach spędzonych w deszczu, z dolną częścią ciała uwalaną w mokrym piachu, wilgotny telefon zaczął wibrować.

– Ed, co nowego? – zapytał Sundeep.

– Bez zmian, Sundeep.

– Powiedziałem Stevenowi, żeby ci przywiózł trzy serie

generycznych antybiotyków. Będziesz mógł się podleczyć, nie przerywając projektu. Niedługo u ciebie będą.

Coś nas rozłączyło, ale usłyszałem wszystko, co chciałem wiedzieć.

Znowu byłem sam, ale oni tu płynęli. Wspaniale było wiedzieć, że wkrótce z kimś się zobaczę. Powoli się podniosłem i ostrożnie ruszyłem przez mrok i skorupy kokosów w kierunku migoczącego w moim szałasie pomarańczowego płomienia. Przezornie odwiązałem od krokwi moją spódniczkę, owinąłem się nią wokół bioder i usiadłem w cieple ogniska w oczekiwaniu na łódź. Czułem się już lepiej.

Cholera, czułem się lepiej – to niedobrze. Pomyślałem, że może jeszcze złapię Stevena i powiem, żeby nie przypływał. Próbowałem dodzwonić się na Komo, ale nikt nie odbierał. Nic dziwnego, jeśli byli już na morzu i w środku nocy walczyli z wielkimi pacyficznymi falami. Płynął tam przeze mnie, a ja nie mogłem już tego zatrzymać.

Już pół godziny przed przybyciem łodzi wydawało mi się, że słyszę odgłos silnika. Wszystkie zmysły były nastrojone na zbliżające się spotkanie, a umysł przerabiał odgłos wiatru i fal na nieistniejące mechaniczne dźwięki. Wreszcie naprawdę usłyszałem w oddali dźwięk silnika, a zaraz potem zobaczyłem światła latarek i dobiegły do mnie ludzkie głosy.

– Ed? Jesteś tam?

To był Steven.

Teraz, kiedy najgorszy ból minął, to była ostatnia rzecz, jakiej pragnąłem. Nie mam nic przeciw Stevenowi, to wspaniały facet, ale nie chciałem się z nim widzieć. Dałbym sobie radę sam. Zaczęła we mnie kipieć frustracja spowodowana wcześniejszą decyzją.

Światło latarki zbliżyło się plażą i wkroczyło do lasu.

– Ed – powtórzył – wchodzę.

– Tu jestem, stary – westchnąłem.

Steven zbliżył się do szałasu, przez cały czas filmując. To wyprowadziło mnie z równowagi – nie życzyłem sobie takiej niedyskrecji.

– Podobno zaczęło się wczoraj. – Skierował obiektyw na moją twarz.

– Możesz to wyłączyć? – warknąłem. – Najgorsze już minęło, choć jeszcze godzinę temu bym z tobą odpłynął.

Dał mi trzy serie antybiotyków, które miałem zażyć później, i zapytał, czy chcę z nim płynąć. Spotkanie, zamiast mnie wzmocnić, tylko mnie rozdrażniło. Chciałem, żeby już sobie poszedł.

– Nie, *sorry*, ale nie filmuj.

Byłem wdzięczny za antybiotyki i za to, że przypłynęli do mnie w nocy, ale chciałem zostać.

– Jak leki zaczną działać, wszystko będzie dobrze. Nie chcę jeszcze wracać.

Steven był nieco zdezorientowany. Spodziewał się, że będę w gorszym stanie i muszę przyznać, że było mi trochę głupio, ponieważ czułem się już znacznie lepiej.

– Pogadamy jutro – zaproponowałem – jeśli – jak podejrzewam – nic mi nie jest, ciągniemy dalej.

Steven zgodził się ze mną, powiedział coś do ludzi, którzy z nim przypłynęli, i wszyscy wrócili na łódź. Jeszcze przez chwilę słyszałem głosy, potem zakaszlał zapuszczany silnik, aż wreszcie światła znikły w oddali.

„Stafford, ty złamany fiucie" – ochrzaniłem się, kiedy znowu zległem na ziemi, żeby odpocząć. Dobrze było mieć antybiotyki, ale może mógłbym się bez nich obyć? No cóż, może i tak. Wściekły z powodu swej fizycznej i psychicznej słabości leżałem, wpatrując się w pokryty strzechą dach szałasu.

Do rana ból przeszedł niemal całkowicie i pozostało jedynie osłabienie. Pocieszające było to, że w nocy nie zdecydowałem się na ewakuację. Lekarz powiedział, że bulgotanie w brzuchu to dobry objaw, ponieważ oznacza, że nie ma niedrożności. Ataki bólu były coraz rzadsze. On uważał, że przyczyną może być wirus, a ja byłem pewien, że nie przyswajam substancji odżywczych. Każdego dnia wszystko wylatywało ze mnie w postaci trzech wielkich kup.

Postanowiłem stopniowo wracać do pracy. Zacząłem od nowych lotek do strzał. Poprzednie wyschły i poskręcały się, więc należało je wymienić. Tym razem wybrałem palmowe liście, które zdążyły już wyschnąć, a mimo to pozostały płaskie. Odcięcie kilku ze strzechy i przymocowanie ich do strzał nie sprawiło mi żadnego kłopotu.

Wczesnym popołudniem ból jakby zaczął wracać. Złagodziło to trochę moją frustrację, bo dowodziło, że nie jestem być może aż takim hipochondrykiem. Brzuch znowu był wzdęty i biły na mnie siódme poty.

Potem wydarzyło się coś, co odmieniło charakter mojego pobytu na tej wyspie bardziej, niż byłem to sobie wtedy w stanie uzmysłowić. Między moim obozowiskiem a plażą, wśród gnijących kokosów, siedział sobie krab kokosowy. Do tej chwili myślałem, że kraby pustelniki są duże. To coś mnie zaszokowało. To był największy krab, jakiego kiedykolwiek widziałem – nawet na obrazku. Bestia miała dobrze ponad 30 centymetrów długości i bardziej niż kraba przypominała homara na sterydach. Moja pięta błyskawicznie znalazła się u nasady jego łba i było po wszystkim. Bez walki. Kiedy go uniosłem, zobaczyłem wielki, ciepły odwłok zwisający z drgającego w konwulsjach ciała.

Podczas mojej ewolucji od ekskapitana brytyjskiej armii do tego, kim dziś jestem, doświadczałem wielu niezrozumiałych rzeczy. Wspominałem też, iż miewałem poczucie, że ktoś się o mnie troszczy. Nie ma ono charakteru religijnego i trudno je pogodzić z zachodnim sposobem myślenia, ale pojawiło się w Amazonii i już mnie nie opuściło. Teraz, kiedy byłem osłabiony i niedożywiony, dostałem w prezencie posiłek, który przekraczał moje najśmielsze marzenia.

Ułożyłem pancerz na ogniu i ślinka pociekła mi na myśl, ile to całe białko i tłuszcz dadzą memu ciału i duszy. Ponieważ nadal byłem bez sił, na najwspanialszy posiłek w życiu oczekiwałem, leżąc. Jeszcze kłuło mnie w żołądku, ale właśnie przyrządzałem antidotum. Więc czekałem.

Czy to antybiotyk zaatakował chorobę, czy wystarczyła sama świadomość, że coś zostało zrobione? Czy zostały wysłuchane moje modlitwy, czy po prostu przetrwałem najgorszy czas i los się odwrócił?

Tak czy siak, siły zacząłem odzyskiwać, zanim jeszcze wziąłem do ust pierwszy kęs mięsa. Kiedy mięso się ugrillowało, uszły uwięzione w pancerzu gazy i zacząłem wydłubywać niewielkie kawałki. Po raz pierwszy od czterdziestu dwóch dni moje jedzenie miało konsystencję jedzenia – to było nadzwyczajne. Rozbiłem szczypce, odsłaniając największe kawałki parującego białego mięsa, z których każdy mógłby stanowić osobny posiłek.

Potem przyszła kolej na odwłok. Już wcześniej wspominałem, jakim przysmakiem stał się dla mnie odwłok kraba pustelnika, a ten był wielkości melona. Oderwałem go od reszty ciała i ułożyłem na rozżarzonych węglach niczym puchar. Kiedy już najadłem się do syta, pod dachem zawiesiłem resztę mięsa, którego wystarczyło na kolację i na śniadanie. Okręciłem dłoń zieloną bluzą, zdjąłem z ognia ociekający tłuszczem kokon i ustawiłem go przed sobą do wystygnięcia. Poczułem zapach oleju kokosowego i niecierpliwie uniosłem Świętego Graala do ust.

Ciepły olej, który po języku spłynął mi do gardła, to było samo życie. Jestem pewien, że był zbyt kaloryczny i tłusty, aby ktokolwiek mógł go przyjąć na surowo, o ile nie miałby poważnego deficytu substancji odżywczych, a cały jego organizm nie byłby nastawiony na tryb przyswajania. Nigdy, przenigdy nie spodziewałbym się, że picie oleju okaże się tak cudownym doświadczeniem. Do tego ta ilość. Ponad pół litra czystego oleju kokosowego wypełniło mi brzuch, rozgrzewając mnie od wewnątrz. Byłem tak szczęśliwy, że nie mogłem przestać się uśmiechać.

Chwyciłem odnowione strzały i pomaszerowałem pod górę niczym gladiator. Z gracją, jakiej nie widziałem jeszcze u siebie od przybycia na wyspę, nałożyłem strzałę, napiąłem cięciwę i oddałem celny strzał tak silny, że gwóźdź do połowy zagłębił się w pniu drzewa. Wyjęcie strzały kosztowało mnie trochę wysiłku, ale zdałem sobie sprawę, że to daje nadzieję, otwiera nowe perspektywy. Stałem w najwyższym punkcie wyspy pełen energii i motywacji, trzymając w ręku pełnowartościową, śmiercionośną broń.

„Pewnie, że byłoby lepiej, gdyby to była koza” – stwierdziłem do kamery, ale po raz pierwszy miałem w sobie ten błysk, który dał mi przekonanie, że teraz naprawdę zdołam ją upolować.

ROZDZIAŁ 6

PROSPERITY

𝍸 𝍸 𝍸 𝍸 𝍸 𝍸 𝍸 𝍸

𝍷𝍷𝍷

Spałem nadzwyczaj dobrze, a na śniadanie zjadłem krabie szczypce. Smakowały fenomenalnie. Krab obsłużył już trzy posiłki – dwadzieścia cztery godziny kapitalnego jedzenia z jednego „połowu". Mięso nie śmierdziało, jak czasem mogą śmierdzieć owoce morza – było czyste, pożywne i smaczne jak duży gotowany filet z łososia w oleju kokosowym.

Nie wiem, czy sprawiły to substancje odżywcze, czy też pobudzenie psychiczne, ale przysiągłem sobie, że to, czy się pozbieram, zależy wyłącznie ode mnie. To nie było więzienie, to nie był plan wymyślony przez kogoś innego, żeby mnie sprawdzić. To był mój pomysł, moje marzenie i wyłącznie ode mnie zależało, jak do tego podejdę.

W ognisku tlił się wielki kloc drewna, a sceneria przypominała tubylczą amazońską wioskę – prymitywną, lecz prostą i sprawną. Zaczynało wyglądać na to, że wiem, co robię.

Czując – bardziej niż kiedykolwiek wcześniej podczas pobytu na wyspie – że to ja jestem szefem, na jednej nodze pobiegłem do góry i w kilka chwil nastawiłem pułapkę. Antybiotyki chyba zaczęły działać. Bezwład ustąpił. Miałem zapał i energię.

Zebrałem rzeczy na codzienny obchód w poszukiwaniu pożywienia. Pomyślałem, że to nieciekawe codzienne zajęcie mógłbym wykonać bez bagażu – tylko GoPro i kosz z palmowych liści – a po powrocie zająć się czymś wartym filmowania. Doświadczenie z krabem palmowym nauczyło mnie jednak, że muszę oczekiwać tego, co nieoczekiwane. Przez cały czas musiałem być przygotowany do filmowania, więc chwyciłem włócznię, jedną z większych kamer, cinesaddle, a także zapasowe baterie i karty pamięci. W głowie dźwięczało mi dawne skautowskie zawołanie: „Czuwaj!".

Obładowany sprzętem ruszyłem plażą na lewo od obozowiska – na południe. Nie była to jeszcze pora, w której słońce prażyło najmocniej, a na zachodnim wybrzeżu dodatkowo częściowo zasłaniała je wyspa. Leżące na piasku gnijące kokosy przypominały mi każdego pożywnego drinka, jakiego strząsnąłem z palmy. Rozglądałem się uważnie wokół siebie, bo tam, gdzie się znalazłem, często zaglądały kraby, a było to dostatecznie daleko od zapewniających im schronienie skał. Przy pierwszej sposobności byłem gotów zaatakować niespodziewające się niczego zwierzę. Spody moich stóp były teraz twarde jak podeszwa. Mięso kraba palmowego sprawiło, że czułem się zdrowy i silny. To ja byłem szefem i do mnie należała inicjatywa. Byłem przekonany, że tylko ode mnie zależy jakość mojej egzystencji na tej wyspie. Czułem, że w końcu wychodzę z wywołanej chorobą apatii i desperacji.

Odpływ odsłonił rozległe płaskie rafy, które ciągnęły się w morze niczym nasiąknięte wodą piłkarskie boiska, nad którymi przeszedł monsun. Żyły tam większe i mocniejsze kraby, które bezczelnie broniły swojego terytorium, kłapiąc na mnie zażarcie swoimi szczypcami, dopóki bezceremonialnie nie pozadeptywałem ich bosymi stopami. Zebrałem ich całkiem sporo (plus dwa słoiki większych ślimaków). Miało to zaspokoić moje podstawowe zapotrzebowanie na białko. Nic spektakularnego, ale ujdzie. Musiałem wykorzystywać każdy drobny sukces, aby wzmacniać dopiero co odzyskany optymizm.

Wędrując wokół wyspy, byłem spokojny, a głowę miałem na właściwym miejscu. Traktowałem to jak zabawę i planowałem znowu nastawić pułapkę na kozy. Zabicie kozy to był mój ostateczny, choć na razie nieosiągalny cel. Kiedy minąłem północny cypel i znalazłem się na plaży, na której zbierałem drewno opałowe, pomyślałem, że umysł znowu zaczął płatać mi figle.

Pod jedno z drzew morze wyrzuciło dużą kłodę, która do złudzenia przypominała kozę. Pokręciłem głową i zakląłem pod nosem. Szybko odwróciłem wzrok i próbowałem zdusić w sobie irytację, jaka ogarnęła mnie na ten widok, przypomniający o myśliwskich porażkach. Wtedy usłyszałem rozpaczliwe beczenie.

Błyskawicznie spojrzałem w kierunku lasu, próbując potwierdzić to, co wydawało się niemożliwe. Zmrużyłem oczy, chcąc skoncentrować się na tym, co najważniejsze. Czułem, jak wyostrzają mi się zmysły pobudzone wagą tego, co miałem przed oczami. Plażę znowu wypełniło pełne przerażenia beczenie.

Niczego nie mogłem zostawić przypadkowi. Zbyt wiele razy o moim niepowodzeniu decydowały drobne szczegóły. Byłem całkowicie skupiony na tym, co się miało stać. Włączyć kamerę GoPro – „biiip". Włączyć dużą kamerę. Włączyć mikrofon bezprzewodowy – „klik, klik".

Zbliżałem się do przerażonego zwierzęcia z ostrożnością starego lwa, który pościł od wielu tygodni. Nic nie było ważniejsze od tej chwili. Kiedy podszedłem bliżej, zrozumiałem, że koza, która zaplątała się w pnączach, spanikowała, i grube włókniste łańcuchy spowijały teraz jej szyję. To był

Czarny Pas – kozioł z wielkimi jądrami. Kiedy podszedłem bliżej, podskoczył i potężnie szarpnął, krzycząc jak matka, której dziecko zostało w wózku zakleszczonym w drzwiach odjeżdżającego wagonu metra. Obaj – i on, i ja – doskonale wiedzieliśmy, co zaraz nastąpi.

Pierwsza myśl była taka, że pod wpływem strachu Czarny Pas może się uwolnić, więc muszę go uprzedzić i złapać za rogi. Kiedy to zrobiłem, poczułem eksplozję energii zmagazynowanej w mięśniach zwierzęcia, które zaciekle wierzgnęło, o włos mijając moje nogi. Stałem obok niego z rogiem w każdej ręce, jakbym prowadził rower, i gorączkowo zastanawiałem się, co dalej.

„Stafford, głęboki wdech. Oceń sytuację".

Nie było mowy, żeby kozioł mógł uciec. Choć był bardzo silny, pnącza byłe grube jak węże boa i najwyraźniej zaciskały mu się na szyi. Miałem czas. Co zabrałem ze sobą? Natychmiast przypomniałem sobie, że mój nowy nóż został w szałasie. Miałem zostawić kozła i po niego wrócić? Nie było, kurwa, takiej możliwości. Nie mogłem dać zwierzęciu nawet cienia szansy. Nie miałem zamiaru spuszczać go z oczu, dopóki będzie żywe. Miałem ze sobą tylko prymitywną włócznię, której używałem do ogłuszania węgorzy i wydłubywania krabów z ich ciasnych kryjówek.

Nigdy wcześniej nie zabiłem kozy. Nigdy nie doświadczyłem siły schwytanego w pułapkę zwierzęcia. Próbowałem skręcić mu kark, lecz już po pierwszej próbie byłem pewien, że nic z tego nie będzie. Zacisnąłem palce na tchawicy i próbowałem go udusić. Kozioł rzęził, ale nie byłem w stanie całkowicie odciąć dopływu tlenu. Nie jestem z tego dumny, ale wziąłem pod uwagę wszelkie wrażliwe otwory, które dawały szansę jego szybkiego uśmiercenia. Wbiłem mu włócznię w oko, starając się przebić mózg. Oślepione zwierzę wydało mrożący krew w żyłach krzyk, ale drzewce pękło i wiedziałem, że to na nic. Wreszcie postawiłem na brutalną siłę: wziąłem go między nogi, jakbym chciał na nim jechać, i trzymając lewą ręką za lewy róg, uderzyłem go w czoło muszlą małża.

Zwierzę padło dopiero po piętnastu minutach. Zatłukłem je muszlą. Nienawidzę okrucieństwa wobec zwierząt i nie jestem dumny z tego, co zrobiłem, ale musiałem jeść.

Okrwawione zwierzę bezwładnie zwisało zaplątane w pnącza. Być może odezwał się we mnie jakiś pierwotny instynkt, ale od początku pobytu na wyspie w żadnym momencie nie byłem tak szczęśliwy jak wtedy. Miałem mięso. Miałem skórę. Dokonałem tego, o czym marzyłem od czterdziestu trzech dni. Kiedy za pomocą muszli przecinałem pnącza, chcąc uwolnić martwego kozła, mój tors i ramiona pokryły się krwią. Kiedy upadł na ziemię, spróbowałem go ruszyć. Był niezwykle ciężki – ważył chyba z 50 kilo – i musiałem wytężyć wszystkie siły, żeby zarzucić go sobie na ramiona i zanieść do obozowiska. Uginając się pod ciężarem ciepłego mięsa, czułem się jak gigant. Na melodię piosenki „Peaches" zamiast słów „Movin' to the country – gonna eat a lot of peaches"[40] podśpiewywałem: „Got myself a goat – gonna eat a lot of goat meat"[41].

(Łatwo się domyślić, że dwa miesiące później, kiedy w Discovery Channel zobaczyli nakręcone przeze mnie zdjęcia, otrzymałem wiadomość, że materiał nie nadaje się do emisji. Był zbyt przerażający, zbyt krwawy – i za długi. Mogłem się tylko pocieszać, że w tych okolicznościach za-

40 Pol.: „Kiedy przeprowadzę się na wieś – będę jadał mnóstwo brzoskwiń" – cytowany wers pochodzi z utworu „Peaches" amerykańskiego zespołu rockowego The Presidents of the United States of America.

41 Pol.: „Zdobyłem kozę – będę jadał mnóstwo koźliny".

biłem kozę najszybciej, jak mogłem. Gdyby nie było mnie na wyspie, uwięzione zwierzę umarłoby z pragnienia, co trwałoby znacznie, znacznie dłużej.)

Nogi drżały mi z wysiłku, kiedy przed szałasem zrzuciłem kozła z ramion, a on gruchnął na ziemię niczym bokser po nokaucie.

Choć niosłem go ponad dziesięć minut, wracając po sprzęt filmowy, niepokoiłem się, czy po powrocie nadal będzie tam leżał. To było zbyt piękne, żeby było prawdziwe. Na pewno był martwy? Czy to wszystko przypadkiem mi się nie przyśniło? Może zwariowałem i jak wrócę, niczego tam nie zastanę? Krew na ramionach potwierdzała, że to się dzieje naprawdę. Naprawdę zabiłem kozę.

Martwy kozioł leżał dokładnie tam, gdzie go zostawiłem. Nastawiłem kamery, żeby zarejestrować długi proces ćwiartowania zwierzęcia. Wiedziałem, że w tropikalnym upale niezakonserwowane mięso nie wytrzyma nawet jednego dnia. Musiałem działać szybko. Był późny poranek, a całą robotę musiałem skończyć przed zapadnięciem nocy.

Najpierw trzeba było obedrzeć zwierzę ze skóry. Mogłem się nią później okrywać podczas snu, a gdyby okazała się dostatecznie miękka, mogłem z niej zrobić coś w rodzaju poncza. Znalazłem nóż, wyciągnąłem masywną osełkę i zacząłem ostrzyć moje najcenniejsze narzędzie. Kreśliłem ósemki wolnym i rytmicznym ruchem, który oczyścił mi głowę przed czekającym mnie pracochłonnym zadaniem. Nigdy nie obdzierałem ze skóry nic większego od królika lub dużego węża, więc posiadane podstawowe umiejętności musiałem zastosować do realizacji większego projektu.

Przewróciłem kozę na grzbiet i nożem próbowałem zrobić podłużne nacięcie tuż poniżej mostka. Przebicie się przez twardą skórę wymagało trochę piłowania, a kiedy mi się to udało, zacząłem ciąć w stronę genitaliów, starannie rozgarniając sierść na brzuchu, by nie uszkodzić narządów wewnętrznych. Musiałem pogodzić się z ograniczeniami wynikającymi z kiepskiej jakości metalu i mniej więcej co dwie minuty robić trzydziestosekundową przerwę na ostrzenie noża.

Ostrożnie przeciąłem skórę wokół genitaliów i zacząłem robić nacięcia wzdłuż tylnych nóg, aż do stawów kolanowych. Na wysokości kolana zrobiłem cięcie wokół stawu.

Wróciłem do mostka: zrobiłem cięcie do gardła i odciąłem głowę. Żeby przeciąć kręgosłup musiałem kilka razy uderzyć w nóż muszlą. Po oddzieleniu głowy od reszty ciała odrzuciłem ją na bok.

Naciąłem skórę wzdłuż przednich nóg i wokół kolan, po czym zacząłem ją zdejmować. Chciałem, by została w jednym kawałku, więc delikatnie unosiłem jej brzeg i nacinałem błonę łączącą ją z mięśniami. Tępy nóż idealnie nadawał się do tej czynności, ponieważ wybaczał błędy i tylko raz nieznacznie przeciąłem skórę.

Nie rejestrowałem upływającego czasu, ale kiedy udało mi się wreszcie oddzielić skórę od tuszy, musiało już być wczesne popołudnie. Powiesiłem ją na gałęzi, żeby zająć się nią później, a ona natychmiast zaczęła przyciągać muchy.

Nie jestem rzeźnikiem, ale w Amazonii zdarzyło mi się patroszyć ryby, żółwie, a nawet jednego tapira (który zresztą nie zginął z mojej ręki). Wiedziałem, że przyszła kolej na żołądek, jelita i narządy wewnętrzne. Jako roślinożercy kozy mają ogromne żołądki. Usunięcie tych wielkich worów pełnych trawionych roślin i łajna wymagało sporo cięcia i szarpania. Jak zwykle przy takich okazjach z jelit wyciekło trochę ekskrementów, więc zaniosłem tuszę na brzeg, żeby ją umyć w morskiej wodzie.

Jelita złożyłem w jednym miejscu – przypuszczałem, że znajdę później dla nich jakieś zastosowanie. Pozostało względnie proste (choć wymagające krzepy) zadanie podzielenia tuszy na rozsądne porcje. Odrąbanie każdej z nóg za pomocą moich tępych narzędzi zajęło mi około dziesięciu minut. Potem wypłukałem gicze w morzu i ułożyłem na palmowych liściach. Udało mi się odłamać od kręgosłupa jeden pas żeber, natomiast w przypadku drugiego się to nie udało, ponieważ nie miałem jak przyłożyć siły, więc tę część kręgosłupa pozostawiłem razem z żebrami. Potem przyszła kolej na te części tuszy, z których wycina się steki. Było go tyle, że zacząłem się martwić, że nie zdążę się z nim uporać przed zapadnięciem zmroku.

Ponieważ słońce było już dosyć nisko, a ja nie miałem drewna na opał, zapakowałem mięso do kanistra, z którego odciąłem górną część, zalałem je morską wodą i wyszorowałem do czysta. Potem kanister z mięsem i gicze przeniosłem do szałasu. Żeby mięso nie leżało na ziemi, pociąłem je na porcje wielkości buta i zawiesiłem pod dachem na łodygach palmowych liści. Dach stanowił świetny wieszak z gotowymi poprzeczkami, więc zebrałem korę ketmii, żeby uwiązać mięso bezpośrednio nad ogniem.

Zanim zapadł zmierzch udało mi się zawiesić nad ogniem ostatni kawałek mięsa. „Złapałem kozę. Zabiłem, zdjąłem z niej skórę i poćwiartowałem. Mam cztery gicze, dwie porcje żeberek i dwa kawały mięsa – wszystko wisi nad ogniem".

Wiedziałem, że serce, nerki i wątroba szybko się zepsują, więc przeznaczyłem je na kolację. Na skrzyni od kamery pokroiłem je w ciemności na małe kawałki, przełożyłem do wielkiej puszki po oleju, zalałem wodą, dodając trochę morskiej wody do smaku, i postawiłem na ogniu.

W końcu stanęło przede mną na ziemi parujące danie.

Łyżką z odzysku zagarnąłem kawałek mięsa. W słabym świetle nie wiedziałem, co za chwilę znajdzie się w moich ustach. To był prawdziwy kosz szczęścia z trzema smakami: wątróbki, serca i nerek. Co to będzie tym razem?

Kiedy zatopiłem zęby w miękkim kawałku wątroby, a usta wypełnił mi mięsny sos, przed oczyma zawirowały wspomnienia: siedmiolatek w kolejce po obiad w szkolnej stołówce. Nie byłem nigdy wielkim miłośnikiem wątróbki, ale teraz znajomy smak podniósł ją do rangi pokarmu bogów. Była nieco zbyt miękka, ale jej bogaty i subtelny smak to było prawdziwe dzieło sztuki. Wydałem z siebie bezwiednie jęk przyjemności, a oczy wypełniły mi łzy szczęścia. Czterdzieści pięć dni bez czerwonego mięsa to bardzo długo, więc miałem poczucie, że to coś bardzo wyjątkowego.

Uświadomiłem sobie, jak wiele rzeczy musiało zgrać się w czasie, żeby wszystko się udało. Nie mógłbym ugotować mięsa bez większego kociołka, który zrobiłem ze znalezionej niewiele wcześniej puszki po oleju sojowym. Bez noża nie poradziłbym sobie ze zdjęciem skóry i rozebraniem tuszy. Oba nabytki były względnie nowe. Czy to wszystko było częścią jakiegoś wielkiego planu? Czy to od zawsze miał być dzień, w którym złapię kozę? Zrobiłem wielkie oczy, kiedy uświadomiłem sobie, jak wielkich dotykam spraw.

Tej nocy każdym gramem mojego ciała dziękowałem za jedzenie. To było niewiarygodne. „Kokosowy krab na śniadanie, kozie nereczki na kolację. Życie nie może chyba już być lepsze".

W sumie rzeczywiście – nie może.

卌 卌 卌 卌 卌 卌 卌 卌

||||

Zanim jeszcze otworzyłem oczy poczułem pieczenie poobcieranych i pokaleczonych rąk. Kiedy je wreszcie otworzyłem, znowu przepełniło mnie ciepłe uczucie wdzięczności. Nade mną wisiała w dymie poćwiartowana tusza kozy. Głowa, którą zawiesiłem z boku, poza zasięgiem dymu, obracała się złowieszczo, ostrzegając inne zwierzęta, że jestem w nastroju do zabijania.

Na śniadanie odciąłem porcję żeberek o wielkości pierwszych laptopów, i położyłem ją na rozżarzonych węglach. Kiedy siedziałem przy ognisku, od czasu do czasu przewracając mięso, zauważyłem, że biegnące nade mną poziomo łodygi liści palmowych, będących pokryciem dachu, zbrązowiały od dymu. Powinny się sprawdzić jako wieszak do wędzenia i suszenia mięsa.

Czekało mnie dużo pracy i musiałem wykazać się efektywnością. Mięso, które w dużych porcjach przez całą noc wisiało nad ogniem, trzeba było pokroić w cieńsze paski, by mogło wyschnąć, wystawione na konserwujące właściwości dymu. Jako deski do krojenia znowu użyłem skrzynki od kamery, ale tym razem nie zastanawiałem się, czy to moralne. Tak – przywiozłem ją ze sobą. Nie – nie znalazłem jej w Obozie Cytrynowym. Tak – miałem zamiar jej użyć. Czarna, plastikowa płaska powierzchnia ułatwiła mi pokrojenie wielkich ilości mięsa. Co dwie lub trzy minuty ostrzyłem miękkie ostrze noża, by gładko wchodziło w czerwone mięso. W zasadzie całą tuszę pokroiłem w długie paski, które soliłem, zanurzając w morskiej wodzie, a następnie starannie zawieszałem nad ogniskiem, żeby mięso się wysuszyło i odymiło.

Kiedy spróbowałem pachnących dymem żeberek, przeszedł mnie dreszcz rozkoszy. Odrywałem od kości ugrillowane mięso z zachwytem wygłodniałego psa, mimo że z każdym dniem cechował mnie coraz wyższy stopień ucywilizowania. Zdałem sobie sprawę, że bez przyzwoitego pożywienia mój organizm zaczął się po prostu wygaszać. Byłem na tyle świadomy własnego ciała, że czułem, jak proteiny przenikają do mięśni i zaczynają je naprawiać. Szacowałem, że żeberka wystarczą na trzy posiłki, ale rano opędzlowałem wszystkie, więc na lunch rzuciłem na węgle dolną część kręgosłupa.

Musiałem dołożyć wszelkich starań, aby nic się nie zepsuło. Starałem się, żeby każdy pasek był jak najcieńszy, i już mogłem stwierdzić, że suszenie się sprawdza. Zrobiłem dwa kroki w tył i napawałem się widokiem kurtyny doskonale pokrojonego mięsa konserwującego się w leniwie unoszącym się z ogniska dymie. To wspaniały widok dla kogoś, kto przez dwa tygodnie żywił się surowymi ślimakami.

Spokojny i rozluźniony poszedłem popływać. Już wcześniej zdałem sobie sprawę, jak bardzo korzystne dla zdrowia psychicznego są pięciominutowe przerwy przeznaczone na coś przyjemnego – na przykład na pływanie. Czysty i ociekający wodą wyłoniłem się z fal pełen życia i energii.

Musiałem coś szybko zrobić ze skórą zabitego zwierzęcia, którą pokrywał rój much. Wiedziałem, że niewyprawioną skórę można zmiękczyć, mocząc ją w zwierzęcym mózgu, próbowałem to wcześniej zrobić ze skórą padłego koźlęcia. Kiedy odwiązałem głowę kozła, natychmiast zauważyłem robaki wijące się wśród płatów mięsa w uciętej szyi. Już drugiego dnia! Miałem nadzieję, że powodem jest to, że głowa nie wisiała nad ogniem, ale i tak szybkość, z jaką mięso się psuło, była zatrważająca. To był sygnał, że muszę się uwijać.

Na Ślimaczej Skale zrobiłem w czaszce dziurę na tyle dużą, by ręką wyciągnąć mózg. W plastikowym kanistrze wymieszałem organiczną breję z morską wodą. Zanurzyłem w niej skórę, którą dodatkowo obciążyłem kamieniem, tak by mikstura całkowicie ją przykrywała, chroniąc przed muchami. Lunch był tym razem rozciągnięty w czasie, ponieważ dolną część kręgosłupa potraktowałem jak kebab: obgryzałem upieczone mięso, a potem kładłem go z powrotem na ogień, żeby upiec odsłoniętą surowiznę.

Wszystkie odpadki z kozy złożyłem w jednym miejscu. Chciałem sprawdzić, czy nie zainteresują się nimi jakieś zwierzęta. Do płuc, przełyku, żołądka, jelit i jąder dorzuciłem roztrzaskaną głowę. Jak zdążyłem zauważyć, resztkami interesowały się jedynie muchy i malutkie kraby pustelniki.

Nie chciałem stawiać wszystkiego na jedną kartę, więc postanowiłem upiec gicze w podziemnym piecu. Znudziło mi się krojenie mięsa na paski, a poza tym, jeśli okazałoby się, że suszenie jest nieskuteczne, potraktowanie w ten sposób całego mięsa byłoby katastrofalne w skutkach. Wykopałem jamę o średnicy dużego kubła na śmieci i zebrałem pozbawione porów kamienie wielkości jabłka, którymi miałem ją wyłożyć. Wiedziałem, że aby rozgrzać je do czerwoności, będę musiał przez długi czas podtrzymywać spory ogień, więc zebrałem bardzo dużo drewna. Po południu się rozpadało i jama zaczęła wypełniać się wodą. Nie mogłem wykopać jej po dachem, ponieważ nie pozwalały na to rozmiary planowanego ogniska. Szałas by się spalił.

Martwiłem się, że gicze się popsują, zanim zdążę je upiec, ale szybka kalkulacja przekonała mnie, że jeśli nie chcę ich piec po ciemku, muszę zaczekać do rana. Przy odrobinie szczęścia ranek mógł być suchy.

Tego popołudnia złapałem morskiego węża. Rzuciłem w niego kamieniem i – o dziwo – już pierwsze trafienie okazało się śmiertelne. Wrzuciłem go do koszyka z przeznaczeniem na przystawkę podczas kolacji.

Miałem precyzyjny plan na następny dzień. Gicze chciałem mieć gotowe na czwartą po południu, więc licząc cztery godziny na nagrzanie kamieni i kolejne cztery na pieczenie, ognisko musiałem rozpalić najpóźniej o ósmej rano. Wziąłem pod uwagę wszystko, na co miałem wpływ. Pozostało tylko czekać, aż przestanie padać.

Leżąc, martwiłem się, że gicze już się popsuły. Przypomniałem sobie jednak, że na całym świecie mięso wiesza się, żeby skruszało, a gicze przez cały dzień wisiały w dymie, więc muchy nie mogły się do nich dobrać. Pocieszałem się także tym, że mięso suszyło się bardzo dobrze, było kruche i miało fantastyczny smak. To była dobra robota i powinienem wyluzować – z giczami też nie będzie żadnego problemu.

Na śniadanie – o czym chyba nie musiałem wspominać – była druga część żeberek. Niestety, zaczęły już lekko zalatywać i obawiałem się, że tak samo może być z giczami. Cieszyłem się obżarstwem, a mój organizm przyswajał dosłownie wszystko. Czułem się wspaniale, lecz – o dziwo – moje kupy były mniejsze niż wtedy, gdy żywiłem się wyłącznie ślimakami i kokosem. Najwyraźniej mój organizm zdał sobie sprawę z tego, że nie wolno zmarnować ani krzty substancji odżywczych.

Suszone mięso, które wisiało już cały dzień, w dotyku wydawało się suche, ale ja nadal nie byłem pewien, czy metoda się sprawdzi. Po raz pierwszy próbowałem konserwować mięso bez wielkiego worka soli.

Powietrze było rześkie i na szczęście nie padało. Przeniosłem żar z ogniska, a potem przyniosłem z jaskini awaryjny zapas drewna. Wydawało mi się, że wszelkie sytuacje kryzysowe należą już do przeszłości. Kolejne godziny poświęciłem na zbieranie drewna: ściągałem wielkie kłody i dokładałem je do coraz większego ogniska, aby utrzymać bardzo wysoką temperaturę.

Wszystko mnie cieszyło. Zbieranie drewna było niczym terapia, więc po prostu nastawiłem się na realizację tego jednego zadania i ściągałem kłody tak wielkie, że ledwo obejmowałem je rękami. Ogromne polana paliły się długo i mocno, a że zabawa była świetna, w pewnym momencie ogień był obłędnie wielki. Przez ostatnią godzinę drewno się dopaliło i pozostał żar.

Kiedy zbierałem drewno, znalazłem kawałek plastikowej rury, którą mogłem uzupełnić krótkim kawałkiem bambusa i wykorzystać do zbierania wody z dachu szałasu. Znalazłem też kolejną japonkę, więc miałem ich już dwie pary (choć nie do pary). „Te będą na niedzielę!". Roześmiałem się, uświadomiwszy sobie, jak wiele wykorzystywanych przeze mnie rzeczy to wytwory człowieka. Plastikowych butelek miałem już tyle, że przestałem je zbierać. Te, które zebrałem, mogły pomieścić **czterdzieści litrów** wody i to mi wystarczyło.

Do lunchu suszące się mięso wyschło jeszcze bardziej. Jeśli na którymś kawałku pojawiło się wybrzuszenie (co oznaczało, że mięso ma za dużo tłuszczu i nie wyschło), obcinałem je, żeby dym mógł osmalić wilgotne wnętrze.

Odpadki rozkładały się w niebywale szybkim tempie. Szyję kozła wypełniały wijące się robaki, choć muchy znikły – najwyraźniej dlatego, że wszystko było już za bardzo zepsute. Różnica między zakonserwowanym mięsem, a tym, co tu leżało, była zdumiewająca. Nie nakarmiłbym tym nawet psa mojego najgorszego wroga. Byłem uradowany; biorąc pod uwagę, że nie miałem soli ani lodówki, mięso zakonserwowało się doskonale.

Odsunąłem płonące polana i kijem rozgarnąłem żarzące się węgle, odsłaniając leżące poniżej kamienie. Był środek dnia i jasno świeciło słońce, więc nie mogłem stwierdzić, czy są rozpalone do czerwoności, ale na pewno były cholernie gorące. Gicze ułożyłem bezpośrednio na nich jak sardynki w puszce: na przemian, „nogami do siebie", tak jak leżało w łóżku czworo dziadków Charliego, zanim znaleźli złoty bilet Willy'ego Wonki[42]. Żeby zatrzymać wilgoć, nakryłem je dwunastoma warstwami palmowych liści, które dodatkowo obsypałem ziemią wydobytą podczas kopania jamy. Ponieważ ziemi było za mało, dla pewności przyniosłem z plaży jeszcze dwa kubły piasku. Kiedy spojrzałem na swe dzieło, instynkt podpowiedział mi, że będzie dobrze. Cały ten interes planowałem rozkopać, kiedy słońce będzie już nisko – wtedy miało się ostatecznie okazać, co z tego wyniknie.

Dwie rzeczy mnie martwiły. Po pierwsze, mięso już trochę zalatywało, a po drugie, nie wiedziałem, czy przed ułożeniem giczy nie powinienem nakryć kamieni liśćmi. Miałem nadzieję, że mięso nie spali się od spodu.

Wspaniała skóra Czarnego Pasa moczyła się tymczasem w morskiej wodzie pomieszanej z jego mózgiem. Była mokra i miękka, ale należało ją dokładnie oczyścić. Szybko zrozumiałem, że nigdy nie będzie tak czysta jak kawałek tkaniny. Błony i kawałki tłuszczu przylegały zbyt mocno, aby dało się je usunąć, więc uznałem, że trzeba ją rozpiąć na ramie i wysuszyć. Początkowo myślałem o ramie kwadratowej, ale przypomniałem sobie, że kwadrat łatwo się krzywi i wypacza – w przeciwieństwie do trójkąta. Poza tym trójkątna rama jest o wiele mocniejsza.

Ułożyłem mokrą skórę na ziemi i wybrałem trzy najdłuższe tyczki do pchania łodzi, jakie przyniosłem do obozu. Miały odpowiednią długość i były czyste. Co prawda nie były bardzo mocne – o czym przekonałem się przy okazji konstruowania pułapki na kozy, ale do tego bezkontaktowego

[42] Charlie i Willy Wonka to bohaterowie napisanej przez Roalda Dahla książki dla dzieci zatytułowanej „Charlie i fabryka czekolady". W adaptacjach filmowych postać Willy'ego Wonki odtwarzali Gene Wilder (1971) oraz Johnny Depp (2005).

sportu nadawały się doskonale. Powiązałem ich końce tak, aby wokół skóry pozostało nieco wolnej przestrzeni – trójkątna rama musiała obejmować powierzchnię około dwukrotnie większą od powierzchni mojego przyszłego okrycia.

Potem, wykorzystując powstałe przy różnych okazjach ścinki kory, zacząłem rozpinać skórę na ramie. Robiłem niewielkie nacięcie, przewlekałem przez nie pasek kory, który następnie wiązałem do ramy za pomocą węzła zwanego wyblinką. Potem to samo symetrycznie, po drugiej stronie. Coraz bardziej napięta skóra zaczęła w końcu przypominać membranę bębna. Efekty – biorąc pod uwagę, że robiłem to po raz pierwszy – były bardzo zadowalające. Skóra była wystarczająco napięta, by można ją było oczyścić nożem z błon, tłuszczu, a nawet skrawków mięsa, które jeszcze na niej pozostały.

Kiedy nadszedł wieczór, umocowałem ramę pod dachem, równolegle do strzechy. Wybrałem miejsce nad stosem drewna, a nie nad ogniem, bo nie chciałem, żeby zbyt szybko wyschła. Tam była osłonięta od deszczu, no i przez cały czas mogłem ją mieć na oku. Pełny sukces – aż cmoknąłem z zachwytu.

Po trzech i pół godziny odsłoniłem piekące się gicze.

„Boże – chyba wyszły fantastycznie!" – wyrzuciłem z siebie, kiedy z jamy uniosła się aromatyczna para. „Pełny sukces. Wszystkie cztery nogi upiekły się doskonale!".

Słońce przebijało się przez palmy, oświetlając unoszące się znad ognia smugi dymu. Jedząc mięso, nie mogłem powstrzymać się od śmiechu. Było tak miękkie, że mógłbym odrywać kawałki wargami. „Bardzo smaczne. Wyszło lepiej niż w piekarniku. Nigdy nie jadłem tak dobrej pieczeni! Nigdy bym nie pomyślał, że na wyspie będę tak dobrze jadał".

Czułem się jak we śnie. Ptaki śpiewały, pluskały fale. Upieczone gicze zawiesiłem nad ogniskiem. Właśnie tak miałem zamiar je przechowywać. W dymie wytrzymają mniej więcej pięć dni. Co za piękny dzień.

„Dzień numer czterdzieści pięć wrócił mi do życia chęć[43]. Co za dzień. Co za dzień...

Od dymu ciekło mi z nosa. Przytkałem palcem jedną dziurkę i wystrzeliłem zawartość zatok na ziemię. Wspaniała ewolucja: od chusteczki do nosa do glucianej rakiety.

„Jedyny problem z pieczonymi giczami polega na tym, że mogą nie przetrwać pięciu dni. Są naprawdę smaczne – w nocy wstaję i podjadam!” – przyznałem. „Wiecie co? Każdy kawałek nadający się do jedzenia będzie zjedzony. Super”. Wcześniej planowałem, że będę zjadał jedną gicz dziennie, ale teraz postanowiłem zapomnieć o rozsądku i pójść na całość. Dość głupich reguł i ograniczeń – miałem zamiar jeść tyle, ile będę miał ochotę, aż mięso się skończy. Trzydzieści sześć godzin po zabiciu kozła nadal było wyśmienite.

„Dzisiaj poszukam bambusa i złożę go tam, gdzie zbuduję tratwę. Będę mógł popłynąć na rafę, na ryby”.

43 Ang. „Day forty-five has made me come alive”. Poetyckiego przekładu na język polski dokonała moja żona, Iwona.

Bambus nie rósł na wyspie, ale kilka wyrzuconych przez morze tyczek leżało powyżej linii przypływu. Okazało się, że ze względu na przypływ nie mogę ich zebrać, więc ruszyłem w głąb wyspy. Postanowiłem wdrapać się na skalną wychodnię i stamtąd ocenić, gdzie najlepiej zbudować tratwę i gdzie jest najbliżej do rafy.

Z góry przyjrzałem się strukturze rafy. To nie była cienka linia otaczająca wyspę; jej nierówny grzbiet był bardzo rozległy i zajmował dużą część laguny. Nie musiałem więc zapuszczać się na skraj oceanicznej głębi, żeby skorzystać z jej rybnych zasobów.

Poranek skrzył się słońcem. Uznałem, że przebywanie na słońcu nie jest już problemem i nie muszę obawiać się oparzenia. Nie musiałem już nacierać się gliną i zastanawiałem się, czy to zawarty w pożywieniu olej kokosowy natłuszcza i chroni moją skórę. Przypatrywałem się lagunie; widziałem wielkie fale i spadek z drugiej strony rafy. W miejscu, gdzie wspinał się na nią ocean, z pewnością wałęsały się rekiny. Zauważyłem także miejsce, gdzie znajdujący się tuż pod powierzchnią wody grzbiet rafy pozwalał być może podczas odpływu dotrzeć w bród do bariery odgradzającej wyspę od oceanu.

„Wiem, że tam są homary". Na samą myśl pociekła mi ślinka. „Słyszałem, że w zakamarkach rafy kryją się także ośmiornice. Mógłbym je łapać za głowę! I żółwie…". Z pewnością było tam mnóstwo dużych ryb. Zastanawiałem się, w którym miejscu najlepiej zbudować tratwę. Był przypływ i w znajdujących się poniżej skalnych zatoczkach zauważyłem ławice większych ryb i niewielkie rekiny. Nadszedł czas na morskie żniwa.

Pułapka na kozy przez cały czas była „uzbrojona" i postanowiłem, że tak ją zostawię. Kolejna zdobycz byłaby spełnieniem moich marzeń, choć od czasu, gdy zabiłem kozła, żadnej nie widziałem ani nie słyszałem. Wcześniej widywałem je trzy do czterech razy dziennie. Zupełnie jakby wiedziały, że trzeba się ode mnie trzymać z daleka.

Było widać gołym okiem, że susząca się skóra nie zmieni się w safian. Może kozioł miał za mały mózg? Niemniej każdego dnia czyściłem ją i suszyłem. Nie wiedziałem, co mam z nią dalej robić, ale wyglądała wspaniale i nawet jeśli byłaby trochę sztywna, mogłem na niej spać jak na ciepłym kobiercu.

Największym sukcesem było jednak suszone mięso. Kiedy gdzieś wyruszałem, brałem ze sobą pasek czystego białka. Było wyśmienite – słonawe, dość twarde, smakowało dymem i tłuszczem.

Za to odpadki były odrażające. Kiedy przechodziłem obok gnijącej masy w jednym z oczodołów kłębiły się robaki, zawzięcie walcząc o zdobycz.

Kiedy zapasy mięsa zaczęły się wyczerpywać, pomyślałem o piszczelach i racicach. Doszedłem do wniosku, że w kozich kopytach musi być więcej substancji odżywczych niż w kurzych łapkach, które gdzieniegdzie uważa się za delikates. Na kolację przyrządziłem więc porządną porcję bulionu z kopyt, w którym wygotowałem też kości, dzięki czemu mogłem je dokładniej poobgryzać.

Wywar był tłusty i lepki jak szpik kostny. Oblizując oblepione tłuszczem palce, mogłem stwierdzić, że jest bardzo pożywny, a co najważniejsze, nic się nie zmarnowało.

Na wędrówki wyruszałem teraz sporadycznie, ale po południu wróciłem na cypel, żeby obejrzeć ten fragment laguny podczas odpływu. Wypatrywałem zwłaszcza zatoczek w skałach, w których mogły się zbierać ryby. Mimo że wytężałem wzrok przez dziesięć minut, nie zauważyłem ani jednej. Powoli zacząłem kojarzyć fakty i w końcu wpadłem na to, że muszę zapolować na ryby, które wpływają do zatoczek wraz z przypływem. Wtedy było ich mnóstwo. Może udałoby mi się zbudować kamienną zagrodę, która zatrzyma kilka z nich, kiedy poziom morza zacznie się obniżać? Uwięzione w niewielkiej zatoczce mógłbym wyłapywać podczas odpływu. Moją uwagę zwróciły dwa takie miejsca, które z góry wyglądały na nadające się do zastawienia. Poczekałem na przypływ i zauważyłem, że wraz z nim wpływa do nich kilka ławic ryb. To potwierdziło moją teorię.

O zachodzie słońca chętnie wychodziłem na plażę. Uwielbiałem tę porę dnia. Poćwiczyłem, popływałem i umyłem się. Następnego dnia miałem ruszyć z budową tratwy i miałem nadzieję, że zmieszczę się w dwóch dniach.

Na złocistopurpurowe wieczorne niebo wyszły pierzaste chmury. Przepełniał mnie spokój. Na razie.

Dzień dobry. Co za koszmarna noc” – narzekałem. Już od jakiegoś czasu było jasno, ale nie chciało mi się wyłazić z łóżka. Do końca zostały niecałe dwa tygodnie, a ja marzyłem o powrocie do domu. Jakimi płatkami śniadaniowymi będę się opychał? Wszystkimi, o jakich słyszeli w firmie Kellogg's.

Przez całą noc chodziły mi po głowie pomysły na nowe

programy telewizyjne, rozmyślałem o kupnie mieszkania i o tym, jak będę spędzał czas z rodziną. Przez całą noc nie opuszczało mnie radosne podniecenie związane z perspektywą powrotu do zwykłego życia.

Tego dnia miałem zamiar zbudować tratwę. Jedno proste zadanie.

„Staffs, idziemy na rybki" – stwierdziłem, otrzepując się z ziemi. „Idziemy na rybki".

Ponieważ poprzedniego dnia rano przypływ uniemożliwił mi zebranie bambusa, łatwo się domyślić, że sytuacja się powtórzyła. Musiałem na nowo przemyśleć moje plany.

Zamiast tratwy zamontowałem rynny, dzięki którym mogłem zbierać spływającą po dachu deszczówkę. Najdłuższa bambusowa tyczka była za twarda i nie udało mi się jej rozszczepić na dwie półokrągłe rynienki. Odłożyłem ją więc na bok z przeznaczeniem na tratwę. Z krótszym kawałkiem poszło już łatwiej. Następnie usunąłem wewnętrzne przegrody znajdujące się na wysokości węzłów, dzięki czemu powstała długa, naturalna rynienka.

Pogięty kawałek metalu (który pochodził być może z tego samego silnika co nóż) rozgrzałem do temperatury pozwalającej topić plastik i za jego pomocą odciąłem górną część drugiego kanistra oraz rozciąłem wzdłuż czarną plastikową rurę, uzyskując dwie rynny w kształcie litery U. Pracowałem cierpliwie, raz po raz rozgrzewając metal w ognisku. Aby ochronić palce przed poparzeniem, owinąłem jego koniec zieloną bluzą. Wszystko poszło sprawnie, a efekt był bardziej niż zadowalający.

Uniosłem nieco jeden rząd palmowych „dachówek" i przymocowałem rynny bezpośrednio do konstrukcji dachu. Potem przyciąłem równo strzechę tak, by woda skapywała dokładnie na środek bambusowego korytka. Rezultat robił bardzo profesjonalne wrażenie, a moje dzieło przypominało prawdziwą rynnę zamontowaną pod okapem prawdziwego dachu. Polałem strzechę morską wodą, która posłusznie ściekła do korytka i zlała się do kanistra. System działał, ale prawdziwym testem miał być pierwszy porządny deszcz. Kilkoma palmowymi liśćmi uszczelniłem strzechę poniżej rynien, ponieważ po ich montażu pojawiło się tam nieco dziur. „Dobra robota" – oznajmiłem i zadowolony z siebie podziwiałem moje dzieło.

Poziom morza zdążył się obniżyć, więc powróciłem do projektu kamiennej zagrody. Istotą tej pułapki na ryby jest zablokowanie kamieniami wszelkich istniejących połączeń skalnej zatoczki z otwartym morzem. Dzięki temu przy niskim stanie morza ucieczka staje się niemożliwa. Ryby można pozabijać kijem lub kamieniami, albo po prostu wyłapać i powyrzucać na brzeg.

Potrzebowałem przynęty (zepsutego jedzenia, zgniłych owoców itp.) i natychmiast pomyślałem o gnijących odpadkach pełnych robaków. Chciałem zanęcić wcześniej, żeby ryby napłynęły, zanim jeszcze zbuduję zagrodę. Kiedy zanurzyłem rękę w kipiącą masę larw, zaskoczyła mnie ich wysoka temperatura. Napełniłem nimi dwa pojemniki po żelu do włosów, dokładnie je zakręciłem i ruszyłem nad morze.

Kiedy tylko wsypałem je do przyszłej pułapki, natychmiast napłynęły ławice małych rybek. Dorzuciłem jeszcze dojrzały kokos i oceniłem, że cała impreza zapowiada się jak najlepiej. Woda była czysta i świeża. Malutkie kolorowe rybki skubały moje robaczki. Postanowiłem, że wrócę za jakiś czas, żeby zbudować tamę.

Ponieważ poziom morza nadal był niski, powróciłem do podstawowego zadania, jakie wyznaczyłem sobie na ten dzień. Postanowiłem zbudować tratwę na Plaży Komo, która leżała za Plażą Bravo, od strony wyspy Komo. Właśnie tam, na południowym krańcu wyspy, można było znaleźć mnóstwo wyrzuconego przez morze drewna. Kiedy tratwa byłaby już gotowa, mógłbym nią bez trudu opłynąć wyspę i zacumować w miejscu, w którym odległość do rafy jest najmniejsza.

Zaciągnąłem tam z powrotem pięć najlepszych bambusowych tyczek, jakie były na wyspie. Mogłem brać po trzy naraz, ale ponieważ były bardzo ciężkie, brałem je pod pachę i ciągnąłem po piasku i po skałach. Wlokłem się noga za nogą i słuchałem dźwięków, jakie wydawały, trąc o różne rodzaje podłoża. To niezwykłe, co potrafi przyciągnąć twoją uwagę, kiedy jesteś sam.

Zdecydowałem się na konwencjonalną, długą i wąską tratwę złożoną z pięciu równoległych żerdzi. Rozważałem skonstruowanie tratwy trójkątnej (przemawiał za tym sukces ramy do rozciągania koziej skóry), ale uznałem, że będzie mało sterowna. Byłem pewien, że z poprzecznymi rozpórkami i wspornikami biegnącymi po przekątnych mój projekt doskonale się sprawdzi. Złożyłem bambus między drzewami powyżej linii przypływu, żeby rano nie zabrało go morze, i wróciłem do domu na kolację. Nazajutrz planowałem powiązać żerdzie ze sobą.

Na kolację przyrządziłem sobie danie typu „surf and turf”[44]. Chociaż została mi jeszcze jedna gicz, postanowiłem pozjadać wszystkie małe kraby, jakie znalazłem nad morzem. Dodałem do nich pasek suszonego mięsa, który nadał potrawie słonawego i dymnego posmaku. Efekt był fantastyczny, a ja chrupałem kraby w całości.

To był dobry dzień. Wspaniała pogoda. Założyłem rynny.

---

44 Danie łączące mięso i owoce morza.

Zebrałem żerdzie do budowy tratwy. Nie opuszczało mnie zdrowe, konstruktywne myślenie, a przy tym po raz pierwszy od początku mojego pobytu na wyspie stan ten wydawał się stabilny. W ogóle nie musiałem się kontrolować. Żadnej paniki, zmartwień czy sesji w kamiennym kręgu. Już sam fakt, że zostawiłem kamienie w jaskini i nie przeniosłem ich do szałasu, dowodził, że nie potrzebuję już tych „dmuchanych rękawków”, które dotąd tak skutecznie utrzymywały mnie na powierzchni. Teraz po prostu żyłem, pełen pomysłów i entuzjazmu.

To się nazywa dobrze przespana noc! Od dawna tak doskonale się nie wyspałem. Czuję się jak po dobrym seksie!”. Ed, za dużo mówisz. To dlatego, że od dawna byłem z dala od domu. Spało mi się rzeczywiście wyśmienicie. Usiadłem i uśmiechnąłem się szeroko na myśl o tym, jak świetnie się czuję. Pełen pozytywnej energii. Szczęśliwy.

Miałem jeszcze mnóstwo suszonego mięsa, więc przeżułem kilka pasków. Przestałem myśleć o powiększeniu szałasu. Polubiłem ten rozległy widok, jaki zapewniała „połówka” dachu, a duża ilość światła była korzystna podczas filmowania: mogłem robić szerokie ujęcia ukazujące, jak pracuję w szałasie. Dobudowywanie czegokolwiek byłoby marnowaniem czasu i energii. „Więc ustalone. Żadnego budowania!”.

Po tej stronie wyspy nie było już krzewów ketmii – zużyłem połowę wszystkich dostępnych na wyspie zasobów tej rośliny. Wraz z przypływem ruszyłem więc do Obozu Cytrynowego szlakiem obok Odległego Drzewa, żeby zebrać trochę kory do powiązania elementów tratwy. Wiedziałem, ile czasu to wszystko może mi zabrać, więc chciałem obrócić tam i z powrotem w dwie godziny. W Obozie Cytrynowym błyskawicznie pościnałem i okorowałem gałęzie, a paski kory zwinąłem i zarzuciłem sobie na ramię. Wróciłem do szałasu w wyznaczonym czasie. Wspaniale.

Zjadłem resztki ostatniej giczy i kilka słodkich kawałków kokosa, po czym znowu zarzuciłem na siebie korę i ruszyłem budować tratwę. Taka już moja dola na tej wyspie – praca od świtu do zmierzchu. Dźwigałem korę na szyi niczym drewnianą etolę o wadze rottweilera. Tego dnia niebo było szare, co bardzo mi odpowiadało, ponieważ czekało mnie dużo pracy na plaży, gdzie nie było cienia. Pełna synchronizacja. Miałem poczucie, że pracuję solidnie i sprawnie.

Ukląkłem na piasku i zabrałem się do roboty. Każde wiązanie było mocne i pewne. Po trzech godzinach miałem spieczone usta i byłem wykończony, ale tratwa była gotowa. Zaciągnąłem ją między drzewa gotową do spuszczenia na wodę.

Także budowa kamiennej zagrody musiała poczekać na kolejny dzień. Nie byłem w stanie zrobić więcej. Dni wypełniało konstruktywne działanie. Niczym się nie przejmowałem – byłem szczęśliwy, jeśli na czas wróciłem do domu na herbatę.

Poszedłem na plażę wysłać sygnał „All OK" z mojego lokalizatora i przy okazji złapałem sześć krabów. Ponieważ nie miałem już pieczonej koźliny, byłem zadowolony, że w tak prosty sposób udało mi się rozwiązać kwestię pożywienia, a poza tym krabowy bulion znowu był dla mnie przyjemną odmianą.

Z uśmiechem na twarzy zawołałem: „Chcę się stąd wydostać! Chcę się wydostać z tej wyspy!", a potem do kamery dla przeciwwagi: „Nie licz dni – niech każdy dzień się dla ciebie liczy". Mądry człowiek, ten Muhammad Ali.

Postanowiłem odłożyć wodowanie tratwy do następnego dnia. Nie byłem jeszcze gotowy, żeby wyjść w morze. Musiałem sobie zrobić nową włócznię, żeby zastąpić tę, którą złamałem w oczodole kozła. Była prosta, z zahartowanym w ogniu szpicem. Wiosło wykonałem z kawałka sklejki wielkości deski do krojenia, który – jak zwykle – przywiązałem do półtorametrowej tyczki kawałkiem kory.

Po czterech dniach suszenia i skrobania kozia skóra była gotowa do użytku. Odwiązałem ją od trójkątnej ramy. Uznałem, że jakiekolwiek prace kuśnierskie nie mają sensu. Wystarczy jedna drobna przeróbka, abym otrzymał prosty i funkcjonalny ubiór. Zrobiłem na środku około trzydziestocentymetrowe nacięcie – na tyle duże, bym mógł przełożyć głowę – i nałożyłem skórę włosiem do środka. Paskami kory, które wcześniej łączyły skórę z ramą, obwiązałem ją wokół ciała niczym futrzany gorset.

„Wiecie co? Pal licho modę – mam ciepły kaftan! Wyglądam trochę jak Fred Flintstone, nie?". Sierść zatrzymywała przy skórze całe ciepłe powietrze. „Ale fajnie – jest szary dżdżysty dzień, a mi jest ciepło!". Promieniałem z zachwytu, wybierając z gęstej brody kłaczki kozich włosów.

Czterdziesty dziewiąty dzień to ostatni dzień siódmego tygodnia, więc wykonałem cotygodniową serię ćwiczeń. Trzy tygodnie wcześniej podciągnąłem się osiemnaście razy, tydzień później było to już tylko dziesięć podciągnięć, a przed tygodniem byłem chory, więc całkiem odpuściłem ćwiczenia.

„Znowu osiemnaście!" – wysapałem, kiedy ciężko dysząc, opadłem na ziemię. „Ale to dobry wynik – czuję się mocny". To był aktualnie szczyt moich możliwości. Przynajmniej doszedłem do pełni sił po chorobie. Byłem zadowolony.

Zaczynałem wracać do formy. Czułem, że mięśnie są pełne i twarde. Po piwnym brzuszku nie pozostał już nawet ślad i wyobrażałem sobie, że gdybym był bokserem, miałbym teraz idealną wagę do walki.

W drodze powrotnej postanowiłem wykopać zwiędłą roślinę, obok której przez ostatnie siedem tygodni przechodziłem raz na tydzień. Kiedy tylko zacząłem kopać, ujrzałem bulwy – mnóstwo bulw. To było kowai – roślina podobna do taro, która także rodzi bulwy podobne do ziemniaków. Jej liście były nie do odróżnienia od pnączy, które mi wcześniej pokazywano. Była to po prostu plątanina uschniętych pnączy.

Kiedy wykopałem jedenastą bogatą w skrobię bulwę, niemal rozpłakałem się ze szczęścia: dwunasta, trzynasta, a końca nie było widać. „Ta jest ogromna!". Kiedy skończyłem kopać, leżały przede mną dwadzieścia dwie bulwy, podczas gdy do końca pobytu pozostało mi jeszcze zaledwie jedenaście dni. Obfite „żniwa" bardzo podniosły moje morale i dodały mi skrzydeł. Miałem po dwa kartofelki na każdy dzień. To było bardziej niż niesamowite. Choć obżerałem się koźliną, brak cukrów złożonych powodował, że nogi nadal miałem ciężkie. To mogło być źródło prawdziwej energii na pozostałe dni.

Kiedy wróciłem do szałasu, zaczęło padać. Gdy deszcz przybrał na sile, usłyszałem plusk wody lejącej się do zbiornika na deszczówkę. „Rynny działają!" – wrzasnąłem. Woda była czerwona, ponieważ strzechę pokryła sadza z dymu unoszącego się z ogniska, ale poza tym była czysta i nieskażona – przecież spadła prosto z nieba.

„Jak miło, że nie muszę już wysysać przez słomkę wody z muszli. To, co spada na mój dach, od razu zbiera się w wiadrze".

Dziesięć minut średnio intensywnego deszczu dało mi pół wiadra wody. Czternaście butelek deszczówki – nieźle. A ja nie musiałem nawet kiwnąć palcem.

Bulwy kowai były smaczne, ale trzeba je było gotować o wiele dłużej niż taro – dopiero po dobrych 30 minutach były na tyle miękkie, że można je było jeść.

Pod koniec siódmego tygodnia przyłożyłem poobcierane palce do pulsu na nadgarstku i, posiłkując się kamerą, odmierzyłem jedną minutę. Tętno spoczynkowe wynosiło 64 – było wyższe niż na początku pobytu. Nieco zaskoczony, bo czułem, że mam dużo sił i jestem w doskonałej formie, złożyłem to na karb pochłoniętej przeze mnie góry czerwonego mięsa.

W ciemności podsumowałem aktualną sytuację. „Wydaje mi się, że już dowiodłem, że można znaleźć się na wyspie, nie mając absolutnie nic, i przetrwać. Wszystko idzie ku lepszemu, życie jest coraz łatwiejsze. Jak na złość szczur wlazł mi właśnie na prawą stopę, a drugi siedzi za mną.

Dajcie spokój, chłopcy. Są nieszkodliwe..." – tłumaczyłem sam sobie. Wtedy przypomniałem sobie o dżumie.

Poprzedniej nocy śniło mi się, że jakaś Arabka w chuście na głowie obcina mi paznokcie. Ilekroć próbowałem wyrwać dłoń, spoglądała na mnie urażona i dalej robiła swoje. Kiedy się obudziłem, uświadomiłem sobie, że to szczury, czując zapach kokosa, skubały koniuszki moich palców. Oczywiście taki sen mógł mieć tylko jedną sensowną interpretację: zrób sobie łóżko i przestań spać na ziemi.

„Jeśli mam zrobić łóżko, będę potrzebował trochę kory ketmii" – dywagowałem. „Nigdy wcześniej tego nie robiłem. Zebranie gałęzi zajmie mi pewnie z godzinę, potem dwadzieścia minut okorowywania i kolejne dwadzieścia dzielenia kory na paski... Ed, czas spać" – przerwałem sobie brutalnie.

W nocy szczury zjadły wszystkie kawałki kokosa, które przypiekałem przy ogniu. Kiedy więc co jakiś czas budziłem się w nocy, nie miałem czego przekąsić. To naruszało uświęcony porządek. Następnego dnia mogłem zebrać więcej kokosa, ale nocny rytuał został zaburzony. Ciało miałem obolałe od leżenia na twardej ziemi. Miałem co prawda miękką kozią skórę, ale zasypiałem, marząc o materacu piankowym.

Nocna mżawka dała mi kolejne pięć lub sześć litrów wody. Najbardziej cieszyło mnie to, że woda zebrała się sama, kiedy spałem.

Z powodu porywistego wiatru nie spuściłem tratwy na wodę. Drzewa skrzypiały smagane wichrem, a wszelkie nadzieje na ryby ostatecznie przekreślił deszcz. Oceanu bałem się nawet wtedy, gdy był spokojny, i nie miałem zamiaru stawać naturze na drodze.

W efekcie cały pięćdziesiąty dzień spędziłem na golasa. Zapomniałem o kamerze i zajmowałem się tylko najbardziej niezbędnymi, podstawowymi pracami: zbierałem drewno, liście palmowe i korę ketmii potrzebną do zrobienia łóżka. A ponieważ kamera była wyłączona, nie było absolutnie żadnej potrzeby się ubierać.

Pięćdziesiątego pierwszego dnia obudziłem się bardzo wcześnie. Nie wiedziałem, ile dokładnie spałem. Wewnętrzny zegar podpowiedział mi, że powinienem spuścić tratwę na wodę, zanim zacznie się przypływ.

W głowie pojawiła się nieśmiała myśl: jeszcze dziewięć dni.

Ułożyłem pasek suszonego mięsa na tlącym się polanie, żeby je podgrzać. Zaskwierczało zachęcająco. Tłuszcz po raz pierwszy miał kontakt z ogniem i pasek poskręcał się jak bekon. Efekt był wyśmienity. Chrupiące uwędzone mięso i skwierczący tłuszcz, który rozpuszczał się w ustach.

Jeśli czasem sprawiam wrażenie, że przesadnie wychwalam smak tego, co tam jadłem, zapewniam, że tak nie jest. W świecie, w którym człowiek jest pozbawiony kontaktu z innymi ludźmi, niewiele rzeczy może być źródłem przyjemności. Przyjemne były wszelkie osiągnięcia i poczucie, że posuwam się do przodu, ale niezwykłą przyjemność odnalazłem zwłaszcza w pobudzaniu zmysłów. W efekcie dwoma ulubionymi rozrywkami stały się dla mnie pływanie i jedzenie. Ich zbawiennego wpływu nie da się przecenić.

Główne zadanie, jakie wyznaczyłem sobie na ten dzień, rodziło u mnie obawy dotyczące bezpieczeństwa, ponieważ jestem okropnym pływakiem. O tej porze na plaży było rześko; wiatr natychmiast mnie otrzeźwił, a na rękach pojawiła się gęsia skórka. Aby poprawić pływalność tratwy, zamocowałem do niej kilka dużych plastikowych butelek (dwu- lub trzylitrowych) i wyrzucone przez morze pływaki do sieci. Potem miałem okazję się rozgrzać, ponieważ używając całej skromnej masy mięśniowej, zaciągnąłem prostokątną jednostkę pływającą do morza. Przemknęło mi przez myśl, że w wodzie tratwa może się rozlecieć, ponieważ nie sprawdziłem, czy wiązania będą trzymać, kiedy kora namoknie. Test będzie miał miejsce, kiedy wypłynę na ocean, a od wyniku będzie zależało moje życie. Żeby zmniejszyć ryzyko, wziąłem ze sobą trochę dodatkowej kory, której w razie potrzeby mogłem użyć do niezbędnych napraw.

Z zieloną bluzą obwiązaną wokół głowy, niczym pasterz z bożonarodzeniowych jasełek, czułem się jak wyspiarz z krwi i kości. Elastyczny pasek utrzymujący w miejscu kamerę GoPro miał może nieco mniej biblijny charakter, ale mus to mus. Opalony, smukły, z wyraźnie zarysowaną muskulaturą uśmiechałem się ironicznie na wspomnienie niemrawego Londyńczyka z bladymi półdupkami, który zjawił się tam osiem tygodni wcześniej. Czy podobałem się sobie? No cóż, za te wszystkie przejścia należała mi się jakaś rekompensata.

Wszedłem do wody, a kiedy zimne fale sięgnęły ud, zmuszając mnie do wspięcia się na palce, aby chronić skurczone od zimna jajka, przypomniało mi się, jak pierwszego dnia zszedłem z łodzi nagi i przerażony tym, w co się wpakowałem.

Tratwa unosiła się na wodzie tuż obok mnie, więc zarzuciłem na nią nogę i ostrożnie wspiąłem się na pokład, gdzie od razu klęknąłem. Byłem na morzu! Wziąłem w dłonie wiosło, które oczywiście okazało się za małe. Zanurzałem je na przemian po obu stronach tratwy, niczym płynący dłubanką Indianin z Amazonii. Stało się oczywistym, że w ten sposób daleko nie zajadę. Mimo że w mocne i głębokie pociągnięcia wkładałem wszystkie siły, tratwa zachowywała się jak stacjonarny rower treningowy. Wiatr wiejący w stronę lądu i silne prądy nie pozwalały mi oddalić się od brzegu. Ponieważ ciąłem wodę niczym nóż ze styropianu, przeciągnąłem tratwę po płyciznach do bardziej osłoniętej części wyspy.

Znowu się wgramoliłem na unoszącą się na wodzie platformę i próbowałem nad nią zapanować. Prądy zniosły mnie jednak na głęboką wodę, gdzie poczułem się tak bezbronny i wystawiony na kaprysy oceanu, że zeskoczyłem do wody i przyholowałem tratwę tam, gdzie znowu mogłem stanąć na dnie. Pływanie zabrało mi wszystkie siły i trząsłem się z wyczerpania.

Ciężko dysząc, próbowałem to wszystko ogarnąć. Fale z hukiem rozbijały się o rafę, a gdybym miał włosy, kłębiłyby się w tym momencie gdzieś z tyłu głowy. Byłem tak zaślepiony pragnieniem wypłynięcia na morze, że zignorowałem warunki pogodowe i próbowałem dokonać niemożliwego. Chwila, podczas której unoszony przez prąd oddalałem się od brzegu, była niczym siarczysty policzek, który mnie otrzeźwił. Jakże łatwo mogłem zostać porwany na pełne morze i otoczony przez rekiny, bez możliwości zawrócenia tratwy z powrotem na wyspę.

„Ma dobrą pływalność, jest stabilna, ale, cholera, nie da się nią sterować".

Porzuciłem nadzieję, że w tym dniu zapoluję na rafie i uznałem to za kolejną lekcję. Tratwa nadal była w doskonałym stanie, a ponieważ mokry bambus był o wiele za ciężki, abym mógł ją przeciągnąć po piasku, postanowiłem, żc poczekam na przypływ.

To był ostatni posiłek z koźliną. Kiedy do zupy ślimakowo-krabowej dodałem przedostatni, a potem ostatni kawałek suszonego mięsa, pod dachem zrobiło się pusto. Wysuszyłem przy ogniu bezprzewodowy mikrofon, choć w głębi duszy wiedziałem, że już od dawna nie działa. Po godzinie morskich eksperymentów spódniczka też nasiąkła wodą i teraz suszyła się w dymie zawieszona pod dachem. Kowai bulgotało w garnku przez 45 minut. Zaczęła się pora deszczowa, więc mając rynny i zbiornik na deszczówkę, nie musiałem oszczędzać wody. Długi czas gotowania sprawił, że ostatnie kawałki koźliny były bardzo miękkie.

Z mojego punktu widzenia dzień pięćdziesiąty pierwszy był udany. Tratwą trudno było sterować, ale utrzymywała się na wodzie, a krótka wycieczka po morzu wiele mnie nauczyła. W jakiś spokojniejszy dzień może się udać. Bardzo chciałem zapolować na rafie.

Udało mi się nie zmarnować ani kawałka koźliny. Nic się nie zepsuło. Dziewięć dni diety opartej na sporej ilości czerwonego mięsa dało mi dużo sił. Cel na kolejne dziewięć to duża ryba.

Dziś uważam, że będąc na wyspie, rzeczywiście sądziłem, iż od czasu do czasu cierpię na poważne infekcje wirusowe. Kiedy kładłem się spać, trochę mnie zaniepokoiło znajome bulgotanie w brzuchu.

„Ten dzień dał mi dużo radości" – stwierdziłem, próbując ignorować żołądek.

Obudziły mnie bolesne skurcze. Potem była wybuchowa biegunka na plaży. Dysząc ciężko otwartymi ustami, nie chciałem przed sobą przyznać, że mogę być znowu chory. Nie mogłem sobie pozwolić na to, żeby ponownie przejść w tryb choroby. Wydałem więc rozkaz dnia: na ryby!

Widywałem ławice wpływające na płycizny podczas przypływu. Słyszałem, że mieszkające na Fidżi kobiety wiążą liście palmowe w ogromne pętle i za ich pomocą zaganiają ryby na płyciznę. Postanowiłem spróbować tej metody.

Musiałem zrobić pętlę z palmowych liści, wiążąc je niczym wianuszek stokrotek. Miałem nadzieję, że wystarczą same liście (i nie będę się musiał bawić z korą ketmii). W godzinę ściąłem trzydzieści dwa liście i złożyłem je na plaży sąsiadującej z piaszczystą mielizną.

Ruszyłem w górę zboczem wysokiego skalistego cypla. Wcześniej nigdy tą drogą nie szedłem, uważając, że jest tam zbyt stromo, a wędrówka porośniętymi lasem zboczami obok Odległego Drzewa zabierała mi około godziny. Po dziewięciu dniach diety opartej na kozim mięsie wspiąłem się jednak błyskawicznie – zabrało mi to może pięć minut. Zdałem sobie wtedy sprawę, jak niedorzecznie zawiła i okrężna była moja wcześniejsza marszruta. To zabawne uczucie, kiedy człowiek przekonuje się, że tak długo robił coś w sposób bardziej uciążliwy. Z jednej strony cieszy się, że znalazł sposób łatwiejszy, a z drugiej jest wkurzony, że nie wpadł na to wcześniej. Chciało mi się śmiać z mojej ostrożności. „Już nigdy nie pójdę inną drogą!".

Poziom morza był relatywnie wysoki i z góry znacznie lepiej było widać, gdzie mogą być ryby. Nie było ich tam, gdzie złożyłem palmowe liście, za to pływały nad rozległą i płaską skalną powierzchnią platformy abrazyjnej rozciągającej się u podnóża klifu na powierzchni równej powierzchni boiska futbolowego. Warto było poświęcić trochę czasu na obserwację rybich szlaków. Kilka rekinów czarnonosych krążyło gęsiego po skalistych zatoczkach. Jeśli miałem poświęcić czas na związanie trzydziestu palmowych liści, chciałem wiedzieć, co porabiają ryby.

Problem polegał na tym, że tam, gdzie pływały rekiny, było zbyt głęboko i nie można było zastosować tej metody. Gdybym zaczął ściągać linę i zacieśniać pętlę, rekiny przepłynęłyby po prostu pod nią. Zdecydowałem się więc na rozległą skalną platformę. Wyglądało na to, że w tym miejscu zdołam upolować jakiś smaczny kąsek.

Przenosząc liście, uświadomiłem sobie, że łatwiej się z nimi przemieszczać, kiedy nie są ze sobą powiązane. To był absolutny eksperyment – nigdy wcześniej nie łowiłem ryb tą metodą. Powyżej linii przypływu powiązałem liście, tworząc ogromnego, z pewnością ponad czterdziestometrowego węża.

Wracając do szałasu, podzieliłem się z kamerą taką oto refleksją, że niektórzy ludzie bardzo dobrze funkcjonują, kiedy są sami. Zdarza się nawet, że wolą własne towarzystwo od towarzystwa innych ludzi. Podziwiałem to. Podziwiałem eksploratorów, którzy nie wahali się podjąć samotnej wyprawy na biegun lub rejsu przez ocean w wiosłówce. Ich wyczyny ucieleśniały siłę i niezależność rodzaju ludzkiego. Nieprawdaż? Teraz już jednak nie uważałem, że to nienormalne, kiedy radość z projektu zakłóca rozłąka z tymi, których się kocha. Nie widziałem już w tym słabości. To był wskaźnik, co najbardziej się dla mnie liczy.

Na czym polega życie? Czy to samotne wyprawy, podczas których chce się coś udowodnić sobie i innym? Egoistyczny pęd za kolejnym zastrzykiem adrenaliny? Poszukiwanie aprobaty i podziwu? A może to spędzanie czasu z ludźmi, na których nam naprawdę zależy, i troszczenie się o nich? Może więc nie jestem wcale niewdzięczny. Może po prostu dorastam.

Czasami wydawało mi się, że cały ten pobyt na wyspie to jeden wielki nonsens, podczas gdy po drugiej stronie jest to, co ważne, to, co wzbogaca i daje spełnienie – dom. „W takie dni jak ten, myślę sobie: naprawdę? Ed, masz trzydzieści siedem lat. Masz wokół siebie ludzi, których uwielbiasz i którzy cię kochają – dlaczego zostawiasz ich na tak długo? Dlaczego to robisz?". Cisza oznaczała, że jeszcze tego nie wiem. I tego wieczora się nie dowiem.

„Koniec introspekcji. Dobranoc" – westchnąłem i wyłączyłem kamerę.

卌 卌 卌 卌 卌 卌 卌 卌

卌 卌 III

Za tydzień opuszczam wyspę. Do domu...

Poranną krzątaninę brutalnie przerwała biegunka. Pociekło ze mnie – nomen omen – już w trakcie biegu. Na brzegu morza bolesny skurcz okrężnicy powalił mnie na czworaki, po czym nastąpiła zapierająca dech w piersiach eksplozja. Przykre skurcze powróciły po chwili z podobną siłą, ale organizm pozostał niewzruszony i jeszcze raz wyrzucił intruzów. Dyszałem, jakbym przez cały czas miał głowę schowaną pod wodą.

Pierwsza partia kału była przetrawiona i brązowa. Na brzegu były już niestrawione kawałki kokosa, które po prostu przeze mnie przeleciały. Zastanawiałem się, czy robić z tego dramat, ale ostatecznie przyjąłem do wiadomości, że po raz kolejny tracę substancje odżywcze. Z jakiegoś powodu pożywienie przelatywało przeze mnie szybciej niż herbata przez sitko.

U wejścia do jednej ze skalnych zatoczek zbudowałem z kamieni murek mojej kamiennej zagrody. Próbowałem też zdziałać coś na skałach za pomocą liny z palmowych liści, ale woda porwała ją na kawałki – napływająca fala rzuciła ją na skały, a kiedy woda zaczęła się cofać, lina pękła niczym bawełniana nić. Otarłem skronie i potraktowałem to jak kolejną lekcję. Zrobiłem głęboki wydech i pozwoliłem swobodnie opaść ramionom. Kiedy zreperuję linę, będę musiał wrócić do pierwotnego planu i użyć jej na piaszczystej mieliźnie.

Wyspiarska nauka trwała już zbyt długo i mój umysł – niczym umysł dziecka na drugiej z rzędu lekcji matematyki – nie przyjmował prawie żadnych informacji.

Podczas odpływu wrzuciłem do kamiennej zagrody przynętę (robaki i kawałki kokosa), usiadłem nieco wyżej i czekałem na przypływ. Oczywiście nie musiałem czekać – tego typu pułapki są bezobsługowe i wiedziałem, że moja obecność w żaden sposób nie wpłynie na wielkość połowu. Kiedy przypatrywałem się, jak woda wypełnia kolejne zatoczki, zmieniając miniaturowe góry w podwodny świat skurczonych kanionów, poczułem znużenie.

Wiodłem dość wygodne życie. Nie musiałem się martwić o wodę, ogień czy schronienie. I chociaż ciągle szukałem nowych, obfitszych źródeł pożywienia, wiedziałem, że na tym polu też mi się powiodło. Zostało sześć dni, a moja motywacja, żeby spróbować czegoś nowego, malała. Czułem się jak starzec, który widzi już przed sobą tylko śmierć. Nie podróżuje, nie szuka nowych doświadczeń. Wie, że przeżył życie i jest przygotowany na odejście. To był prawdziwy zmierzch mojego życia na wyspie, a ja byłem tego świadomy.

„Zabierz mnie już teraz!" – rzuciłem, szydząc z samego siebie, i postanowiłem wybrać się na spacer. Nie na polowanie, nie na obchód w poszukiwaniu drewna, ale na przechadzkę dla przyjemności. Posuwałem się noga za nogą, wolno i spokojnie. Czułem piasek między palcami, ciepło słońca i wiatr, który chłodził moje nagie plecy. Bezwiednie zebrałem mnóstwo pożywienia na kolację – głównie kraby, ślimaki i mule – ale nawet na chwilę nie przyspieszyłem ani nie przestałem cieszyć się przechadzką. Pozwoliłem sobie na czyste odczuwanie. Byłem zmęczony i znudzony samotnością. Czułem, jakbym wystawił swoje ciało na ryzyko. Ale to były powierzchowne odczucia – myśli pochodzące z *ngan duppurru* – logicznego umysłu, który teraz nie miał wiele do powiedzenia. Przechadzka pozwoliła mi wniknąć głębiej, gdzie obudziło się coś jeszcze. Odważę się to wyznać? Wraz ze spokojem pojawiła się duma.

Kiedy poziom morza opadł, wróciłem do kamiennej zagrody, ale nie było w niej ani jednej ryby.

Uśmiechnąłem się. To nie miało żadnego znaczenia.

Znowu wrzuciłem przynętę do kamiennej zagrody. Tym razem, kiedy wróciłem tam podczas odpływu, zauważyłem łeb sporej ryby wystający spod dużego płaskiego kamienia. Wskoczyłem do wody i podniosłem kamień, a dwudziestopięciocentymetrowa czarna ryba pomknęła na drugi koniec zatoczki. Złapałem rybę! Manewrowałem w tę i we w tę, próbując ją dopaść, ale ona raz po raz przepływała mi między nogami, przez co czułem się niezdarny i nieporadny. Zacząłem rzucać w nią kamieniami. Ciskałem mocno w wodę wielkie kamienie, ale to też nie przyniosło żadnego efektu. W końcu wystraszona ryba niemal wyskoczyła na brzeg i wtedy mocno ją chwyciłem. Naprawdę złapałem pierwszą rybę! Walnąłem ją w łeb kamieniem i wrzuciłem do kosza.

Metoda połowu okazała się skuteczna. Było to dla mnie bardzo ważne, ponieważ oznaczało, że wymyśliłem sposób łapania ryb bez haczyka lub sieci. Dzięki niej byłem w stanie skoncentrować duże ryby na tak niewielkiej przestrzeni, by je następnie uśmiercić. Triumfalnie zaniosłem zdobycz do obozowiska.

Na płyciźnie oskrobałem ją i wypatroszyłem. To przywołało wspomnienia z Amazonii, gdzie każdego dnia skrobaliśmy i patroszyliśmy kolejny obiad. Ale tam miałem haczyki i sieć. Teraz byłem szczególnie dumny, że udało mi się złapać rybę gołymi rękami, wykorzystując wyłącznie własny umysł. Pokroiłem ją i na wczesny lunch miałem rybny bulion.

Jego smak znowu przypomniał Amazonię. Rybi tłuszcz zmienił bulion w lekarstwo na letarg. Czułem, jak moje szare komórki szturchańcami budzą się nawzajem. Zamrugałem, jakbym budził się z głębokiego snu, pełen życia.

Uznałem, że skoro już poświęciłem czas na zrobienie „sieci" z palmowych liści, powinienem jeszcze raz spróbować jej użyć. Kiedy uwiązałem ją do niewielkiej skały na końcu mojej plaży, zauważyłem ławicę małych ciemnych rybek, które kręciły się po płyciźnie. Pomyślałem, że jeśli nie popełnię błędu, może się udać.

Wolno i spokojnie oddaliłem się od brzegu, trzymając w ręku luźny koniec liny, a następnie łukiem obszedłem miejsce, w którym widziałem ryby, po czym zacząłem skradać się z powrotem do brzegu. Z plaży zobaczyłem, że w pułapce znalazło się mniej więcej dwadzieścia ośmiocentymetrowych rybek. Wolno ciągnąłem linę, zacieśniając zamknięty obszar. Idea była z grubsza taka, że lina wystraszy ryby, które zaczną uciekać i popłyną w stronę brzegu. Oczywiście to nie była sieć – lina bardziej przypominała elektrycznego pastucha – niemniej dla ryb była to z pewnością jakaś bariera. Pętla się zaciskała, a ja wyobrażałem sobie, że rybki same grzecznie wyskoczą na plażę. Wystarczy je pozbierać i rzucić dalej na brzeg, skąd już nie będą mogły uciec. Jednak w ostatniej chwili one po prostu przepłynęły przez zaporę z liści – którą oczywiście zawsze mogły pokonać – i spokojnie odpłynęły.

Nie zniechęciło mnie to. Uznałem eksperyment za nadspodziewanie udany. System działał – być może powinienem wolniej ściągać linę. Jeśli ryby nie zorientowałyby się, że są w niebezpieczeństwie, nie próbowałyby uciekać.

Ponawiałem próby raz po raz, aż poczułem, że palą mnie ramiona rozgrzane w ostrym słońcu. Choć robiłem, co mogłem, nie udało mi się ponownie zagarnąć ławicy w moją pułapkę.

Potem spędziłem kilka godzin, robiąc łóżko z długich tyczek powiązanych korą ketmii. Kiedy oparłem je o drzewo, wyglądało całkiem w porządku, ale kiedy je uniosłem, konstrukcja przekrzywiła się i wiązania po prostu spadły.

Na koniec ósmego tygodnia podciągnąłem się na drążku dziewiętnaście razy. „Dziewiętnaście! TAAAK!!" – ryknąłem, kiedy opadłem na ziemię. Trzy dni przed wyjazdem byłem silniejszy niż kiedykolwiek od przybycia na tę wyspę.

Zrobiłem kolejne łóżko (model numer dwa), wzmocniłem je wspornikami, więc nie mogło się wykoślawić. Także wiązania, które miały zarazem pełnić funkcję brezentu rozciągniętego między tyczkami, były teraz o wiele mocniejsze. Zaniosłem łóżko do szałasu. Ułożyłem ramę na kamieniach, żeby spoczywała względnie poziomo, a na wierzchu położyłem kozią skórę. Po raz pierwszy bardzo ostrożnie wyciągnąłem na nim strudzone ciało. Wreszcie nie leżałem na ziemi! Mogłem się wygodnie wyciągnąć. Miałem wrażenie, że leżę w kołysce. To była magia znanego mi niegdyś świata, gdzie wolność od niewygód była czymś normalnym.

„Dziś będę spał jak dziecko".

Potem – jakby Olorua po raz ostatni chciała ze mnie zakpić – odkryłem drzewo mangowe, tyle że pokryte niedojrzałymi owocami. Było mi wszystko jedno. Zerwałem kiść twardych zielonych owoców i wgryzłem się w nie. Miały zapach mango, ale smak i konsystencję niedojrzałych i twardych owoców. Wiedziałem, że dzięki witaminom i tak wzbogacą moją dietę, więc schrupałem z pięć na jedno posiedzenie. Natychmiast złamałem sztuczny ząb. Widząc w wizjerze kamery swój szczerbaty uśmiech, pokręciłem głową. Przecież teraz to bez różnicy, jak wyglądam. Nie potrzebowałem protezy i szczerze mówiąc, nawet gdybym seplenił, też nikt nie zwróciłby na to uwagi.

Odżywiałem się bardzo dobrze – liść taro, dwa kraby, ślimaki, mango. Mimo że koźlina się skończyła, miałem niezłe życie. Szedłem spokojnie do przodu, a gdybym został dłużej, zaczęłyby dojrzewać i inne owoce, więc mógłbym się objadać nimi i rybami niczym król.

Obudziłem się z głębokiego snu w stanie bliskim błogości. Moje ciało zapadło się pod swym ciężarem w fałdy łóżka i byłem niczym Goliat wchłonięty przez gęś po bawarsku. Pragnąłem, aby to uczucie ciepła i oparcia trwało bez końca. Eksplozja skarmelizowanego kokosa dała energię do pierwszych ruchów moich skrzypiących stawów. Zsunąłem na ziemię nogi, które przypominały kłody drewna, i używając ich jako przeciwwagi, ustawiłem resztę ciała do pionu. Siedziałem na skraju łóżka z głową w dłoniach, jakby nocne doładowanie podwoiło siłę grawitacji. Czułem wyraźnie, że jestem złączony z ziemią; moje korzenie penetrowały grunt, a przez gołe stopy energia płynęła w górę do ciała, dając mi siłę i życie. To nie metafora. To się działo naprawdę.

Zachichotałem jak pijany kloszard: to absolutnie niedorzeczne, że nie zrobiłem sobie łóżka znacznie wcześniej. Ale co z tego? Wreszcie je miałem, a nagrodą był dodatkowy zastrzyk sił witalnych. Musiałem zapamiętać tę lekcję: należy o siebie dbać; w każdej życiowej sytuacji należy sobie zapewnić komfort i wsparcie. Złożyłem zobowiązanie, że gdy wydostanę się z wyspy, zwolnię i będę się bardziej troszczył o siebie i o innych.

Myślałem o tym, co mogę zrobić, żeby moje życie było przyjemniejsze. Na pewno nie powinienem katować się w deszczu przez **siedem cholernych dni**, przygotowując pułapkę na kozy. Musiałem się delikatnie zbesztać za popełnione błędy, żeby dobrze zapamiętać tę lekcję. Kiedy rzuciłem się w ten pełen ruchu, pochłonięty sobą świat, byłem zdany wyłącznie na siebie. Musiałem walczyć o spokój ducha. Kiedy jednak postanowiłem się zatrzymać, podnieść głowę, otworzyć oczy i naprawdę połączyć się ze wszystkim, co mnie otacza, pojawiły się wsparcie, spokój, a nawet przyjemność. Wtedy znów połączyłem się z wyższą siłą, która – teraz to wiedziałem – już zawsze będzie mnie wspierać. Nie chodziło o to, że pozwoliłem działać szczęśliwemu trafowi. Nie wierzyłem już w szczęśliwy traf. Ta siła działała celowo.

Od kiedy to zrozumiałem, uśmiech nie schodził mi z twarzy. Rozpierała mnie taka radość, że promieniowałem wdzięcznością i szczęściem. Białka moich oczu lśniły jak dwa wilgotne księżyce. Zrozumiałem, że dawniej bez przerwy chciałem iść do przodu, niezadowolony z tego, kim jestem i w jakim jestem miejscu. W tej samej chwili, gdy przestałem się tak bardzo starać, zrozumiałem, co już mam. Na wyspie miałem bardzo wiele: stałe źródło pożywienia, zbiornik do zbierania deszczówki, życiodajny ogień, solidny dom, czarodziejski ogród i gargantuiczny basen. Poza wyspą miałem to wszystko i jeszcze coś. Miałem wszelkie możliwości, jakie daje świat. Miałem zdrowie i fantastyczną karierę. A co najważniejsze, miałem prawdziwą miłość Amandy i dzieci. Żeby być naprawdę szczęśliwym, musiałem tylko się zatrzymać i to docenić. Spokój i klarowność tej chwili potwierdziły, że tak jest w istocie.

Kiedy przez najwyższe gałęzie przebija się poranne słońce, życie naprawdę jest bardzo proste.

Wszystkie wydarzenia tego dnia były jasne i żywe. Zebrałem suche jak pieprz drewno na opał – najlepsze od początku pobytu. Pływałem w lagunie, pozwalając, by woda oczyściła mnie ze mnie samego. Jadłem dobre jedzenie i piłem krystalicznie czystą deszczówkę. Z niczym się nie spieszyłem, a i tak miałem jeszcze czas na relaks i odpoczynek, na to, by się tym wszystkim cieszyć. Wyleczyłem się z pośpiechu. Nieustannie obecna mgła niepokoju, który dotąd gnał mnie wciąż dalej i dalej, nagle gdzieś wyparowała. Miałem wszystko, czego było mi trzeba.

Kiedy po kolejnym spędzonym na wyspie spokojnym dniu wróciłem do obozowiska na ostatni nocleg, do szałasu zakradł się stary znajomy, rozpiął rozporek i nasikał mi do ogniska. To było poczucie winy. „Kurwa mać!”. Aż usiadłem na łóżku. „Trzeba ruszyć dupę i coś zrobić!” – tak zawsze przeganiałem tego nachalnego intruza.

Potem przypomniałem sobie to, czego się nauczyłem, i poczucie winy czmychnęło bez ponaglania. Położyłem się na plecach na moim komfortowym łóżku i gapiłem się na poruszające się w lekkim wietrze korony drzew. Za mną była ciężka praca, jedno z najtrudniejszych doświadczeń w życiu, i nie miałem zamiaru pozwolić, aby ostatnie dni zdominowało poczucie winy. Moim celem było osiągnięcie poziomu wygodnej egzystencji, dokonanie czegoś więcej ponad samo przetrwanie. Kiedy tak leżałem przy ognisku, uświadomiłem sobie, iż sam fakt, że mogę się zrelaksować i nic nie robić, oznacza, że mi się udało. Osiągnięcie tego etapu kosztowało wiele godzin i dni ciężkiej pracy. Nadszedł czas, żeby się tym cieszyć.

Kiedy być może po raz ostatni skorzystałem z wód laguny jako bidetu, spojrzałem na morze i przyznałem, że tak naprawdę żaden ze mnie ekspert od surwiwalu. Oczywiście jestem w stanie przetrwać – dowiodłem tego – i wiedziałem, że wielu ludzi o mniejszych umiejętnościach nazywa się „ekspertami”. Ale nie chodziło o nich – oni mogą mówić, co im się żywnie podoba. To **ja** nie czułem się ekspertem. Nie jestem buszmenem ani członkiem żadnego plemienia. Jestem białym człowiekiem Zachodu, który wie, jak dać sobie radę – i tyle. Przypomniałem sobie, że wymyśliłem ten projekt, żeby odkryć własne granice, postawić przed sobą wyzwania, którym jeszcze nigdy nie próbowałem sprostać. I rzeczywiście, miałem poczucie, że osiągnąłem granice swych psychicznych i fizycznych możliwości.

Zdawałem sobie sprawę, że sukcesem jest samo przetrwanie na wyspie przez tak długi okres. Eksperyment miał wykazać, jak sobie poradzę w skrajnej surwiwalowej sytuacji, nie mając nikogo i nic do pomocy. Choć kilka razy byłem bliski rozpaczy i obłędu, jakoś przez to przebrnąłem. Dałem sobie radę. Poza tym dojrzałem. Nie byłem już tym samym człowiekiem, który pięćdziesiąt dziewięć dni wcześniej po raz pierwszy postawił stopę na tej wyspie. Dręczyła mnie samoświadomość i konieczność rewizji mojego podejścia do świata. To doświadczenie było nieubłagane i często mi się nie podobało. Jednak spokój, jaki przyszedł potem – spokój spełnienia – był tego wart. Poza sukcesem telewizyjnym i surwiwalowym, w ciągu tych sześćdziesięciu dni nauczyłem się tego, czego nie zdołało mnie nauczyć osiemset sześćdziesiat dni w Amazonii. To właśnie przywróciło mi zadowolenie i pewność siebie. Świeca własnej wartości, która dawno zgasła, została wydobyta na światło dzienne, odkurzona i zapalona raz jeszcze. Dobrze znowu być w domu.

Dzień dobry! To sześćdziesiąty dzień! Wracam do domu". Nie musiałem nic udawać – byłem wniebowzięty. Gdybym choć na chwilę przestał się pilnować, uczucie ulgi łatwo mogło się przeobrazić w niekontrolowany szloch. Muszę wstawać? Nie ma pośpiechu! Zamknąłem oczy i postanowiłem, że na koniec poleżę sobie dłużej.

Moim przeżyciom od początku towarzyszyła ścieżka dźwiękowa i tego ostatniego ranka pojawiła się w niej po raz pierwszy nowa piosenka. Melancholijne tony „Every Rose Has Its Thorn" dźwięczały w mym sercu i po raz kolejny dotarł do mnie smutny sens słów przyznających, że każda róża ma kolce. Oczywiście mnie też było ciężko, ale teraz czułem mocniej niż kiedykolwiek wcześniej, że tak naprawdę ciężko było Amandzie. Chciałem jej dobra, pragnąłem, aby była szczęśliwa, a jednak obawiałem się rozmowy z nią. Czy rozłąka nie zniszczyła naszego związku? Czy między nami wszystko będzie w porządku?

Tak bardzo wyczekiwałem spotkania z Amandą, dzielenia z nią wspólnych chwil, jedzenia i śmiania się razem. Miałem nadzieję, że u niej wszystko dobrze.

Ciepło ogniska i znajome głosy ptaków przywróciły mnie do rzeczywistości. To koniec – udało się. Jechałem do domu.

Bardziej przyziemna część mojego umysłu podchwyciła prostszy temat i pierwsze słowa, jakie skierowałem do kamery, to był zmodyfikowany przeze mnie tekst hymnu angielskich kibiców piłkarskich: „Wracamy do domu, wracamy do domu, wracamy, Eddy wraca do domu!"[45]. Te słowa obrażały moje prawdziwe uczucia.

Przy akompaniamencie skrzypienia podniosłem się z łóżka, które przez kilka ostatnich nocy zapewniało mi taki komfort. Musiałem już tylko dowlec się na plażę, skąd mnie zabiorą.

Proste.

„Ten szałas dobrze mi służył. Był wygodny, byłem z niego bardzo zadowolony. Żegnaj". Ten komentarz w najmniejszym stopniu nie oddawał emocji, jakie mną wtedy targały. Byłem zarazem szczęśliwy i zdruzgotany, smutny i bardzo zadowolony. Czy taka mieszanka uczuć w ogóle jest możliwa?

Czy cieszyłem się, że to już koniec? Tak – bez wątpienia. Czy byłem dumny z tego, czego dokonałem? Tak – chyba tak – ale duma, jaką czułem poprzedniego wieczora, teraz nie była wysoko na mojej liście emocji. Duma mogła poczekać.

Mieli się po mnie zjawić przed południem – w skrzynce kontaktowej zastałem instrukcję dotyczącą tego, jak zostanę podjęty z Olorui. Moje serce opuściło już jednak wyspę i miałem trochę czasu, żeby zrobić coś, przed czym powstrzymywałem się przez ostatnie sześćdziesiąt dni.

Musiałem zadzwonić do Amandy.

Wyjąłem toporny telefon satelitarny ciągle jeszcze uwalany w piasku po tamtej prowadzonej w deszczu rozmowie z doktorem Sundeepem, i palcami oczyściłem klawiaturę. Trzymałem w dłoni to obce urządzenie i byłem przerażony na myśl o rozmowie. Nagle cała eskapada wydała mi się jednym wielkim pokazem egoizmu, a przy tym czułem, że nie jestem przygotowany, by zetknąć się z życiem poza wyspą. Wybrałem numer i po długiej chwili wcisnąłem guzik

[45] Ang. „We're going home, we're going home, we're going, Eddy's going home".

połączenia. Znajomy brytyjski ton sygnału łączenia wywołał skurcz żołądka.

– Cześć, dziecinko, to ja – odezwałem się niepewnie.

– O Boże! Cześć kochanie! Tak dobrze znowu cię słyszeć.

Kiedy usłyszałem ten znajomy, cichy głos, napięcie natychmiast mnie opuściło. Niepowstrzymana fala emocji przełamała moje szyki obronne i wybuchnąłem płaczem. W tym gwałtownym szlochu były miłość, ból i świadomość, że Amanda ciągle jest przy mnie. Nie mogliśmy zacząć mówić o tym, co każde z nas przeżyło – ale to nie miało żadnego znaczenia. Wkrótce znowu mieliśmy być razem i to było dla mnie najważniejsze. Przez cały pobyt na wyspie starałem się utrzymać z nią emocjonalny kontakt, ale oboje mieliśmy świadomość, że tak naprawdę ją zostawiłem i przez cały ten czas musiała sobie radzić sama.

Rozłączyłem się i znowu się rozpłakałem. Nie tłumiłem głośnego i żywiołowego szlochu. Uwolniłem z siebie to wszystko. Dobrze było wreszcie dać temu upust, pozwolić sobie na chwilę słabości.

Moje kościste ciało opadło na piasek, usiadłem w oczekiwaniu na ekipę. „Powtórzyłbym to? Nie. Nigdy". Zanurzyłem palce w gęstej zmierzwionej brodzie i zamrugałem, chłonąc zakończenie czegoś, czego nigdy nie będzie już trzeba powtórzyć.

Pogawędkę z kamerą zacząłem od rzeczy bardzo przyziemnych. „Straciłem trochę tłuszczu i ząb. Zyskałem sporo włosów i brodę. Na wyspie nie został już chyba ani jeden ślimak!". Od kiedy skończyła się koźlina, zjadłem ponad 800 ślimaków, więc w sumie musiałem ich zjeść kilka tysięcy. To dzięki nim przez cały czas zachowałem siły.

Teraz było mniej niewiadomych. Znałem każdy metr mojej wysepki. Kiedy siedziałem, patrząc na morze, czułem jej energię, jakby była koniem, na którym odbyłem długą podróż. Próbowałem nadawać kierunek temu, co się ze mną działo, ale to od niej zależało, gdzie poszedłem i co znalazłem. Pod wieloma względami byłem jedynie pasażerem.

Olorua była także mną – teraz to wiedziałem. Oczywiście zawsze można w niej widzieć samotną wyspę wystawioną na pacyficzne sztormy, ale to tylko część jej historii – ta oczywista i powierzchowna. Pod powierzchnią była fizycznie złączona z ziemią, była jej integralną częścią. Była spokojnym bytem, który nie musi walczyć o przetrwanie. Zawsze tu będzie. Zawsze będzie bezpieczna. Nie była sama.

W moje myśli wdarł się obcy dźwięk. „To nie łódź – to helikopter!".

Okrągły brzuch śmigłowca osiadł na piasku obok Ślimaczej Skały. Z kamerą w ręku pobiegłem do kapsuły ratunkowej, z której witał mnie uniesiony kciuk pilota. Kiedy dotarłem do drzwi, ujrzałem znajomą okrągłą twarz Steve'a Rankina, który siedział na tylnym siedzeniu i filmował. „Cześć, stary!". Uśmiechnąłem się, autentycznie zachwycony, że go widzę.

Po kilku ujęciach wspiąłem się do helikoptera i opadłem ciężko na miękkie wyściełane siedzenie. Pilot obrócił się do mnie i powiedział, żebym zapiął pas. Opasałem sztywnym nylonem nagi tors i spiąłem pas tam, gdzie kończyła się spódniczka. Silnik zwiększył obroty i śmigłowiec uniósł się w powietrze. Kiedy spojrzałem przez okno na korony drzew, ujrzałem Oloruę w całej jej wspaniałości. Moje wyobrażenie topografii wyspy niemal dokładnie odpowiadało rzeczywistości i w zachwycie patrzyłem na miejsca, które znałem z ziemi, a które teraz prezentowały mi się z nowej, fascynującej perspektywy.

Skalna wychodnia, amfiteatr, czy to Odległe Drzewo? Okryta bujną zielenią wyspa teraz wydawała się magiczna. Chroniła mnie i tyle mnie nauczyła, a ja wiedziałem, że już nigdy jej nie zobaczę. Kiedy wznieśliśmy się wyżej, zaczęliśmy się od niej oddalać. Niknęła w dali. Było mi smutno, ale wiedziałem, że ona zawsze tu będzie i będzie we mnie. Przeszliśmy razem przez coś niepowtarzalnego, jak drużyna rugby, która zdobywa puchar świata. Połączyło nas wspólne doświadczenie, którego nie da się wyrazić słowami. Zawsze będzie mi stała przed oczami.

Odwróciłem się od okna i wydałem z siebie długie, zmęczone westchnienie.

„Misja zakończona pomyślnie". Widoczne na mojej twarzy znużenie mówiło wszystko.

Zrobiłem to.

Kiedy wysiadłem z helikoptera, kobiety z Komo zgotowały mi niesamowite przyjęcie. Obejmowały mnie, całowały i obwieszały wielobarwnymi kwiatowymi girlandami. U mężczyzn uderzyło mnie to, że rozumieją, jak tam musiało być ciężko. Zobaczyłem to w ich starych i mądrych twarzach, i wzruszyłem się do łez.

W zaciszu malowanej drewnianej chaty zdjąłem z bioder zgrzebną spódniczkę, która po raz ostatni opadła na ziemię. Wciągnąłem szorty khaki i wybuchnąłem śmiechem, widząc, o ile za duże są w pasie. Stara zardzewiała waga pokazała 79 kilo. Straciłem prawie dziesięć.

Poprawił się także mój stan emocjonalny. To doświadczenie uświadomiło mi, co naprawdę liczy się w życiu. Wcześniej chodziło mi tylko o to, żeby sobie coś udowodnić, osiągnąć jakiś cel, znaleźć uznanie i poklask. Teraz mogłem po prostu być sobą i – w końcu – cieszyć się tym, co mam.

Przygotowując się do powrotu, czułem, że przebyłem długą drogę. Nie mogłem już iść przez życie, nie ponosząc odpowiedzialności za to, co robię. Ponowne jej przyjęcie dało mi dużo siły. Wszystko było w zasięgu moich możliwości i tym razem nie miałem zamiaru łatwo się tego wyrzec.

EPILOG

Rok, dwa miesiące i dwadzieścia jeden dni od dnia sześćdziesiątego.

5 stycznia 2014 roku

Ed, czy to by choć trochę pomogło, gdybym zadzwoniła do lekarza? – zapytała Amanda, kiedy leżałem sflaczały na naszym wielkim łożu. Był środek popołudnia. Następnego dnia miałem jechać do Złotego Trójkąta na zdjęcia do szóstego odcinka serialu dla Discovery Channel. Nie spakowałem się. Byłem słaby. Boże Narodzenie i Nowy Rok były do dupy. Z mojej winy. Byłem zagubiony.

– Tak – odpowiedziałem cicho z twarzą w poduszce, a w oczach po raz któryś stanęły mi łzy.

– Leż, zadzwonię do Kenrica.

Amanda wyszła i usłyszałem, jak w samych skarpetach schodzi po drewnianych schodach.

Co się ze mną działo? Co było nie tak? Czułem, że znowu rozpadam się na części. Kiedy koszmar tej wyspy miał się wreszcie skończyć?

Byłem tak przewrażliwiony, że najmniejszy drobiazg mógł doprowadzić mnie do łez. Równie łatwo się obrażałem, wpadałem w irytację i złość. Czy to była paranoja? Czy w końcu zwariowałem? Przerażała mnie perspektywa dalekiego wyjazdu, nagości, zaczynania od zera **jeszcze raz**.

Znowu usłyszałem jej lekkie kroki.

– Eddy, nie śpisz, kochanie?

Obróciłem głowę i wpatrywałem się w kobietę, którą kocham, której przysporzyłem tylu problemów i która mimo mojego destrukcyjnego zachowania dalej była przy mnie. Kiedy tak stała, była dla mnie uosobieniem dobroci. Jej zmęczoną twarz przepełniało współczucie, a jej oczy były oknami do świata poświęcenia, świata, w którym trzeba mieć mnóstwo cierpliwości i siły.

– Wysłali specjalistę, psychiatrę. Jedzie tu z Chiswick, będzie za pół godziny.

Stafford, nie masz się gdzie schować.

Kurwa mać.

Trzydzieści minut później usłyszałem dzwonek. Amanda otworzyła drzwi, a ja poczłapałem do kuchni, jakby wezwali mnie do gabinetu dyrektora, który właśnie się dowiedział, że całymi miesiącami wagarowałem i uszło mi to na sucho. Podałem rękę siwowłosemu mężczyźnie – to był psychiatra o imieniu Mike – i zaprowadziłem go do salonu, podczas gdy Amanda robiła nam kawę.

– Ty pewnie jesteś Ed – powiedział. – Mógłbyś tu usiąść? – zapytał. – Zwykle siedzę pod kątem czterdziestu pięciu stopni do moich pacjentów.

Posłusznie zastosowałem się do jego prośby, ponieważ od razu przyjąłem, że oddaję się w ręce tego dobrze wychowanego człowieka. Zrobiłem to zresztą z wielką ulgą.

Mike zadał mi wiele pytań. Kiedy skończył, spojrzał na mnie, odłożył pióro i chrząknął. Opisał to, co czułem, jakby znał mnie od lat. To było rozbrajające, a jednocześnie podnosiło na duchu.

– Wiesz, jaka jest najskuteczniejsza metoda torturowania ludzi? – zaczął.

Oczyma wyobraźni ujrzałem laser wymierzony w klejnoty skrępowanego Jamesa Bonda albo agenta siedzącego nago na krześle z wyciętym siedzeniem w oczekiwaniu, aż zaczną mu od spodu masakrować jądra.

– Izolacja – ciągnął dalej Mike. – To najcięższa kara w więzieniu i najlepszy, pewny sposób, żeby złamać człowieka. Śruby do miażdżenia kciuków pojawiły się ze względu na presję czasu – ale jak masz czas, to najlepszym sposobem na przerobienie mózgu zdrowego mężczyzny na papkę jest zamknięcie go samego w ciemnicy na dwa miesiące.

Zarejestrowałem, jaki wskazał okres – sześćdziesiąt dni izolacji.

– Po tym czasie błagałbyś, żebym został twoim przyjacielem, nawet gdybym był twoim śmiertelnym wrogiem – ciągnął. – W moich rękach byłbyś miękki jak wosk.

Na przykład Terry Waite[46]. Kiedy wrócił, on i jego rodzina bardzo cierpieli z powodu podobnych symptomów. Wiedziałeś, że u wielu spośród tych, co przeżyli Auschwitz, po uwolnieniu z obozu rozwinęły się zaburzenia odżywiania?

Wzdrygnąłem się na bolesne wspomnienie tego, jak musiałem się przyznać do problemów z jedzeniem. Myślałem o nim codziennie przez większą część dnia i nie zdarzyło mi się przejść obok lustra, żebym nie zauważył u siebie na brzuchu nadmiaru tłuszczu. Czasami ważyłem się więcej niż dwa razy dziennie i odkładałem wagę dokładnie w to samo miejsce, żeby nikt o tym nie wiedział. To jest dopiero wyznanie w ustach trzydziestoośmioletniego mężczyzny.

– Nie ma wątpliwości, że doświadczasz skutków tortur

46 Terence („Terry") Waite, angielski aktywista organizacji humanitarnych i pisarz. Uprowadzony w Libanie w 1987 roku był przetrzymywany do 1991 roku.

psychicznych. Wyjątkowość twojego przypadku polega na tym, że sam tego chciałeś.

Wycofując się nieco z tych skrajnych porównań, Mike ciągnął:

– To nie przypadek, że tak trudno znaleźć kandydatów na latarników, i że niewielu z nich jest w stanie wytrwać dłużej niż rok. Większość z nas nie funkcjonuje najlepiej w samotności, więc fakt, że doświadczyłeś jej skutków, świadczy o tym, że jesteś całkiem normalny.

Uśmiechnął się, a ja poczułem chłodny powiew ulgi.

– Moim zdaniem coś jest nie tak z tymi, u których izolacja nie wywołuje żadnego stresu. Niektórym z największych eksploratorów nie potrzeba do szczęścia związków emocjonalnych i dlatego mogą dokonywać niezwykłych rzeczy bez szczególnych problemów psychicznych. Gdybyś jednak przyjrzał się ich relacjom rodzinnym, przekonałbyś się, że są rozluźnione i dysfunkcjonalne. To są koszty tego rodzaju chłodnej niezależności.

Kiedy wiesz, że coś jest prawdą, z miejsca to akceptujesz. Nie musisz deliberować ani analizować. Wiedziałem, że słyszę mądry głos doświadczonego człowieka, który zajmował się umysłami wielu ludzi mających za sobą okresy głębokiej mentalnej traumy.

– Albo Bradley Wiggins[47] – ciągnął dalej Mike. – Już nigdy nie wygra Tour de France. Spędził rok w górach, z dala od rodziny i przyjaciół, pijąc napoje dla sportowców i każdą godzinę poświęcając na trening. To się sprawdziło – wygrał Tour de France – ale jakim kosztem?

W oczach znowu zakręciły mi się łzy. Ten siedzący przede mną człowiek głęboko wniknął w to, co moim zdaniem się

47 Bradley Marc Wiggins, brytyjski kolarz, m.in zwycięzca Tour de France (2012) i rekordzista świata w jeździe godzinnej (2015).

ze mną działo, co przyniosło mi ogromną ulgę. Nie zwariuję. To były **spodziewane** skutki izolacji. Gdyby się nie pojawiły, wskazywałoby to, że jestem nienormalny.

Spojrzałem na Amandę. Zrozumiałem, ile zmartwień jej przysporzyłem, nie potrafiąc stawić czoła temu, co się ze mną działo, próbując ukryć pogarszający się stan psychiczny i udając, że wszystko jest w najlepszym porządku. Nic dziwnego, że w desperacji postanowiła zwrócić się do kogoś o pomoc. Co za kobieta. Łzy znowu zakręciły mi się w oczach i tym razem popłynęły po policzkach.

Piszę te słowa dwa miesiące od tamtych wydarzeń. Mike uznał, że w pełni doszedłem do siebie. Ja też czuję się odbudowany i silniejszy niż kiedykolwiek wcześniej. Jednak – wbrew temu, co można by oczekiwać – ta książka nie kończy się jak baśń. Muszę być uczciwy do końca. Jeśli siedzicie przed telewizorem i podziwiacie śmiałków, którzy – tak się wam przynajmniej wydaje – wiodą o niebo bardziej ekscytujące życie, nalegam, byście rozważyli to, co teraz powiem.

Umiarkowana ilość przygód jest rzeczą zdrową. Ostatnią rzeczą, do jakiej byłbym skłonny zachęcać, jest siedzenie przez cały dzień na kanapie i granie w gry komputerowe. Oczywiście raz na jakiś czas stężenie przygód może gwałtownie wzrosnąć. Jeśli jednak **przygody stają się życiem**, coś się traci. Człowiek uzależnia się od emocji i pędu, traci z oczu równowagę, odpowiedzialność i sens. Staje się sztukmistrzem, specjalistą od ucieczek. Musi się zatrzymać, by zrozumieć, od czego ucieka.

Wydaje się, że im bardziej usiłowałem uciec od własnych problemów, tym bardziej życie się komplikowało, a ja byłem nieszczęśliwy i odczuwałem tym większą potrzebę ucieczki i niszczenia wszystkiego wokół w ślepej frustracji, która potrzebowała kozła ofiarnego. Mimo wszystkiego, czego doświadczyłem na wyspie, z jakiegoś powodu nadal nie potrafiłem zmierzyć się z własnymi demonami.

Nie da się uniknąć cierpienia. To oznaczałoby zatrzymanie się w rozwoju, przerwanie procesu uczenia się i życie polegające na unikaniu nowych doświadczeń. Stawianie czoła problemom i cierpieniu, szukanie rozwiązań, czyni nas mądrymi. Na wyspie robiłem wszystko, żeby przez cały czas mieć zajęcie, bo pozwalało mi to zapomnieć o wewnętrznym cierpieniu. W codziennym życiu mógłbym się posłużyć takimi technikami jak duża dawka ćwiczeń fizycznych, palenie, ciastka z czekoladą, może też popijanie, lecz na wyspie – gdzie żyłem na oczach ludzi – wykreowałem własny dramat pozwalający mi funkcjonować w splątanym świecie mych neurotycznych myśli, ponieważ odwracało to moją uwagę od prawdziwego mroku, który się we mnie czaił.

Uświadomiłem sobie, że niezależnie od doświadczeń, jakie stały się moim udziałem podczas pobytu na wyspie, musiałem zmierzyć się jeszcze z innymi problemami. To była jedyna droga do uzdrowienia, jedyny sposób na to, żeby w przyszłości wieść dobre i uczciwe życie.

Istnieje teoria, że każde dziecko, które zostało adoptowane, doświadcza traumy związanej z oddzieleniem od matki. Noworodek jest całkowicie zależny; nie może się poruszać ani samodzielnie jeść. **Jedyną** rzeczą, jaką może zrobić, żeby przetrwać, jest umocnienie więzi z matką. W efekcie, jak się uważa, rozdzielenie z nią pociąga za sobą cierpienie porównywalne ze śmiercią. A wykraczające poza granice pamięci doświadczenie determinuje to, jak później dziecko radzi sobie w życiu, obarczone głębokim urazem, poczuciem porzucenia i braku własnej wartości. Jeśli nic się w tej sprawie nie zrobi – wszystko pozostanie bez zmian do końca życia.

Mówi się, że podświadomie odtwarzamy rozmaite sytuacje z naszego życia – nawet te negatywne – ponieważ je znamy, a z natury poszukujemy tego, co znajome. Ofiary przemocy domowej często nieświadomie ponownie wybierają agresywnych partnerów. Szaleństwo, ale niestety prawdziwe. Jako dziecko zostałem adoptowany i myślę, że to nie przypadek, iż jako mężczyzna pod czterdziestkę tak zaplanowałem sobie pracę, aby na dwa miesiące znaleźć się na bezludnej wyspie, nago, w zasadzie bez kontaktu ze światem zewnętrznym. Można się z tego śmiać, ale gdyby nie było w tym ziarna prawdy, wtedy to dopiero nie byłoby śmieszne.

Musiałem rozprawić się ze swoimi problemami. To czeka każdego z nas. Musiałem wiedzieć, że zdołam samodzielnie przetrwać we własnym życiu, a jednocześnie – co przyznawałem – pragnąłem sympatii telewidzów. Powodowany głęboko zakorzenionym brakiem pewności siebie pragnąłem, żeby świat zobaczył, że doskonale radzę sobie nawet w najbardziej skrajnych warunkach.

Mike świetnie się spisał, za co jestem mu niezmiernie wdzięczny, gdybym jednak mój powrót do zdrowia przypisał wyłącznie psychiatrom i terapii poznawczo-behawioralnej, byłbym bardzo niesprawiedliwy wobec mojej rodziny i przyjaciół, których wymieniam poniżej, składając podziękowania. Są także cisi bohaterowie, którzy ze względu na szacunek, jakim darzę ich samych oraz to, co robią, pozostaną cisi.

Każdy jakoś przebrnie przez życie. Trochę nieświadomego utyskiwania tu, trochę krótkich chwil radości i szczęścia tam (często z pomocą kilku głębszych). We mnie jest coś, co pragnie rozumieć więcej. Dlaczego miałem skłonność do osądzania ludzi i sytuacji? Dlaczego nie zadowalałem się tym, co mam? Skąd się brał ten podskórny niepokój? Musiałem to wiedzieć i miałem nadzieję, że przebywając w odosobnieniu, będę miał okazję, by wejrzeć w siebie i znaleźć jakieś odpowiedzi.

Żyjemy w świecie ego, w świecie konsumpcji i akumulacji bogactwa. Takie życie jest niepełne. Podążanie za pragnieniem chwytania i posiadania czegoś lub kogoś, to ubogi i niepewny sposób na życie; to żałosny substytut prawdziwego szczęścia. Spróbujcie w takim stanie pomieszkać na bezludnej wyspie. Brak oparcia w czymkolwiek przeraża. Pozostałem z nieznośnym, przyprawiającym o zawrót głowy pytaniem: „Kim, do kurwy nędzy, jestem?".

Tak jak za konieczne uważałem ujawnienie swych wewnętrznych zmagań, sądzę, że powinienem podzielić się swym osobistym spełnieniem. Może się to wydać zbyt dużym uproszczeniem, ale zapłaciłbym każde pieniądze za to, żeby móc sobie wygodnie usiąść i wszystko odpuścić. Stało się to jednak możliwe dopiero po dokonaniu skrupulatnej introspekcji, po powrocie do tego, co prawdziwe, do odkrytej miłości do samego siebie jako części tego świata. Nikt i nic nie mogło dać mi szczęścia, dopóki nie byłem ze sobą całkiem szczery i gotowy zmierzyć się z tymi aspektami własnej osoby, które nie są sympatyczne.

Przedzierałem się przez kolejne warstwy neurotycznych zachowań, aż wreszcie dotarłem do mojego prawdziwego ja. I choć wcześniej nigdy tam nie byłem, natychmiast wiedziałem, że to tu. Dobra osoba, którą nigdy nie chciałem być. Świadomość, która od czasu do czasu przenikała przez te wszystkie warstwy. Radosny, zabawny, pewny siebie. Kochający.

Paradoksalnie, dzięki temu, że porzuciłem szaleńczą walkę o to, żeby wszystko układało się wedle mojej myśli, ludzie i rzeczy, których się tak kurczowo trzymałem, dalej są przy mnie bez żadnego wysiłku z mojej strony. Czerpię teraz z życia dużo więcej niż kiedykolwiek wcześniej.

Czy to w jakiś sposób zmienia kogo i co kocham? Nie – ani trochę. Jesteśmy, kim jesteśmy. Nie chciałbym nigdy utracić mojej wewnętrznej furii; kocham tego nicponia, który we mnie siedzi; kocham moje przygody, lubię dawać sobie ostro w kość, a najbardziej ze wszystkiego uwielbiam wracać do domu. Moja rodzina to istota tego, czym jestem, i to oni nadają memu życiu sens. Jedyna różnica polega na tym, że teraz wszystko przychodzi mi bez lęku, poczucia winy i szamotania się z samym sobą. Życie, całkiem po prostu, jest super.

Przetrwanie w naszym świecie to nie samotna batalia. Chodzi o szacunek i uznanie, o wyższą świadomość, która nad wszystkim sprawuje pieczę, kierując się najlepszym interesem wszystkich. Wiem, że zaprowadzi mnie tam, gdzie chcę, i chroni nas wszystkich w trakcie naszej podróży przez życie, tak jak prowadziła mnie w Amazonii i na Olorui. Nikt mi tego nie powiedział – po prostu tak czuję. Ta uniwersalna siła przepływa przez nas wszystkich, jest częścią nas. Musimy jedynie ją dostrzec, poddać się jej – i śmiać się.

Nie angażujcie do tego logicznego umysłu – doprowadzi was do pieprzonego szaleństwa.

PODZIĘKOWANIA

Craigowi Langmanowi, z którym nad filiżanką Lady Grey wykoncypowałem ten eksperyment, który tak gwałtownie zmienił moje życie. Wtedy wydawało się nam, że to będzie proste i bardzo zabawne...

Julianowi Bellamy'emu, Danowi Kornowi, Liz McIntyre, Helen Hawkins i wszystkim osobom z kanału Discovery za powierzenie mi tego eksperymentu i pomoc w jego przeprowadzeniu. Dziękuję, że we mnie uwierzyliście.

Dickowi Colthurstowi, Steve'owi Rankinowi, Stevenowi Ballantine'owi i wszystkim osobom z Tigress Productions za to, że moje doświadczenie fizycznie mogło mieć miejsce. To wy zmieniliście marzenie w rzeczywistość. Bardzo wam za to dziękuję.

Edowi Faulknerowi z Virgin Books w Londynie, Philowi Budnickowi z Penguin Books w Nowym Jorku, a także Julianowi Alexandrowi z agencji LAW za to, że pozwoliliście powstać tej książce i zachęcaliście mnie, bym był szczery. Ogromnie mi pomogliście.

Doktorowi Mike'owi McPhillipsowi oraz Malowi Kahnowi za to, że cierpliwie słuchali i delikatnie wskazywali mniej destrukcyjny kierunek.

Karen, Tony'emu, Jamesowi i Robertowi Lovellom, moim biologicznym rodzicom i braciom, o których istnieniu dowiedziałem się dopiero dwa lata temu. Dziękuję za zrozumienie i za to, że daliście mi trochę przestrzeni, kiedy tego potrzebowałem. Kocham was wszystkich i mam nadzieję, że w przyszłości będziemy ze sobą spędzać więcej czasu.

Haroldowi Tayleyowi. Za twoje wielkie serce, niezmienne zrozumienie i wiekuistą mądrość. Uściski!

Jeremy'emu Donovanowi za wszystko. Nigdy nie zapomnę żołnierskiej miłości i wsparcia, jakie okazywałeś Amandzie i mnie, często własnym kosztem. Zawsze do usług, *bunji*.

Gigi i Babie za miłość i wsparcie, jakie mi daliście. Za otwartość waszych serc i mądrość kryjącą się w waszym doświadczeniu. Bardzo was kocham i szanuję. Nie dajcie się tym gnojkom, FB!

Mojej siostrze, Janie Stafford, a także dwóm siostrzeńcom, Archiemu i Rupertowi. Kocham was i mam nadzieję, że jesteście szczęśliwi. Rodzina to wszystko.

Mojemu tacie, Jeremy'emu Staffordowi, za wskazania moralne, których jesteś niewyczerpanym źródłem. Obym zawsze podążał za twym znakomitym wzorem. Kocham cię, tato.

Mojej mamie, Barbarze Stafford, za miłość, którą napełniasz wszystko. Kocham cię i zawsze będę cię kochał bez zastrzeżeń.

Dzieciom Amandy – Frederickowi i Coco – za to, że jesteście silni i opiekujecie się mamusią. Za miłość i szczęście, które wnieśliście do mego życia. Byliście moimi najlepszymi nauczycielami. Zawsze będę was ogromnie kochał.

Amandzie – kobiecie, która weszła w moje życie z otwartym sercem – za wszystko, przez co przeszłaś i co dla mnie poświęciłaś. Twoja miłość i troska uczą mnie pokory. Masz moje wsparcie we wszystkim, czym jesteś i czego pragniesz. Połączyło nas przeznaczenie. W każdym zakątku

Ziemi, w jakim się znajdę, zawsze będę cię miał w mym *gupanyung* – w mym sercu. Niech nasze dusze tańczą razem w marzeniu, gdzie nie istnieje czas. Stąpaj piękna, ukochana, taka jaka jesteś[48].

---

48 Ang. „walk in beauty" – cytat z wiersza George'a Byrona pt. „She walks in beauty" (pol.: „Gdy stąpa, piękna" – przeł. Stanisław Barańczak, cyt za: https://poema.pl/publikacja/99230-byron-gdy-stapa-piekna).

Druk i oprawa:

Białostockie Zakłady Graficzne SA